21 世纪高等职业教育计算机技术规划教材

21 ShiJi GaoDeng ZhiYe JiaoYu JiSuanJi JiShu GuiHua JiaoCai

计算机应用基础

JISUANJI YINGYONG JICHU

隋志远 主编

梁晓阳 夏鲁朋 副主编

邵笑梅 主审

人民邮电出版社

北京

图书在版编目（CIP）数据

计算机应用基础 / 隋志远主编. -- 北京 : 人民邮电出版社，2012.9（2015.2 重印）
21世纪高等职业教育计算机技术规划教材
ISBN 978-7-115-29220-9

Ⅰ. ①计… Ⅱ. ①隋… Ⅲ. ①电子计算机－高等职业教育－教材 Ⅳ. ①TP3

中国版本图书馆CIP数据核字(2012)第200767号

内 容 提 要

本书主要内容包括计算机基础应用、Word 2003 的使用、Excel 2003 的使用、PowerPoint 2003 的使用、网络基础应用与常见软件的使用等，将知识点整合到 6 个项目中，每个项目由 1~5 个任务组成，每个任务包含“任务描述、任务分析、相关知识、任务实施”等若干环节，真实模拟了具体的工作任务，适用于学校进行的“教学做一体”的教学活动。

本书可以作为高等职业院校各专业的计算机基础教学用书，也可以作为各类、各层次学历教育和培训的选用教材。

21 世纪高等职业教育计算机技术规划教材

计算机应用基础

◆ 主　　编　隋志远
　副 主 编　梁晓阳　夏鲁朋
　主　　审　邵笑梅
　责任编辑　桑　珊

◆ 人民邮电出版社出版发行　　北京市丰台区成寿寺路 11 号
　邮编　100164　　电子邮件　315@ptpress.com.cn
　网址　http://www.ptpress.com.cn
　三河市海波印务有限公司印刷

◆ 开本：787×1092　1/16
　印张：13.25　　　　2012 年 9 月第 1 版
　字数：323 千字　　　2015 年 2 月河北第 4 次印刷

ISBN 978-7-115-29220-9

定价：28.00 元

读者服务热线：(010)81055256　印装质量热线：(010)81055316
反盗版热线：(010)81055315

前　言

计算机技术是现代信息技术的核心，正在对社会的发展产生越来越大的影响。各个行业都要求其专业技术人员能够熟练使用计算机解决本专业领域的实际问题，计算机应用水平的高低已经成为衡量一个合格专门人才的指标之一，因此计算机基础教育在教育中的位置越来越重要。本书内容以学生入学、在校学习、社会实践、参加工作这一主线为任务情景，内容前后衔接有序，案例取材源于实际，注重学生实践能力培养，凸显职业化特色。

本书具有如下特点。

（1）面向实际需求精选案例，注重应用能力的培养。

本着既注重培养学生的自主学习能力和创新意识，又注重为今后的学习打下良好基础的原则，我们精心选择了针对性、实用性极强的项目。本书围绕学习工作中的实际需要，设计了一系列真实、连贯的应用项目。学生每完成一个项目的学习，就可以立即将其应用到实际工作生活中，并能够触类旁通地解决工作中所遇到的问题。

（2）以学习和工作任务为主线，构建完整的教学设计布局。

为了方便读者阅读，本书精选的项目、任务遵循由浅入深、循序渐进、可操作性强的原则，将知识点巧妙地揉合于各个任务中，以若干个工作任务为载体，形成一个连贯的工作流程，构建一个完整的教学设计布局，并注重突出任务的实用性和完整性。本书在引导读者完成每个工作任务的制作后，还给出了相关的拓展练习。读者在完成任务的同时，将逐步掌握计算机信息技术的各项技能。

（3）资源共享，便于教师备课和学生自学。

本书配套资源包括各章相关素材、结果样例、课后练习的素材及结果、教学课件、电子教案、综合作业、各项目的要求及主要章节课后练习及自学视频教材等，教师可到人民邮电出版社教学服务与资源网（www.ptpedu.com.cn）下载使用。

本书由隋志远任主编，梁晓阳、夏鲁朋任副主编，其中项目一由海涌编写，项目二由陈娅冰编写，项目三由梁晓阳编写，项目四由王宁编写，项目五由吕怀莲编写，项目六由夏鲁朋编写；邵笑梅主审了全书，并提出了很多宝贵的修改意见，我们在此表示诚挚的感谢。

由于编者水平有限，书中难免存在错误和不妥之处，敬请广大读者批评指正。

编　者

2012年8月

目　录

项目一　计算机基础应用

任务一　组装一台个人计算机

【学习目标】

- 了解计算机系统的基本组成
- 了解计算机硬件系统的组成以及各部件的功能、特点
- 了解计算机软件系统的组成
- 了解操作系统的相关知识

任务描述

李明同学是个超级计算机“发烧友”，他经常帮助同学购买计算机。今天是周末，他要帮助同宿舍的王超同学组装一台计算机，用来上网、处理文档和玩游戏。

任务分析

组装一台计算机首先需要把相关硬件设备安装起来，在各部件运行正常后再安装必备的软件。这样，才能构成一个完整的计算机系统，实现计算机的各种功能。因此，首先要了解各种硬件设备的基本知识，如功能、型号、设置以及如何组装；其次，要熟悉软件系统的相关知识，如软件系统的组成、操作系统的安装、常用软件以及如何进行系统的设置。

相关知识

1．计算机系统的组成

一个完整的计算机系统由硬件系统和软件系统两大部分组成，如图 1-1 所示。

硬件系统（Hardware）是指计算机的电子器件、各种线路及其他设备，是看得见摸得着的物理设备，是计算机的物质基础，如中央处理器（CPU）、显示器、打印机、键盘、鼠标等均属于硬件；软件系统（Software）是指维持计算机正常工作所必需的各种程序和数据，是为运行、管理和维修计算机所编制的各种程序以及与程序有关的文档资料的集合。

硬件是计算机系统的基础，没有硬件对软件的物质支持，软件的功能无从谈起；软件则

是计算机系统的灵魂，没有安装软件的计算机被称为“裸机”，不能供用户直接使用。硬件系统和软件系统组成完整的计算机系统，它们共同存在，缺一不可。

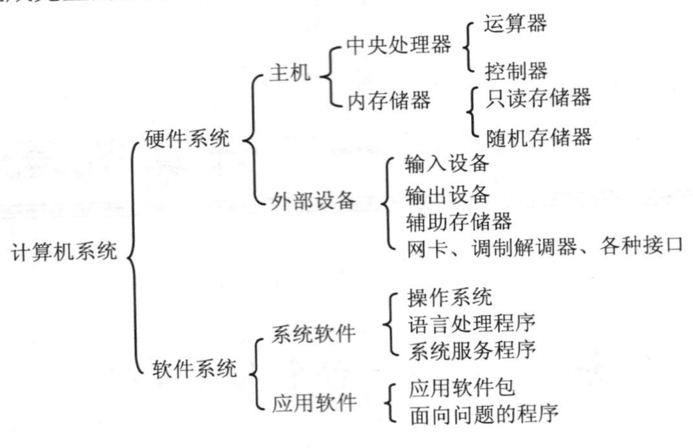

图 1-1　计算机系统的组成

2．计算机的工作原理

目前，世界上绝大多数计算机都是根据冯·诺依曼提出的“程序存储”原理制造的，根据冯·诺依曼提出的方案，电子计算机由控制器和运算器（合称中央处理器）、存储器（内存、外存）和输入设备、输出设备 5 部分组成。图 1-2 所示为计算机五大部分及各部件之间的关系，其中实线表示数据的传输路径，虚线表示控制信息的传输路径。

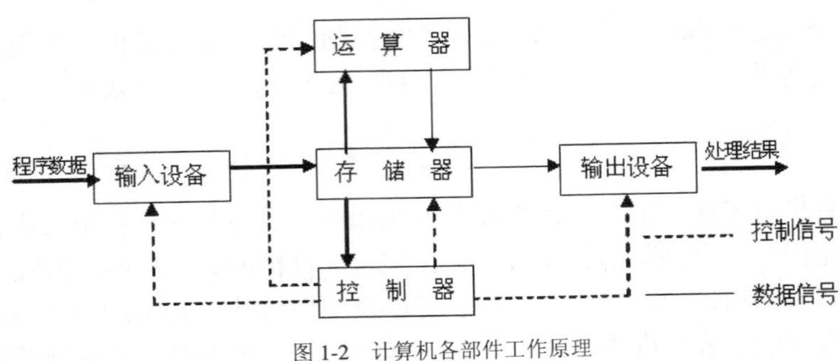

图 1-2　计算机各部件工作原理

【知识链接】

冯·诺依曼的“程序存储”工作原理

冯·诺依曼，美籍匈牙利科学家，程序存储原理的提出者，并成功将程序存储原理运用在计算机的设计之中，根据这一原理制造的计算机被称为冯·诺依曼结构计算机，世界上第一台冯·诺依曼式计算机是 1949 年研制的 EDSAC。由于对现代计算机技术有着突出贡献，冯·诺依曼被称为“计算机之父”。

冯·诺依曼理论的要点是：数字计算机中的数制采用二进制；计算机应该按照程序顺序执行。程序存储工作原理决定了计算机硬件系统的五个基本组成部分，人们把冯·诺依曼的这个理论称为冯·诺依曼体系结构。从 1949 年研制的 EDSAC 一直到当前最先进的计算机都采用的是冯·诺依曼体系结构，所以冯·诺依曼是当之无愧的“数字计算机之父”。

图 1-3　冯 • 诺依曼

任务实施

1．组装硬件

图 1-4 所示为台式计算机的外观图。

图 1-4　台式机外观图

组装一台台式计算机一般需要准备主板、CPU、内存、显示器、显卡、硬盘、光驱、声卡、网卡、音箱、鼠标、键盘、机箱（含电源）等硬件设备。

（1）搭建硬件系统的平台——主板。

主板（Mainboard）是一块带有各种接口的大型印刷电路板，一般集成有 CPU 插槽、内存插槽、显卡插槽等各种插槽以及硬盘接口、电源接口、鼠标键盘接口等各种接口，同时还包括控制信号传输线路（控制总线）、数据传输线路（数据总线）以及南桥、北桥及其他相关的控制芯片等。通过主板，计算机的 CPU、内存以及其他各部件有机连接到一起，协调工作，完成数据的输入、运算、存储及输出等功能。图 1-5、图 1-6 所示分别为主板正面基本组成及主板侧面常见接口。

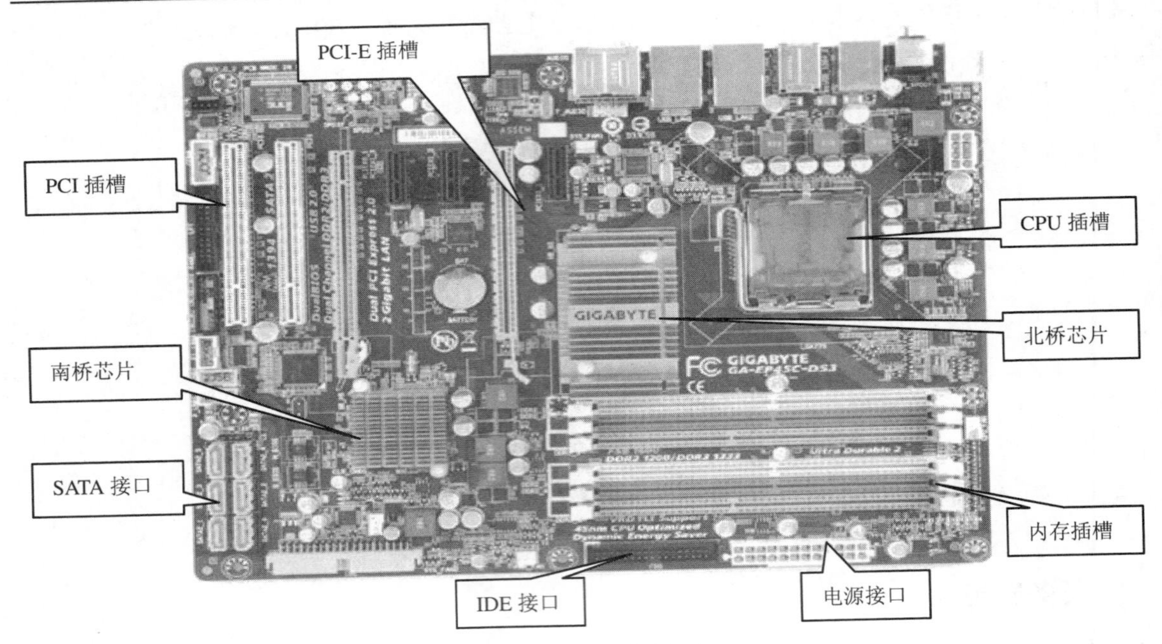

图 1-5　主板正面基本组成

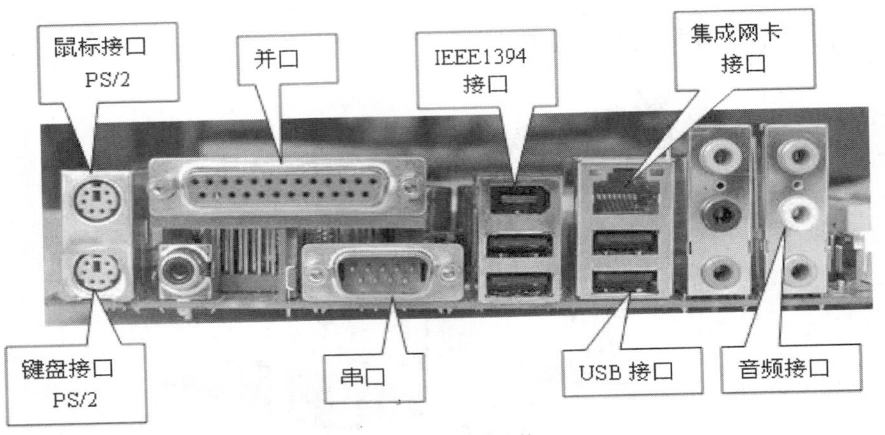

图 1-6　主板侧面常见接口

主板中最重要的部件是芯片组，芯片组的功能是决定主板品质和技术特征的关键，它决定了主板能够支持的其他硬件设备的型号。主板芯片一般由南桥芯片、北桥芯片两块芯片组成，北桥芯片是主芯片，南桥芯片是副芯片。生产主板芯片的厂家主要有 Intel（英特尔）、VIA（威盛）、SIS（矽统）、ALI（扬智）、AMD（超微）等。

【知识拓展】

IEEE1394 接口

IEEE1394 接口是美国苹果公司为了增强外部多媒体设备与计算机连接性能而设计的高速串行总线接口，中文译名为火线接口（Firewire），传输速率可以达到 400Mbit/s。同 USB 接口一样，IEEE1394 接口支持外设热插拔，可为外设提供电源，省去了外设自带的电源，能连接多个不同设备，支持同步数据传输。

（2）安装系统核心——CPU。

CPU（Central Processing Unit）即中央处理器，微型计算机的CPU也称为微处理器，是整个硬件系统的核心，负责整个系统指令的执行、算数运算、逻辑运算、数据传输以及输入/输出的控制。它是计算机中最重要的一个部分，由运算器和控制器组成。

在整个计算机硬件系统中，CPU的发展速度是最快的，其集成电路芯片上所集成的晶体管数量，基本上每隔18个月就会翻一番。目前世界上主要的CPU生产厂家包括美国的Intel、AMD、IBM和中国台湾的VIA（威盛），其中Intel和AMD占据市场份额较大，产品较为丰富，比较著名的有Intel的Pentium（奔腾）、Celeron（赛扬）、Core（酷睿），AMD的Duron（毒龙）、Sempron（闪龙）、Athlon（速龙）、Phenom（羿龙）等。

2002年，由中国科学院计算技术研究所自主开发的CPU——龙芯（Loongson，又称GODSON）正式发布，这标志着我国也步入微处理器研发的行列。目前，龙芯系列微处理器已经广泛应用于桌面网络终端、低端服务器、网络防火墙、路由器、交换机等领域，初步形成了规模产业。

图1-7、图1-8所示分别为Intel酷睿i7四核CPU和AMD羿龙Ⅱ四核CPU。

图1-7　Intel酷睿i7四核CPU

图1-8　AMD羿龙Ⅱ四核CPU

【知识拓展】

摩尔定律

摩尔定律是指IC（集成电路）上可容纳的晶体管数目，约每隔18个月便会增加一倍，性能也将提升一倍。摩尔定律是由Intel（英特尔）创始人之一、名誉董事长戈登·摩尔（Gordon Moore）（见图1-9）经过长期观察，于1965年正式提出的，被称为计算机第一定律。

图1-9　戈登·摩尔

摩尔定律也许会在相当长的一段时间内见证微处理器的发展。但是，任何规律都有它的局限性和适用性，许多专家表示，摩尔定律中不断增长的晶体管数量最终会随着晶体管技术在物理上的局限性而达到极限，即当晶体管不能再减小其大小的时候，其单位集成数量也不能再增加，那就意味着摩尔定律将不再适用。

（3）建立数据存储的仓库——存储器。

① 内存。

计算机中的内存一般指随机存储器（RAM），是计算机系统中临时存放数据和指令的半导体存储单元，内存的性能在很大程度上决定了整个系统的性能。RAM 可以随时读写，速度较快，但是必须在系统带电状态下才能存储数据。RAM 包括静态 RAM（SRAM）和动态 RAM（DRAM）两大类，DRAM由于成本较低，被大量采用作为系统的主内存；SRAM速度更快，稳定性更好，但是由于成本较高，主要用来做 CPU 的高速缓存（Cache）。

目前，广泛使用的内存多为 DDR（Double Data Rate）内存（见图 1-10）。这是一种具有双倍数据传输速率的同步内存，比上一代 SDRAM 内存具有两倍的带宽。

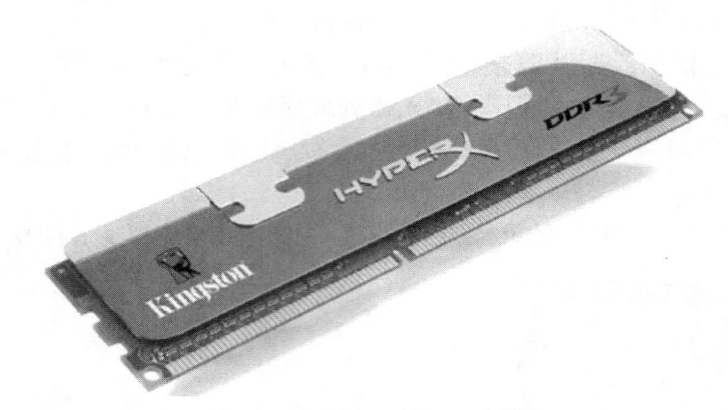

图 1-10 金士顿 DDRIII1600 内存条

② 外存。

由于内存相对来讲容量较小、无法长时间保存数据，所以用户的大量数据必须保存在外部存储器（外存）中。外存的特点是存储容量大、可靠性高、价格低、可以永久保存数据，外存一般有硬盘（HDD）、软盘（Floppy）、光盘（CD、DVD）、闪存（U 盘）等介质。

【知识链接】

存储器容量

为衡量存储器容量的大小，一般使用 “Byte（字节）”（通常简单表示为 “B”）为单位进行表示，在计算机中每一个 ASCII（西文）字符定义为占用一个字节的存储空间（1 个汉字占用 2 个字节），即 1B。为更方便地表示更大的容量，我们还经常使用其他的度量单位，如 KB、MB、GB、TB、PB 等，其换算关系如下:

1KB=1024B，1MB=1024KB，1GB=1024MB，1TB=1024GB，1PB=1024TB

（4）连接信息输入的纽带——输入设备。

输入设备是计算机与外界进行信息交流的主要工具，它主要负责将原始信息转化为计算机能够识别的二进制代码。输入设备种类较多，常见的有键盘、鼠标、扫描仪、手写板、数码相机、数码摄像机等，其中键盘和鼠标是最常用的输入设备。

① 键盘。

键盘是计算机主要的输入设备之一，用户可以通过键盘输入各种指令以实现对计算机的控制或者输入各种数据。图 1-11 所示为计算机键盘。

图 1-11　键盘

② 鼠标。

随着 Windows 操作系统等图形界面操作系统的出现，鼠标成为越来越重要的输入工具。常见的鼠标一般通过左键、右键和滚轮 3 个部分来完成操作。鼠标有机械式、光电式、激光式、轨迹球等种类。图 1-12 所示为轨迹球鼠标。

图 1-12　轨迹球鼠标

（5）联通信息输出的桥梁——输出设备。

输出设备是将计算机内部的信息以人类易于接受的形式传送出来的设备，常见的有显示器、打印机、绘图仪等。

① 显示器和显卡。

显示器是计算机最基本的输出设备，有 CRT（阴极射线管）显示器、LCD（液晶）显示器及 PDP（等离子）显示器等种类。目前常用的以 LCD 显示器为主，LCD 显示器和传统的 CRT 显示器相比具有辐射低、体积小、功耗低等优点。CRT 显示器已经淘汰，LCD 显示器成为了市场主流。图 1-13 所示为 28 英寸宽屏液晶显示器。

图 1-13　28 英寸宽屏液晶显示器

衡量显示器显示质量的指标较多，主要的是屏幕分辨率和颜色质量。屏幕分辨率指的是屏幕每行和每列的像素数，像素是显示器显示图像的最小单位，平常我们在显示器上看到的图像就是由许许多多的像素组合成的。分辨率通常以“乘”的形式来体现，如 1024×768，其中“1024”表示屏幕每行的像素数，“768”表示屏幕每列的像素数，在显示器屏幕面积不变的前提下，能够达到的分辨率越高，显示的图像越精细。颜色质量是指在某一分辨率下，每一个像素可以表示的色彩种类，它的单位是 bit（位），能够表示的色彩种类越多，显示的图像的色彩质量就越高，如 8 位色是指将所有颜色分为 2^8（256）种，即每一个像素可以表示 256 种颜色中的任意一种，8 位色由于表示的色彩数量较少，所以显示的画面比较粗糙；而 16 位色（2^{16}=65536）由于表示的色彩种类较多，因而能够表现比较真实的色彩，通常被称为“增强色”，现在的显示器支持 24 位色（真彩）和 32 位色。

显示适配器简称显示卡或显卡，其基本作用是控制计算机的图形输出，由显卡连接显示器，我们才能够在屏幕上看到图像。显卡一般由显示芯片、显示内存等组成，目前常见的显卡一般通过 AGP 或 PCI Express（PCI-E）接口与主板连接，通过 VGA、DVI 或 HDMI 等接口与显示器连接。图 1-14 所示为支持 HDMI 输出的显卡。

图 1-14　支持 HDMI 输出的显卡

② 打印机。

打印机是办公领域中常用的输出设备，有点阵打印机、喷墨打印机、激光打印机等种类。点阵打印机又称针式打印机，打印成本较低，但噪音大、速度慢、精度低，目前主要在银行、学校等需要打印复写纸或蜡纸的领域使用；喷墨打印机打印速度较快，打印质量较高，价格较低，而且绝大多数可以打印彩色，目前市场占有率较高，但它存在耗材费用高等缺点；激光打印机是三种打印机中速度最快、打印质量最好的，并且其耗材费用相对较低，近几年来比较普及。图 1-15 所示为带有网络接口的彩色激光打印机。

图 1-15　带有网络接口的彩色激光打印机

2．安装操作系统

操作系统（Operating System，OS）是一组对计算机资源进行控制与管理的系统化程序的集合，是用户与计算机之间的接口，为用户和应用软件提供了访问和控制计算机硬件的桥梁。操作系统是直接运行在裸机上的最基本的系统软件，其他任何软件都必须在操作系统的支持下才能运行。

【知识链接】

操作系统的发展

早期出现在微型计算机上的操作系统是 DOS（Disk Operating System），它是一种字符型用户界面、采用命令行方式进行操作的操作系统，普通用户使用起来很不方便；1995 年 8 月，Microsoft（微软公司）推出图形化操作界面的操作系统——Windows 95，大大简化了操作，深受广大用户的欢迎；后来 Microsoft 公司又相继推出 Windows 98、Windows 2000、Windows XP 操作系统、Windows Vista 以及 Windows 7 等操作系统，牢牢占据了全世界计算机操作系统 80%以上的份额，而其他公司开发的操作系统，如 IBM 的 OS/2、Apple（苹果）公司的 Mac OS 等由于各种原因市场占有率较低。

随着网络的发展，许多公司纷纷开发多用户的网络操作系统，比较具有代表性的是 Microsoft 公司的 Windows 2003、Windows 2008，Novell 公司的 Netware 以及 UNIX、Linux

等，特别是 Linux 属于自由软件，免费开放源代码，近几年来在许多国家发展迅速，目前拥有巨大的用户群体和广泛的应用领域。

Windows XP 操作系统自 2001 年 10 月 25 日上市以来，凭借其超强的稳定性和可靠的安全性深受广大计算机用户的欢迎。Windows XP 操作系统的安装比较简单，将 Windows XP 操作系统安装光盘放到光驱内，设置计算机从光驱启动，然后按照安装系统提示一步步进行操作（见图 1-16），经过一段时间的等待及几次重启后，我们终于看到了期待已久的画面——Windows XP 操作系统启动后的桌面（见图 1-17）。

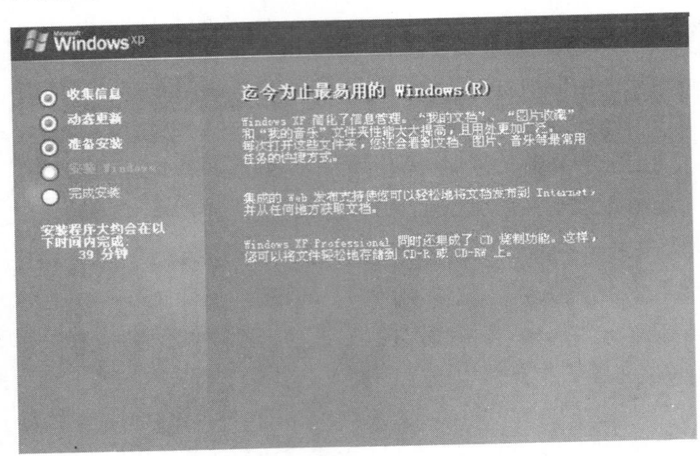

图 1-16　Windows XP 操作系统的安装界面

图 1-17　Windows XP 操作系统启动后的桌面

Windows XP 操作系统安装成功后，需要对系统进行一些基本的设置，最后根据需要安装一些常用的软件，如 Office 软件、杀毒软件、音频视频播放软件、解压缩软件、下载软件等。这样，一个完整的计算机系统就搭建好了，我们就可以用它来学习、工作或是娱乐了。

任务二　初次使用 Windows XP 操作系统

【学习目标】

- 了解 Windows XP 操作系统的基本要素
- 熟悉 Windows XP 操作系统的基本操作
- 掌握汉字的输入和基本的编辑方法
- 了解打印机的基本使用方法

任务描述

王超同学担任了学生会宣传部部长，今天他接到了一个任务——打印 50 份紧急通知。他借来的笔记本电脑安装了 Windows XP 操作系统，经过求助高手才知道，Windows XP 操作系统中自带的记事本和写字板都能满足他的要求。

任务分析

Windows XP 操作系统不仅仅是一个操作系统，还自带了许多常用的工具软件，如画图、计算器、音频视频播放等，当然也包括简单的文字处理，如“记事本”和“写字板”。在文字的编辑方面，“写字板”比“记事本”功能更多，更接近于专业的文字处理软件，像这种简单的通知，我们完全可以使用“写字板”进行编辑处理。

相关知识

1．Windows XP 操作系统的基本要素

Windows XP 操作系统是一个典型的多任务、图形界面的操作系统，下面让我们一起来认识一下它的一些基本要素。

（1）桌面。

如图 1-18 所示，桌面就是 Windows XP 操作系统启动后用户所面对的整个屏幕，它由背景画面、各种图标（如“回收站”、“我的电脑”等）、开始菜单和任务栏组成，用户对操作系统的所有操作都是由桌面开始的。

（2）窗口。

由于 Windows 操作系统采用了图形化界面，所以在 Windows 操作系统中打开程序或者文档，都会以图形化的界面提供给用户，这种图形化的界面被称为“窗口（Window）”，窗口的操作是 Windows 操作系统中最基本的操作。

Windows 操作系统中的程序或文档窗口无论在外观、组成，还是基本操作上都非常统一，下面就以“写字板”程序窗口为例，介绍窗口的基本组成。

如图 1-19 所示，“写字板”窗口主要由 7 个部分组成。

① 标题栏。

位于窗口的最上边，左侧为此程序的图标及名称，右侧为窗口控制按钮，用来控制窗口的“最大化”（“还原”）、“最小化”和“关闭”等功能。

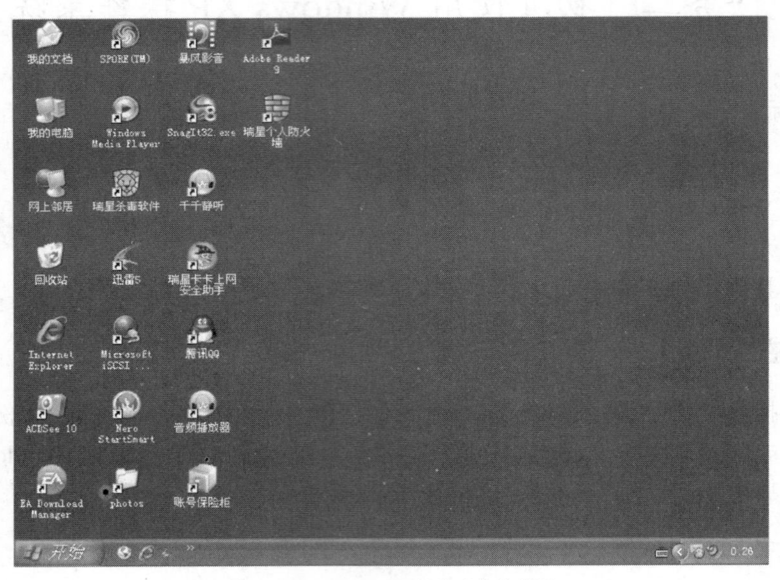

图 1-18　Windows XP 操作系统的桌面

② 菜单栏。

列出当前应用程序的所有菜单项，每一项均对应了若干项子菜单，用鼠标单击就会展开。

③ 工具栏。

把最常用的命令操作集合在一起，通常以按钮的形式出现，单击这些按钮就会快速实现相应的功能。

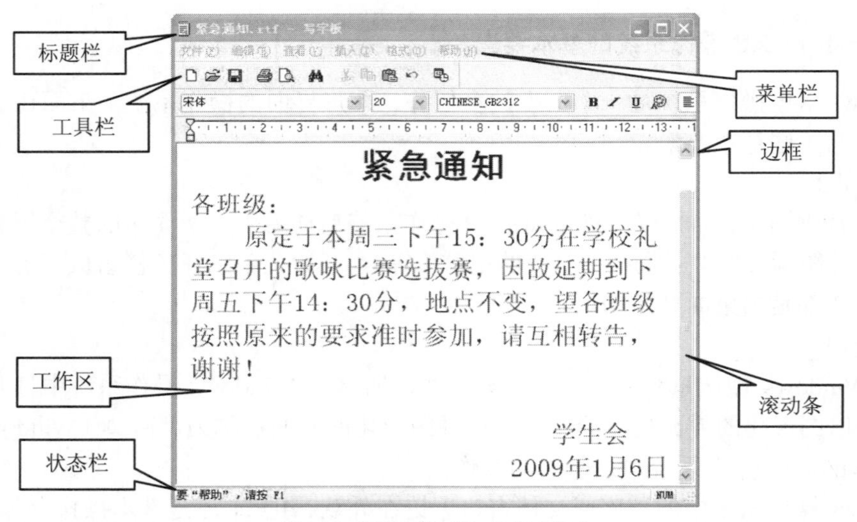

图 1-19　“写字板”窗口的基本组成

④ 工作区。

是窗口中的最大区域，也是用户操作区域，其内容随着应用程序的不同而不同。

⑤ 边框。

组成窗口的 4 条边线，可以用来改变窗口的大小。

⑥ 滚动条。

一般包括水平滚动条和垂直滚动条，由系统根据工作区的内容自动显示。

⑦ 状态栏。

位于窗口的最下方，主要用来显示程序的有关状态和对用户操作的提示。

（3）菜单。

在 Windows 操作系统中，系统将各种操作命令汇集在一起以列表的方式提供给用户，这张命令列表就是菜单。在 Windows 操作系统的基本操作中，菜单的使用无处不在，除了打开的窗口包含菜单外，在不同的操作对象上单击鼠标右键也会打开相应的菜单。在菜单中往往使用不同的标记（如图 1-20 所示），为更好地进行操作，用户需要了解这些标记的含义。

① 命令项的两种颜色。

黑色字符显示表示正常选项，当前可以执行该命令；灰色字符显示表示当前不能执行该命令。

② “…”。

运行后面带有“…”的命令项会弹出一个对话框，要求用户进一步操作。

③ 组合键。

某些命令项后标注有组合键，如“复制（Ctrl+C）”组合键实质上是要执行某一选项（或命令）时可以使用键盘的操作方式。

④ 分组线。

若干命令项之间用线分开，形成若干菜单项组，这种分组是按菜单命令的功能组合的。

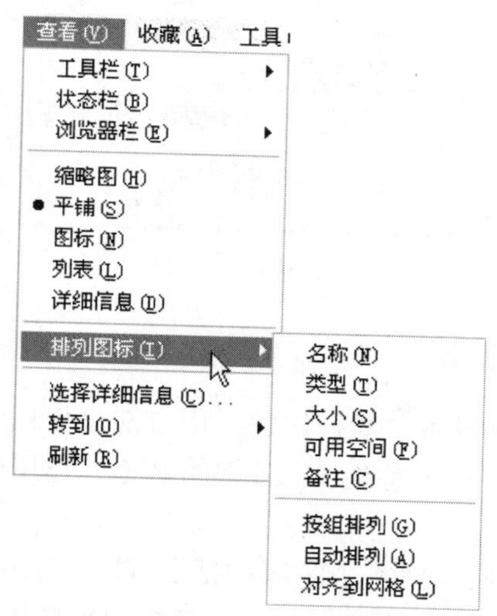

图 1-20 “我的电脑”中“查看”菜单

⑤ “√”。

选择项前带有此标记表示有两种状态，用户可以在两种状态之间进行切换。有“√”表示有此项功能，否则表示无此项功能。这种选择项的特点是在同组中选项相互独立，用户可选中一个也可以选中多个，称为“多选项（复选项）”。

⑥ "●"。

选择项前带有此标记表示在同类选项中只能选一个，而且该项已被选，若此时选择其他项，则该项自动失效，此类选择项称为"单选项"。

⑦ "▶"。

带有此标记的命令项表示还有下一级子菜单。

（4）对话框。

对话框是 Windows 操作系统中用户与计算机系统进行信息交流的窗口，用户可以通过对选项的选择来修改或者设置系统的相关属性。

如图 1-21 所示，对话框的组成和窗口有相似之处，如都有标题栏、边框等，但对话框要比窗口更简洁、直观、侧重于与用户交流，它一般包含标题栏、选项卡与边框、列表框、命令按钮、复选按钮等几部分。此外，对话框没有最大化、最小化按钮，不能像窗口一样最大化、最小化或随意改变大小。

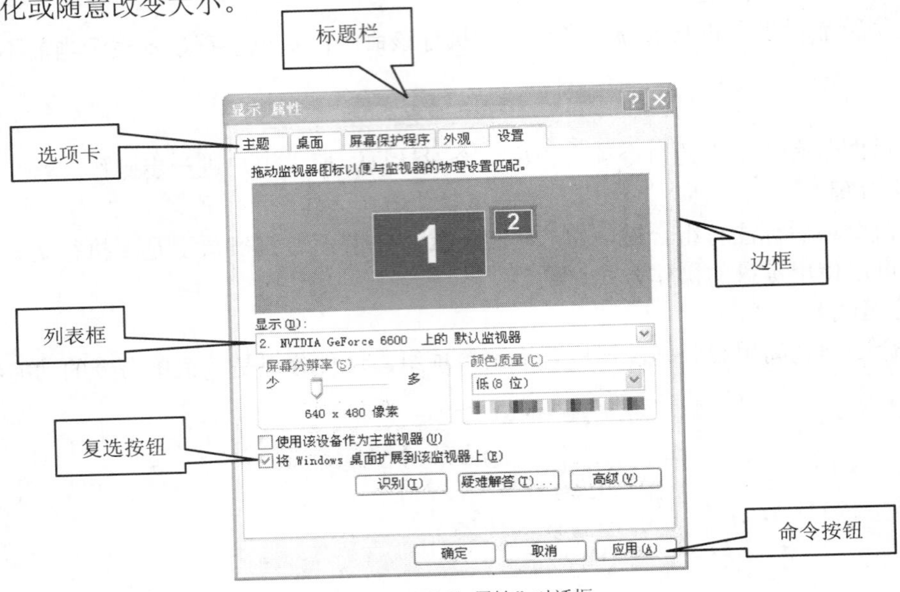

图 1-21 "显示 属性"对话框

2．键盘、鼠标的使用与设置

键盘是计算机的基本输入设备，掌握它的使用方法是使用计算机的前提。初学者要熟练地使用键盘进行各种操作，应该掌握键盘上各键的名称、作用以及使用方法。

（1）常用键的功能与操作。

如图 1-22 所示，键盘一般包括 4 个区域：打字键区（主键盘区）、功能键区、光标控制键区和数字键区（数字小键盘区或副键盘区）。要熟练地使用键盘进行操作，应该掌握正确的击键姿势和键入指法，建议学习者使用相关的练习软件（如金山打字通）学习。

① 光标移动键。

文字编辑过程中，我们经常要和光标（也叫插入点）打交道。输入字符、删除字符，都要将光标移到要插入字符或删除字符的地方。下面介绍光标移动键：

按“↑”键：光标向上移；

按“↓”键：光标向下移；

按“→”键：光标向右移；

按“←”键：光标向左移；

按“Home”键：将光标移到行首；

按“End”键：将光标移到行尾；

按“PageUp”键：　每按一次，光标向上移一屏幕；

按“PageDown”键：每按一次，光标向下移一屏幕。

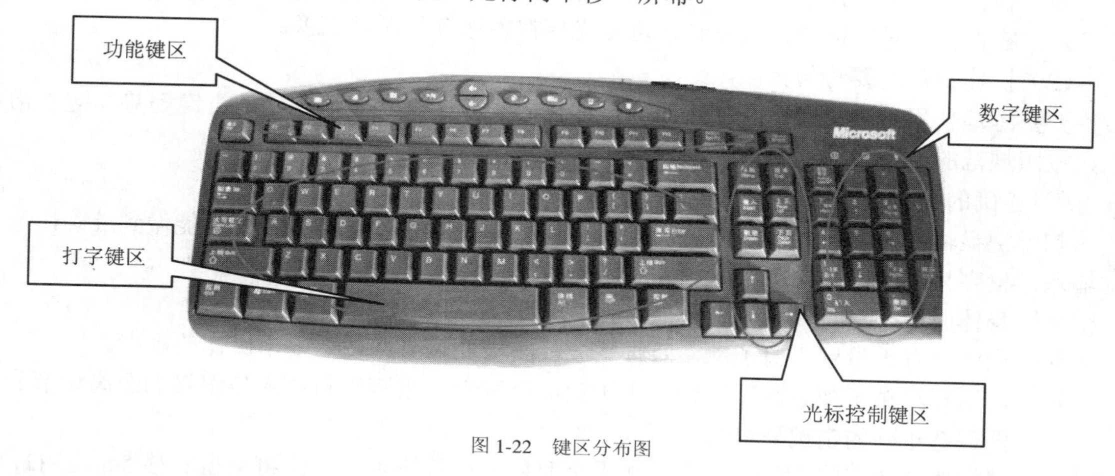

图 1-22　键区分布图

② 退格键（BackSpace）。

删除光标前面的字符。

③ 删除键（Delete）。

删除光标后面的字符。

④ 空格键（Space）。

进行空格输入。

⑤ 回车键（Enter）。

➢ 在输入文本的过程中，敲此键，可将光标后面的字符下移一行，即新起一个段落。

➢ 在其他操作中，按该键表示输入命令结束，让计算机执行该操作。

⑥ 大写字母锁定键。

“Caps Lock”键用于大写字母和小写字母的切换，按一下该键，数字键区的上方有一对应的指示灯，灯亮，为大写输入状态；再按一下，灯熄，为小写输入状态。

⑦ 换档键。

“Shift”键的作用：

➢ 按住“Shift”键，再加按其他键，将输入该键面上面的符号。如输入“%”、“￥”、“：”、“（）”等。

➢ 用于大小写输入的临时切换，若当前为大写状态（“Caps Lock”灯亮），按住该键敲入字母键，将输入小写字母；若当前为小写状态，按住该键输入大写字母。

⑧ Esc 键。

中断、取消操作，可以用来关闭打开的菜单或对话框，也可以用于退出某个打开的程序。

⑨ 数字锁定键。

"Num Lock"键位于数字键区的左上方，上方有一个对应的指示灯，灯亮状态下数字键区用来输入数字，灯熄则启用功能键，即启用"→、←、↑、↓、Del（删除）、Ins（插入/改写）、Home"等功能。

⑩ Tab 键。

该功能键主要有以下两大作用。

- 在文字编辑软件中，按一下该键，可以将光标移到下一制表位。
- 在窗口、对话框中，按该键，可将光标在各选项间循环切换。

（2）操作键盘的姿势与指法。

要熟练地使用键盘进行信息的输入或操作，必须要了解、掌握正确的击键姿势和键入指法，按照规范的方法多加练习。

① 正确的姿势。

初学键盘输入时，首先必须注意的是击键的姿势，如果姿势不当，就不能做到准确快速地输入，也容易疲劳，如图 1-23 所示。

- 身体应保持笔直，稍偏于键盘右方。
- 应将全身重量置于椅子上，两脚平放，座椅要调整到便于手指操作的高度。
- 两肘轻轻贴于腋边，手指轻放于规定的字键上，手腕平直；人与键盘的距离调节到能保持正确的击键姿势为止。
- 显视器宜放在键盘的正后方，如果是照稿件进行输入，应先将键盘右移 5cm 左右，再将原稿紧靠键盘左侧放置，以便阅读。

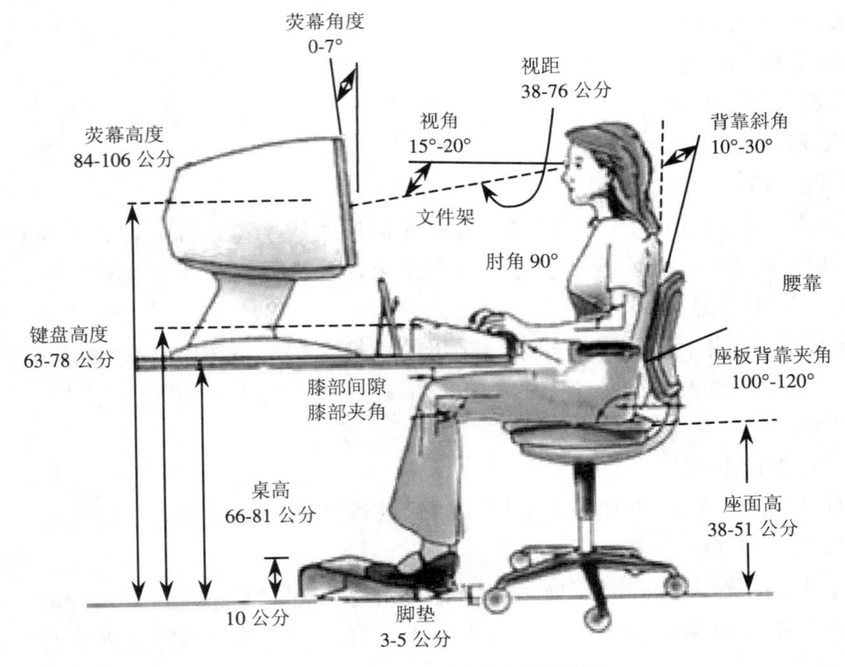

图 1-23　正确的打字姿势和身体的角度

② 正确的指法。

根据键盘上常用按键的分布，把左右手的不同手指进行了明确分工，如图 1-24 所示，键盘上共有 8 个基准键位，位于键盘的第二行，在基准键位的基础上，对其他字母、数字、符号键都采用与 8 个基准键的相对位置来记忆，例如，用原击 D 键的左手中指击 E 键，用原击 K 键的右手中指击 I 键。在击键的过程中应注意以下事项：

- 手腕要平直，手臂要保持静止，全部动作仅限于手指部分，上身其他部位不得接触工作台或键盘。
- 手指要保持弯曲，稍微拱起，指尖后的第一关节微成弧形，分别轻轻地放在字键中央。
- 输入时，手抬起，只有要击键的手指可伸出击键，击完立即缩回，不可停留在已击过的键上。
- 输入过程中，尽量用相同的节拍轻轻地击字键，不可用力过猛。
- 空格的击法：右手从基准键上迅速垂直上抬 1～2cm，大拇指横着向下一击并立即回归。每击一次输入一个空格。
- 换行键的击法：需要换行时，用右手小指击一次“Enter”键，击后右手立即退回到原基准键位，在手回归过程中小指应弯曲，以免把“；”号带入。

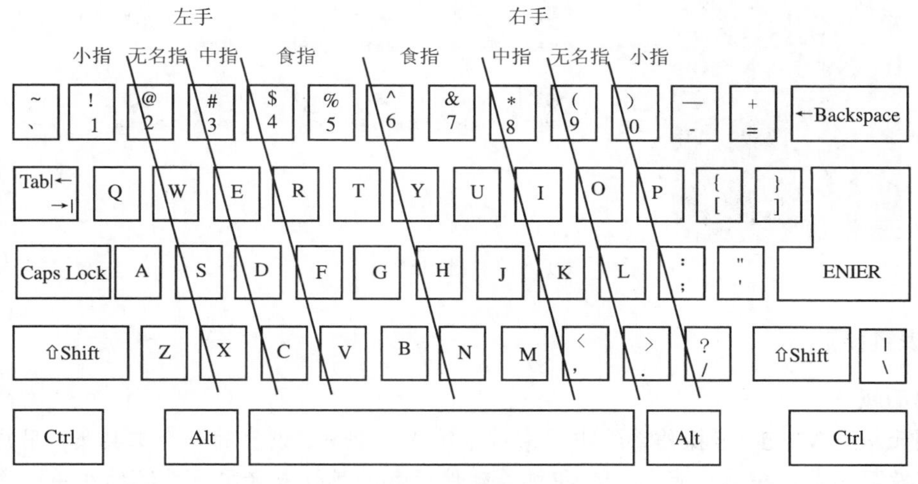

图 1-24　键盘指法分区图

（3）鼠标的使用。

随着图形界面操作系统的普及，鼠标成为越来越重要的输入工具。当操作者手持鼠标移动时，计算机屏幕上的鼠标指针就随着移动。在通常情况下，鼠标的形状是一个小箭头，会根据当前操作的变化发生相应的改变。最基本的鼠标操作方式有以下几种。

① 指向：把鼠标指针移动到某一对象上。

② 左键单击：鼠标左按钮按下、松开。

③ 右键单击：鼠标右按钮按下、松开。

④ 双击：快速按下、松开、按下、松开鼠标按钮（连续两次单击），双击一般是指左键。

⑤ 拖动：在选定的一个或几个对象上按住左键或右键，移动鼠标到另一个地方释放按钮。

（4）键盘、鼠标的基本设置。

为更好的使用鼠标和键盘，用户可以在“控制面板”中对其相关属性进行更改和设置。打开“开始”菜单中的“设置”→“控制面板”，在如图 1-25 所示的“控制面板”窗口中打开“键盘”或“鼠标”选项，在弹出的对话框中就可以分别就键盘和鼠标的相关属性进行设置，如设置键盘的字符重复延迟时间、字符重复率、光标闪烁频率以及鼠标的双击速度、指针移动速度等。

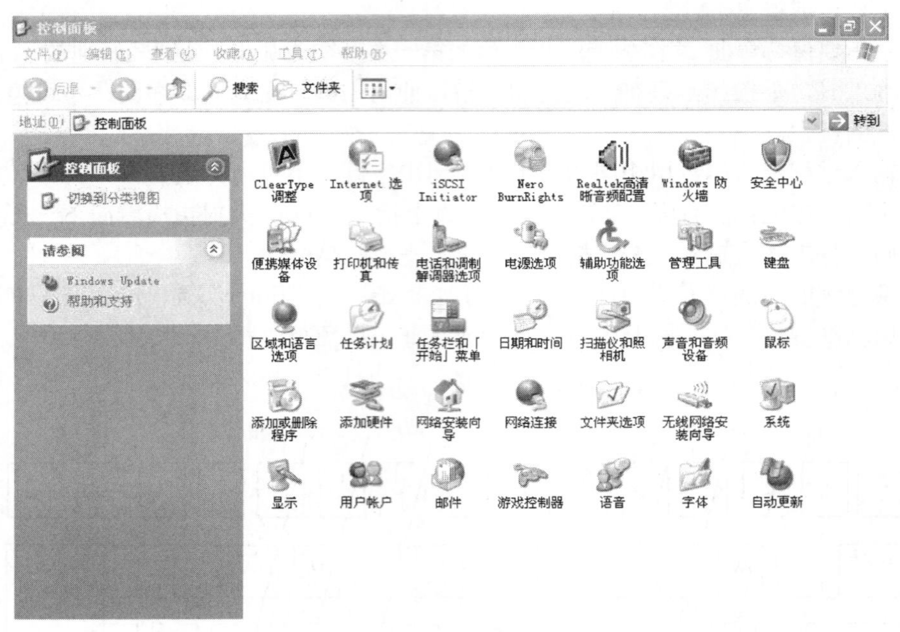

图 1-25 “控制面板”窗口

【知识链接】

控制面板

控制面板是 Windows 操作系统中用来对系统进行查看、设置的一个工具集，用户可以根据需要更改显示器、键盘、鼠标、打印机等硬件设备的属性或者更改系统的相关设置，以便更有效地使用它们。

控制面板中包含的设置工具以及主要的功能如下。

- 辅助功能选项：允许用户配置个人电脑的辅助功能。它包含多种主要针对有困难的用户或者有计算机硬件问题的设置。
- 添加硬件：启动一个可使用户添加新硬件设备到系统的向导，使用户可以通过从一个硬件列表选择，或者指定设备驱动程序的安装文件位置来完成。
- 卸载程序：允许用户从系统中添加或删除程序。“添加/删除程序”对话框也会显示程序被使用的频率，以及程序占用的磁盘空间。
- 管理工具：包含为系统管理员提供的多种工具，包括安全、性能和服务配置等。
- 日期和时间：允许用户更改存储于计算机 BIOS 中的日期和时间，更改时区，并通过 Internet 时间服务器同步日期和时间。

- 显示：加载允许用户改变计算机显示设置（如桌面壁纸）、屏幕保护程序、显示分辨率等的显示属性窗口。
- 文件夹选项：这个项目允许用户配置文件夹和文件在 Windows 资源管理器中的显示方式。
- 字体：显示所有安装到计算机中的字体。用户可以删除字体，安装新字体或者使用字体特征搜索字体。
- Internet 选项：允许用户更改 Internet 安全设置，Internet隐私设置，HTML 显示选项和其他诸如主页、插件等网络浏览器选项。
- 键盘：让用户更改并测试键盘设置，包括光标闪烁速率和按键重复速率。
- 鼠标：更改鼠标设置，如左右键功能的切换，设置鼠标的双击速度、指针移动速度等。
- 网络连接：显示并允许用户修改或添加网络连接，诸如本地网络（LAN）和因特网（Internet）连接。它也在一旦计算机需要重新连接网络时提供疑难解答功能。
- 电话和调制解调器选项：管理电话和调制解调器连接。
- 电源选项：包括管理能源消耗的选项，设定当按下计算机的开/关按钮时，计算机的动作，设置休眠模式。
- 打印机和传真：显示所有安装到计算机上的打印机和传真设备，并允许它们被配置、移除，或添加新打印机。
- 扫描仪和照相机：显示所有连接到计算机上的扫描仪和照相机，并允许它们被配置、移除，或添加新设备。
- 安全中心：设置 Windows 防火墙、自动更新、病毒防护等。
- 声音和音频设备：更改声卡设置和系统声音，以及在特定事件发生时播放的特效声音。
- 系统：查看并更改基本的系统设置。
- 任务栏和“开始”菜单：更改任务栏的行为和外观。
- 用户账户：允许用户控制使用系统中的用户账户。如果用户拥有必要的权限，还可提供给另一个用户（管理员）权限或撤回权限，添加、移除或配置用户账户等。

3．汉字输入

Windows XP 操作系统中文版自带了微软拼音输入法、智能 ABC 输入法、全拼输入法、郑码输入法等几种常用的输入法，这些输入法可以在“控制面板”中先打开“区域和语言选项”，再打开“文字服务和输入语言”对话框（见图 1-26）后添加或删除。当然用户也可以使用安装程序添加其他输入法，如搜狗拼音输入法、紫光拼音输入法、五笔字型输入法等。

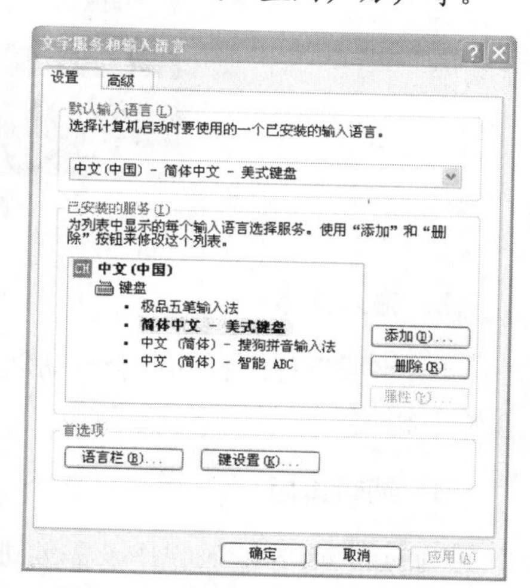

图 1-26 “文字服务和输入语言”对话框

要打开汉字输入法，可以直接使用鼠标单击桌面右下角的输入法指示器，打开如图 1-27 所示的输入法选择菜单，选择需要使用的输入法；也可以使用组合键“Ctrl+Shift”在各种输入法间进行切换。

打开某种输入法后，一般会在桌面某个位置显示其状态栏，状态栏一般由几个功能按钮组成，如图 1-28 所示的智能 ABC 输入法，其状态栏从左至右依次为“中英文切换按钮”、“标准/双拼切换按钮”、“全半角切换按钮”、“中英文标点切换按钮”和“开启/关闭软件盘按钮”。其他输入法的状态栏按钮功能大同小异，用户可以在具体使用中体会。

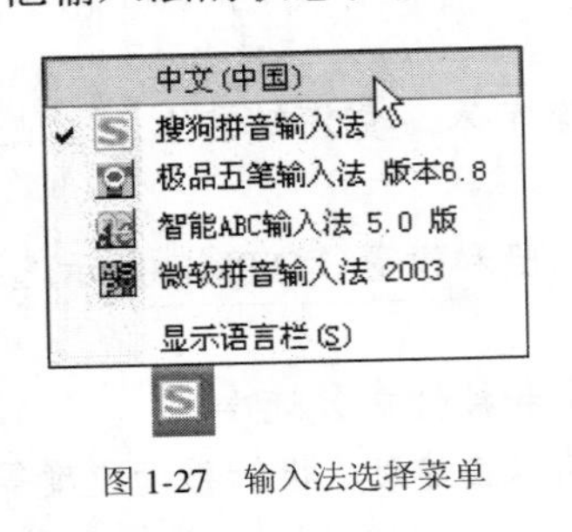

图 1-27　输入法选择菜单

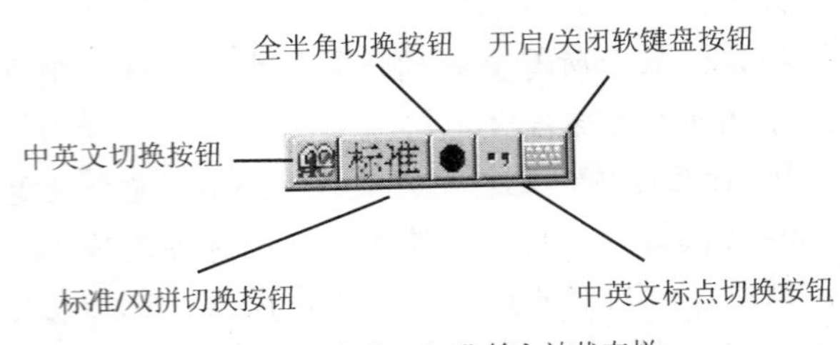

图 1-28　“智能 ABC”输入法状态栏

任务实施

1．打开“写字板”程序

“写字板”程序是 Windows 操作系统自带的、使用简便而功能强大的文字处理程序，用户可以用它进行日常文件的编辑。它不仅可以进行中英文文档的编辑，而且可以在文档中插入图片、声音、视频剪辑等多媒体资料。

如图 1-29 所示，在“开始”→“所有程序”→“附件”中打开“写字板”程序。

图 1-29　打开“写字板”程序

2．输入文本

“写字板”程序打开后会自动创建一个空文档（见图 1-30），用户可以在文本编辑区内直接输入相关内容。

3．编辑排版

“通知”内容输入完毕，需要进行简单的排版编辑，主要是进行文字的字体、字型、字号以及段落的缩进和对齐方式的设置。例如，首先选定标题“紧急通知”，然后打开“格式”菜单中的“字体”对话框，设定黑体、常规、二号（见图 1-31）。文字格式设置完毕后，再进行段落格式的设置，打开“格式”菜单中的“段落”对话框，根据需要设置对齐方式为“中”（见图 1-32）。

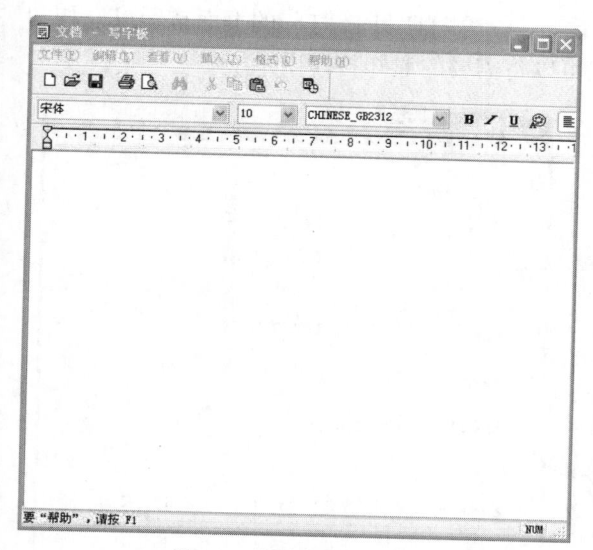

图 1-30　“写字板”程序界面

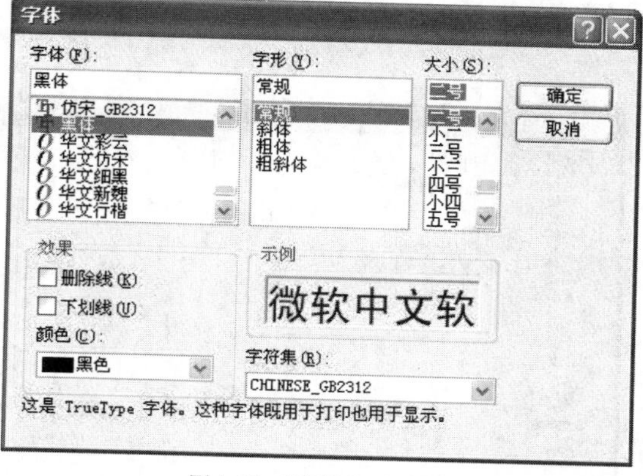

图 1-31　“字体”对话框

4．保存

文本编辑完毕，要进行保存，打开“文件”菜单，选择“保存”，在弹出的“保存为”对话框中设置好文件名称、保存类型和保存位置后，单击“确定”按钮将文件保存（见图 1-33）。如果需要继续编辑，可以使用“文件”菜单中的“打开”，选择上次存盘的文件打开后继续编辑（见图 1-34）。

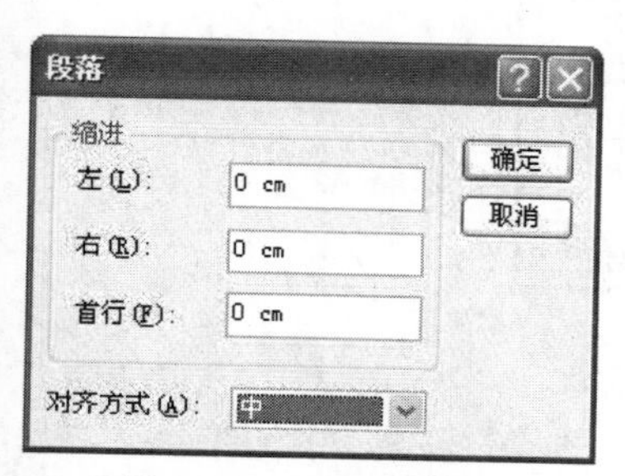

图 1-32　“段落”对话框

图 1-33　保存文件

5．打印

打印文件前应确保已经正确连接了打印机，同时还应进行“页面设置”，打开“文件”

菜单中的“页面设置”，选择需要使用的纸张，设置纸张的页边距和打印方向（见图 1-35）。所有的设置完毕后，打开“文件”菜单，选择“打印”，在“打印”对话框中（见图 1-36）可以进行打印机的选择（如果使用的计算机上安装了多台打印机）、打印的页面范围以及打印的页数等，设置完毕后，单击“打印”命令就可以将需要的通知打印出来了。

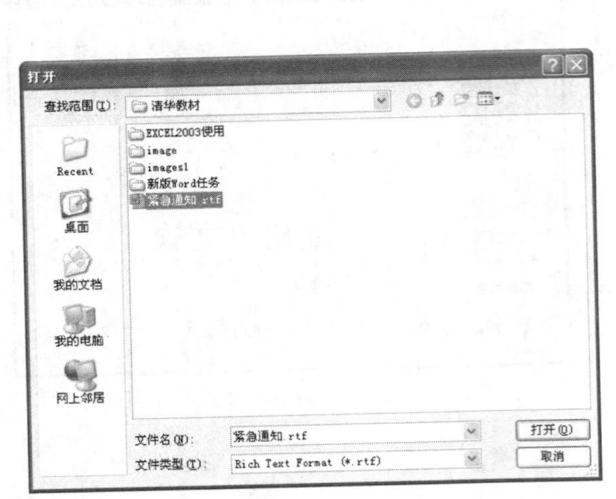

图 1-34　打开文件

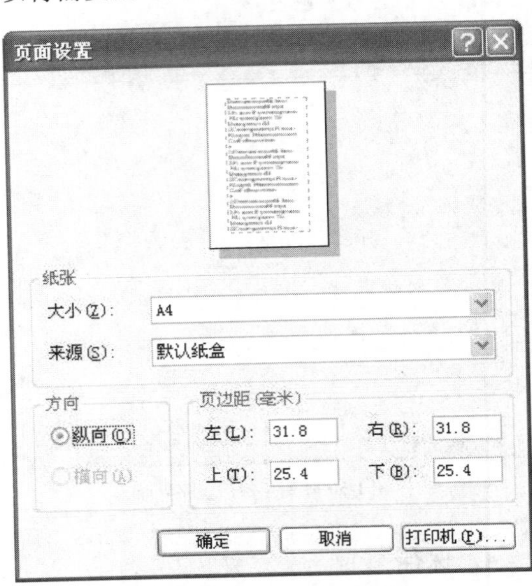

图 1-35　“页面设置”对话框

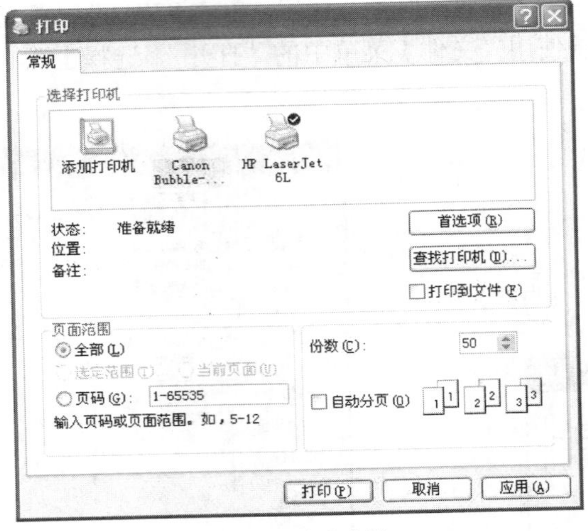

图 1-36　打印文档

【知识链接】

工具栏

像“写字板”程序一样，许多应用程序的窗口上都集成了工具栏，工具栏其实是各项菜单中常用命令的集合，如“写字板”程序，在工具栏上集合了“新建”、“打开”、“保存”、“打印”、“复制”、“剪切”、“粘贴”、“字体”等文档编辑中常用的命令（见图 1-37）。这样我们在使用这些命令时就不需要打开菜单来选择，直接单击工具栏上相应的工具按钮即可，大大提高了操作效率。

工具栏的大小毕竟有限，不可能将菜单中的所有命令集合起来，对于工具栏中没有出现的命令，我们还是需要打开相应的菜单进行选择。但是有许多程序支持用户自定义工具栏，即自己选择显示哪些工具栏、工具栏上就出现哪些命令按钮，这样就更加方便了用户的操作。

图 1-37 “写字板”程序的工具栏

任务三　科学、规范管理文件

【学习目标】

- 掌握文件和文件夹的基本知识
- 熟悉关于文件和文件夹的基本操作
- 掌握“资源管理器”的基本功能和操作

任务描述

王超同学的计算机使用了一段时间，突然某天系统无法正常启动，经高手李明“诊断”是因为感染了破坏性较强的病毒，需要重新安装 Windows XP 操作系统。可是王超的许多重要资料都放在C盘（系统盘）里，而且好多文件名称混乱，李明费了好大劲才帮助他恢复了一些。这次重装系统后，李明建议王超好好学习一下文件管理，把恢复的文件重新分类、整理，存放到非系统盘的某个文件夹中，这样将来即使系统再出现了问题，也不会影响到这些数据的安全。

任务分析

用户数据越来越多，采用科学、规范的管理方法可以增加数据的安全性，减少不必要的麻烦。用户的个人资料，如文档、照片、歌曲等一般放到非系统盘（Windows 操作系统一般默认安装在C盘，非系统盘即除C盘以外的其他磁盘）里，同时应该分门别类建立相应的文件夹进行归类管理，文件和文件夹的命名应该简单、明了，特别重要的数据还应该注意备份，如复制到U盘或刻录到光盘。

相关知识

1．认识文件和文件夹

（1）文件和文件夹的概念。

文件（File）是指存储在外部存储器中、赋予名称的一组相关信息的集合。文件中存放

的可以是一段程序、一篇文章、一首歌曲、一幅图片等，每个文件都有一个名字，称为文件名，文件名由主文件名和扩展名组成，主文件名用来区分不同的文件，扩展名用来关联文件的类型。Windows 操作系统中规定了文件名最多可以使用 255 个字符（英文），文件名可以使用英文字符（大小写等效）、汉字（每个汉字相当于 2 个英文字符）、数字和一些特殊符号（@、#、$、~、^等），还可以使用空格，但是不允许使用/、\、*、?、<、>、|、:和"等符号。

文件夹是磁盘中存放文件的特殊位置，是为了对文件进行有序管理而引入的一个概念。文件夹没有类型的区别，所以一般没有扩展名。用户可以在磁盘中依次建立各级文件夹，从而形成层次化的文件夹组织结构（见图 1-38）。

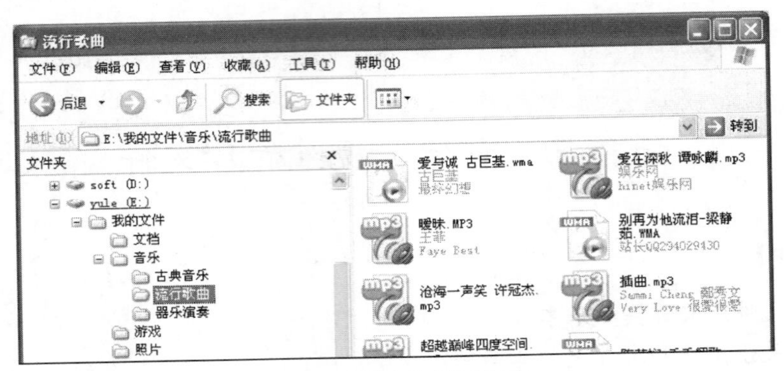

图 1-38　层次化的文件夹结构

（2）扩展名与文件类型。

计算机中的文件一般都有文件名和扩展名，文件名和扩展名之间使用“.”隔开，对于具有多个“.”的文件，一般指定其最右边的“.”后面的字符为扩展名。扩展名主要用来区分文件的类型，所以又称类型名，在操作系统中不但根据文件的扩展名指定文件类型，还把这种类型的文件与相应的应用程序关联起来，例如扩展名为“txt”的文件类型为“文本文件”，和“记事本”程序关联，当双击扩展名为“txt”的文件时，系统会自动打开“记事本”程序作为默认的编辑器。

Windows 操作系统中常见的文件类型有以下几种。

➢　可执行程序文件。

可执行程序文件是计算机可以识别的二进制编码，其文件扩展名为“COM”或“EXE”，双击这些文件的图标即可启动这些程序。

➢　文本文件。

文本文件是由各种字符组成的文件，常见的文件扩展名为：“TXT”（纯文本文件）、“DOC”（Word 文档）、“RTF”（写字板文档）。

➢　图像文件。

图像文件主要存储图片信息，常见的文件扩展名为：“BMP”（位图文件）、“JPG”、“GIF”。

➢　声音文件。

常见的文件扩展名为：“WAV”（波形声音文件）、MDI（MIDI 格式的声音文件）、“MP3”、“WMA”。

➢ 其他文件类型。

除以上常用的文件类型外，还有诸如扩展名为“DBF”和“MDB”的数据库文件，扩展名为“TTF”和“FON”的字体文件，扩展名为“OVL”、“SYS”、“DRV”和“DLL”的各种系统文件，扩展名为“ZIP”和“RAR”的压缩文件，扩展名为“HLP”的帮助信息文件等。

2．文件和文件夹的操作

由于在计算机中，不论是程序还是数据，最终都是以文件的形式出现的，所以对计算机的操作，很多时候是对文件以及文件夹的操作，在Windows操作系统中关于文件和文件夹常见的操作主要包括以下几类。

（1）选定文件或文件夹。

选定对象是进行其他操作的基本前提，针对选定对象的数量、位置的不同，采用的方法也不相同。

① 选定单个文件或文件夹。

单击文件或文件夹，该文件或文件夹变为高亮显示，表示被选定。

② 选定多个连续的文件或文件夹。

首先单击选定第一个文件或文件夹，然后按住“Shift”键不放，选定最后一个文件或文件夹，则第一个和最后一个以及它们之间的所有文件或文件夹都会被选定；也可以在要选择的文件或文件夹的外围按住鼠标左键进行拖动，则文件或文件夹周围将出现一虚线框，虚线框覆盖的文件将被全部选中。

③ 选定多个不连续的文件或文件夹。

单击选定第一个文件或文件夹，然后按住“Ctrl”键，依次单击其余要选择的文件或文件夹（见图1-39）。

图1-39 使用“Ctrl”键选定不相邻的多个文件

④ 选定所有文件或文件夹。

直接使用快捷键“Ctrl+A”，或者打开“编辑”菜单，选择“全部选定”命令。

（2）复制文件或文件夹。

文件和文件夹的复制方法完全相同，首先选定要复制的文件或文件夹，然后单击窗口工具栏上的“复制”按钮（也可以选择“编辑”菜单中的“复制”命令，如图1-40所示，或者单击鼠标右键在快捷菜单中选择“复制”命令），这时，系统会将被选定的文件或文件夹的内容复制到系统内存（剪贴板）中，随后打开文件或文件夹想要复制到的目的文件夹或驱动器，最后使用“粘贴”命令（工具栏、“编辑菜单”、右键快捷菜单均可），就可以完成文件或文件夹的复制工作了。

（3）移动文件或文件夹。

文件或文件夹的移动是指将文件或文件夹从一个位置移动到另一个位置，虽然和复制操作结果不同，但操作步骤基本相同。要完成文件或文件夹的移动，只需在选定文件或文件夹后使用“剪切”命令（见图1-41），后面的操作就与复制操作完全相同了。

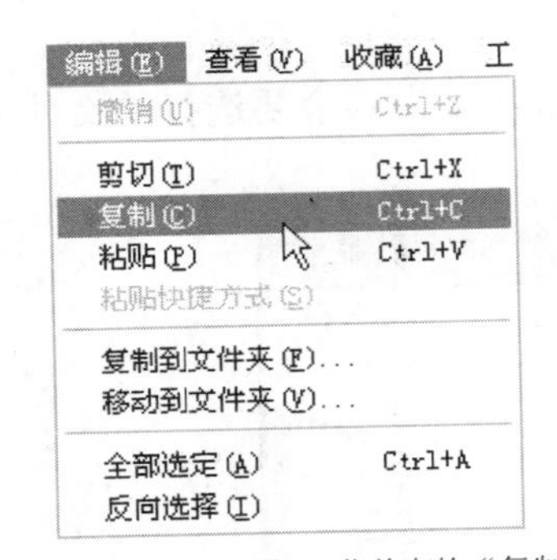

图1-40　使用“编辑”菜单中的“复制”命令

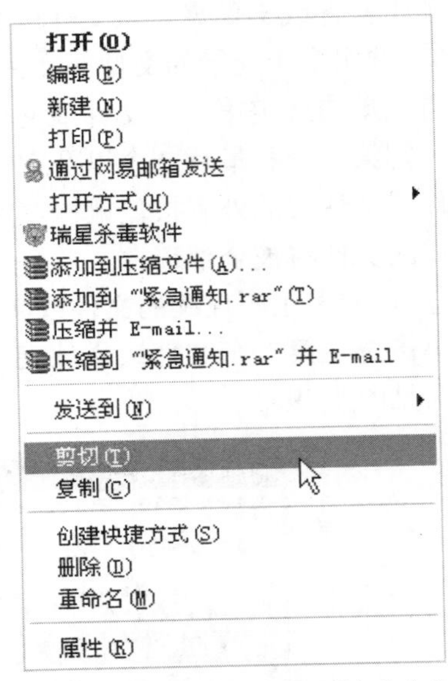

图1-41　使用快捷菜单中的“剪切”命令

【知识拓展】

使用鼠标拖动快速实现文件或文件夹的复制和移动

文件或文件夹的复制和移动操作除了采用上述的命令方式外，还可以采用鼠标拖动的方法，使用鼠标拖动可以快速地实现复制和移动，能够提高操作效率。鼠标拖动一般在资源管理器中进行，具体方法为：首先选定对象，如果在同一驱动器中直接拖动，则完成的是文件或文件夹的移动操作（可执行程序除外，拖动它们完成的是创建快捷方式操作），如果在拖动的同时按住“Ctrl”键，则完成的是复制操作；如果在不同的驱动器间直接拖动，完成的是文件或文件夹的复制操作，如果在拖动的过程中按住“Shift”键，则会完成移动操作。

（4）删除文件或文件夹。

为节省磁盘空间，对于磁盘中重复或无用的文件或文件夹，可以将它们删除（见图 1-42）。

为安全起见，Windows 操作系统中设立了一个特殊的文件夹——“回收站”。一般情况下，用户删除的文件或文件夹都会被先移动到“回收站”中，一旦发现属于误删除，可以打开“回收站”进行还原。当然，如果要删除的文件或文件夹已经确认不再需要，可以直接删除而不送进“回收站”。

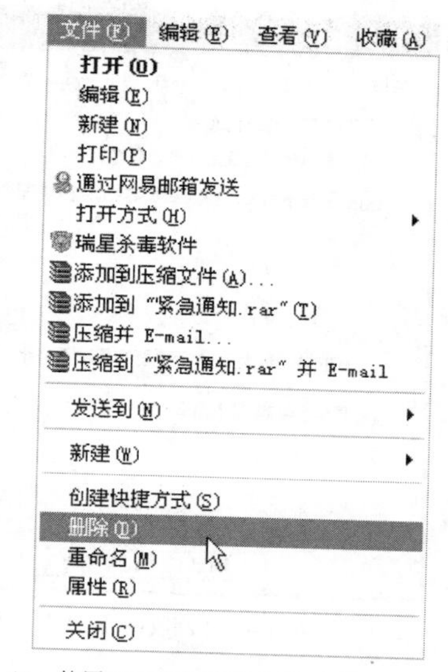

图 1-42　使用“文件”菜单中的删除命令删除文件

在进行删除操作之前，首先选定要删除的文件或文件夹，然后使用“删除”命令（“文件”菜单中的“删除”命令、工具栏上的“删除”按钮、右键菜单中的“删除”命令、键盘上的“Del”键），系统会询问是否放入回收站（见图 1-43），选择“是”，就完成了文件或文件夹的删除操作；如果想直接删除而不放进回收站，则在使用“删除”命令的同时按住键盘上的“Shift”键，这时会出现如图 1-44 所示提示，选择“是”，文件或文件夹就不经过“回收站”而被直接删除。

图 1-43　将删除的文件放入“回收站”

图 1-44　直接删除

【知识链接】

回收站

“回收站”是 Windows 操作系统在硬盘上开辟的空间，存放从硬盘上删除的文件，它的容量可以由用户自己设置（见图 1-45，在“回收站”图标上单击鼠标右键，在弹出的菜单中选择“属性”，就可以设置“回收站”的容量以及文件的删除方式了）。

如果我们要删除的是软盘、U 盘以及移动硬盘等可移动磁盘上的文件，则在使用“删除”命令时，即使没使用“Shift”键，系统也会不经过“回收站”而直接删除文件。

（5）重命名文件或文件夹。

文件名应该能够反映文件的基本特征和内容，以方便更好地对其管理和使用。如果需要更改文件或文件夹的名称，应先选定要更改名称的文件或文件夹，然后选择“文件”菜单中的“重命名”命令（或者在文件或文件夹上单击鼠标右键，选择“重命名”），如图 1-46 所示，直接输入新的名称，单击鼠标左键或直接回车确认即可。在改名过程中注意不要更改文件的扩展名，以免引起文件类型的改变。

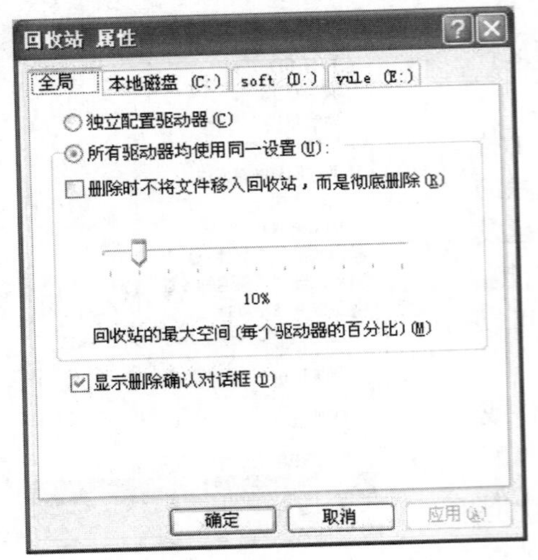

图 1-45 “回收站 属性”对话框

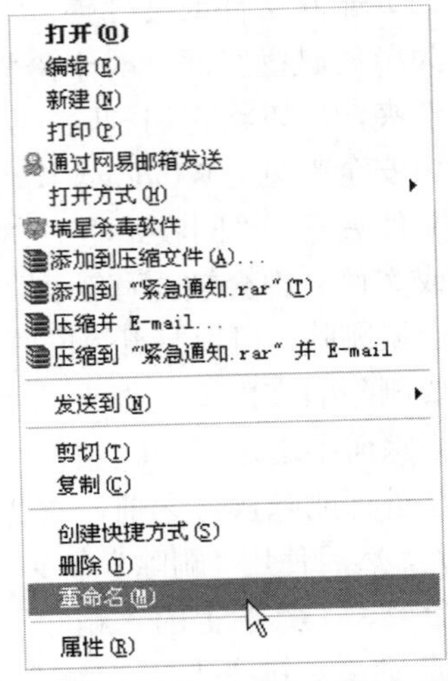

图 1-46 快捷菜单中的文件重命名

（6）设置文件或文件夹属性。

在 Windows 操作系统中，根据不同的需要，可以给文件或文件夹设置只读、隐藏和存档属性。首先选定文件或文件夹，然后使用“文件”菜单中的“属性”命令，或者在文件或文件夹上单击鼠标右键，或者使用“选择”菜单中的“属性”命令，打开“属性设置”对话框（见图 1-47）。在“属性设置”对话框中，除了可以设置相关属性外，还详细显示了该文件（夹）的其他信息，对于文件夹，还可以在这个对话框中设置共享，以便在网络中和其他用户进行信息共享。

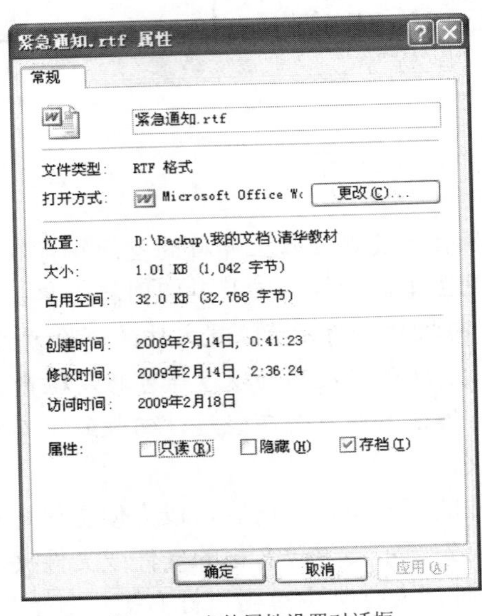

图 1-47 文件属性设置对话框

（7）查找文件或文件夹。

在管理文件和文件夹的过程中，用户可能忘记了某些文件或文件夹的名字，也可能忘记了它们所在的位置，此时用户可以通过 Windows XP 操作系统提供的“搜索”功能准确、快捷地确定文件或文件夹所在的位置。用户还可以根据自己的需要设置搜索条件，如文件的名称、搜索的范围、文件创建或修改的日期、文件类型、文件大小以及文件中包含的字符串等。

在搜索的过程中，如果文件或文件夹的名称记得不太确切，可以辅助以通配符的帮助。通配符共有两个，其中“？”代表一个任意字符，“*”代表任意个任意字符，例如要在C盘Windows文件夹中搜索第三字符为“m”、不小于2KB的可执行文件（扩展名为“exe”），就需要设置文件名为“??m*.exe”，文件大小为“至少2KB”，搜索范围“C盘Windows文件夹”，然后单击“立即搜索”按钮进行查找即可（见图1-48）。

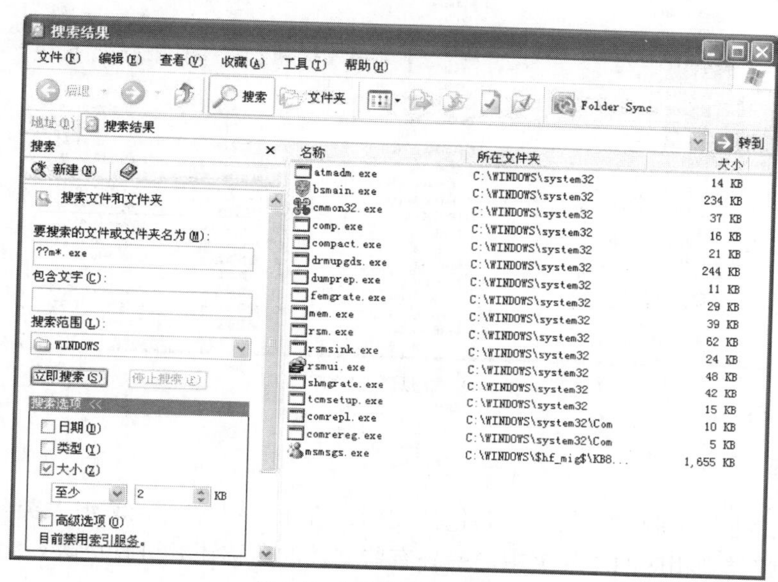

图1-48 查找满足条件的文件

3．资源管理器

“资源管理器”是Windows操作系统提供的资源管理工具，我们可以用它查看计算机中的所有资源，特别是它提供的树形的文件系统结构，使我们能更清楚、更直观地查看和管理计算机中的文件和文件夹资源。

打开资源管理器的方法很多，常见的有：

➢ 鼠标右键单击“开始”按钮，在弹出的快捷菜单中选择“资源管理器”；
➢ 鼠标右键单击“我的电脑”，在弹出的快捷菜单中选择“资源管理器”；
➢ 在任何磁盘或者文件夹上单击鼠标右键，在弹出的快捷菜单中选择“资源管理器”；
➢ 打开“开始”→“程序”→“附件”，找到“Windows 资源管理器”打开。

图1-49所示为打开的资源管理器的窗口界面。

资源管理器窗口分成左、右两部分，左窗口显示所有磁盘和文件夹的列表，右窗口显示在左窗口打开的磁盘和文件夹中的内容。在左窗口中，若驱动器或文件夹前面有“＋”号，表示该驱动器或文件夹有下一级子文件夹，单击该“＋”号可展开，当展开驱动器或文件夹后，“＋”号会变成“－”号，表示该驱动器或文件夹已展开，单击“－”号，可折叠已展开的内容。例如，单击左窗口中“我的电脑”前面的“＋”号，将在左窗口中显示“我的电脑”

中所有的磁盘信息，单击磁盘前面的“＋”号，将在左窗口中显示该磁盘下的文件夹。

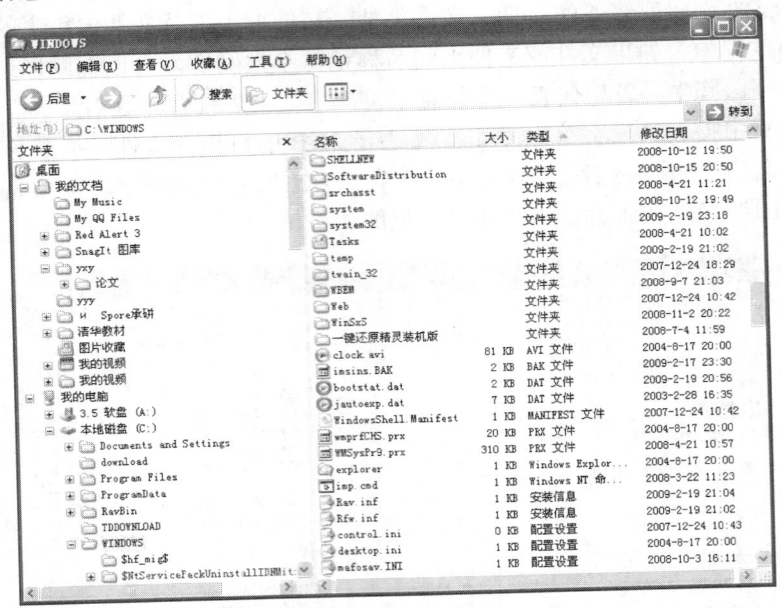

图 1-49 资源管理器窗口界面

任务实施

经过分析，王超电脑中的数据主要包括文档、音乐、图片、游戏 4 大类（见图 1-50），现在要把它们归类到相应的文件夹中，另外有些文件的名称还要进行更改。

图 1-50 未经分类整理的文件

1．根据文件分类建立相应的文件夹

打开某个非系统盘，建立如图 1-51 所示的文件夹结构，其中左图是简单地归类，如果为

以后管理文件更加方便，可以参考右图进行详细地规划分类。

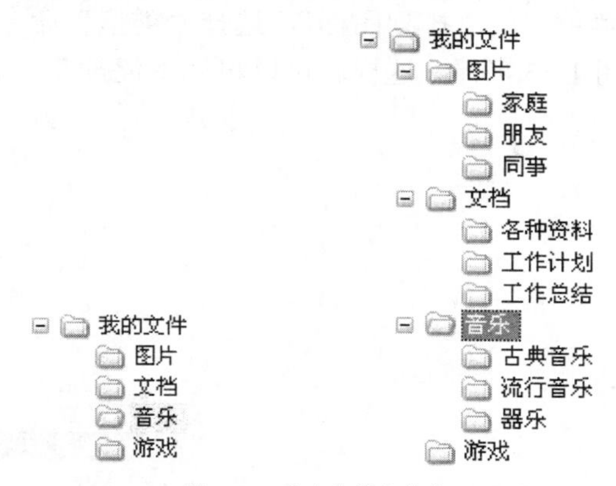

图 1-51　建立分类文件夹

新建文件夹的操作比较简单，使用“我的电脑”或“资源管理器”定位到需要建立文件夹的位置，选择“文件”菜单中的“新建文件夹”命令即可（见图 1-52）；也可以在“我的电脑”的工作区或者“资源管理器”右窗口的任意空白处单击鼠标右键，在出现的菜单中选择“新建”→“文件夹”（见图 1-53）。新建好的文件夹系统会给出默认的名称“新建文件夹”，根据实际需要直接输入新的名称敲“回车”键进行确定。

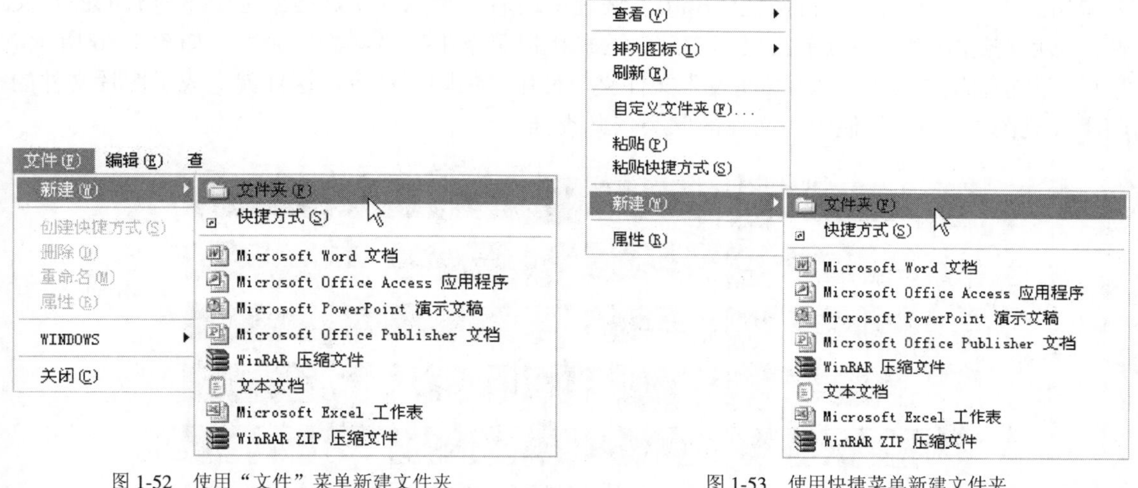

图 1-52　使用“文件”菜单新建文件夹　　　　图 1-53　使用快捷菜单新建文件夹

【知识链接】

新建文件

由于计算机中的文件有许多类型，所以在新建文件时需要明确指出，如新建“Word 文档”或“文本文档”等。这些新文件的内容是空白的，需要打开相应的应用程序来编辑处理。

2．将不同类型的文件归类到相应的文件夹中

如果需要归类的文件数量较少，只需要先选定这些文件，再使用“复制”或“剪切”命令，将其复制或是移动到相应的文件夹中即可。但是对于数量较多的文件，为方便操作，在选定前可以打开“查看”菜单中的“排列图标”，选择“类型”命令，如图 1-54 所示，也可以使用右键快捷菜单，如图 1-55 所示，这样就可以将原本混排在一起的文件按照文件类型排序，更方便我们选定文件。

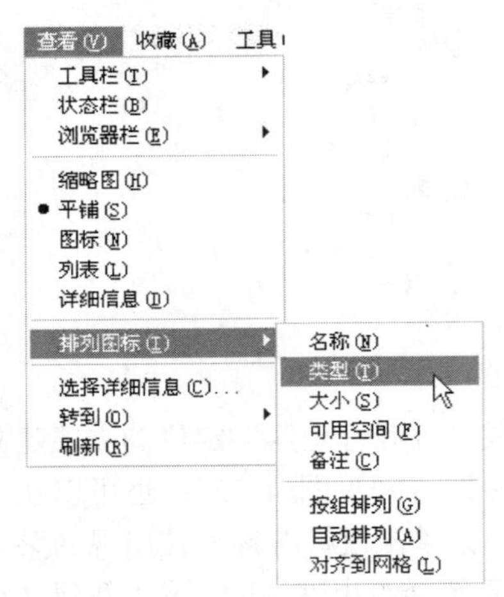

图 1-54　使用“查看”菜单排列图标

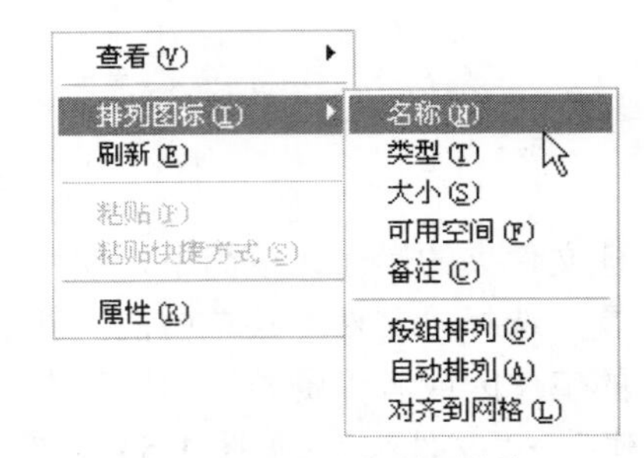

图 1-55　使用快捷菜单排列图标

经过按类型排列后，相同扩展名的文件已经排列在一起了。我们先将图片文件进行归类，先单击选中第一个图片，再按住“Shift”键选中最后一个图片，这样就选中了所有的图片文件，然后在选中的文件上单击鼠标右键，选择快捷菜单中的“剪切”命令，如图 1-56 所示，最后打开前面建立好的“图片\朋友”文件夹，使用“粘贴”命令，这样就完成了图片文件的归类（见图 1-57）。其他类型文件的归类依此类推。

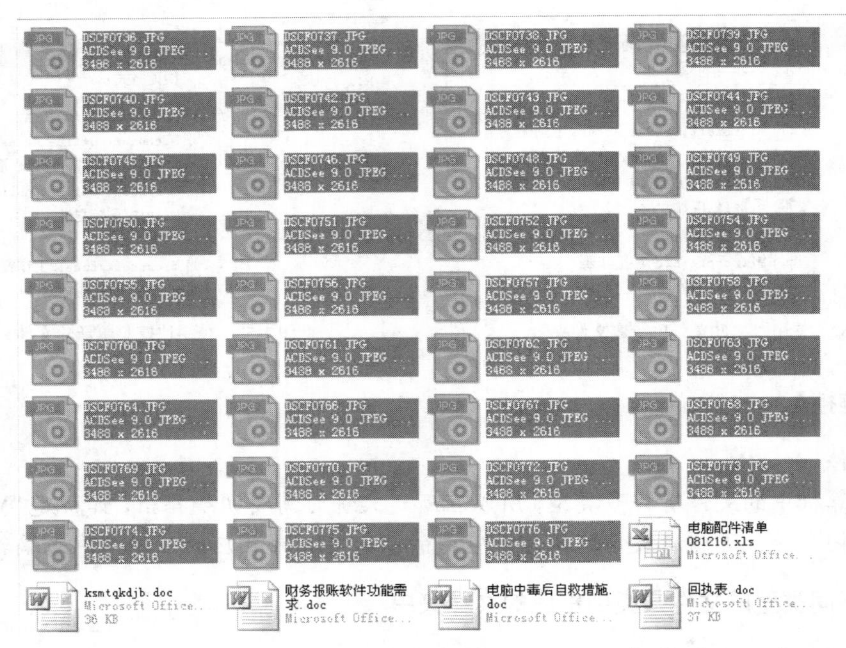

图 1-56　使用“Shift”键选择同一类型所有文件

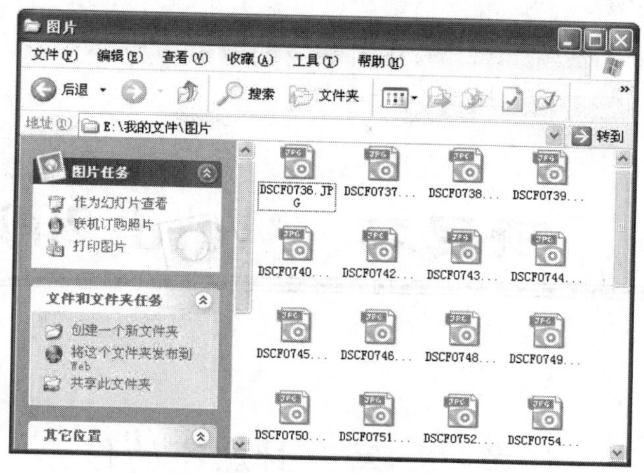

图 1-57　完成图片文件的归类

3．更改合适的文件名称

文件归类完毕后，我们再来检查一下有无不规范的文件名称，如音乐文件“2008768522.mp3”其实是歌曲“北京欢迎你”，使用“重命名”命令将其更改过来即可，如图 1-58 所示。

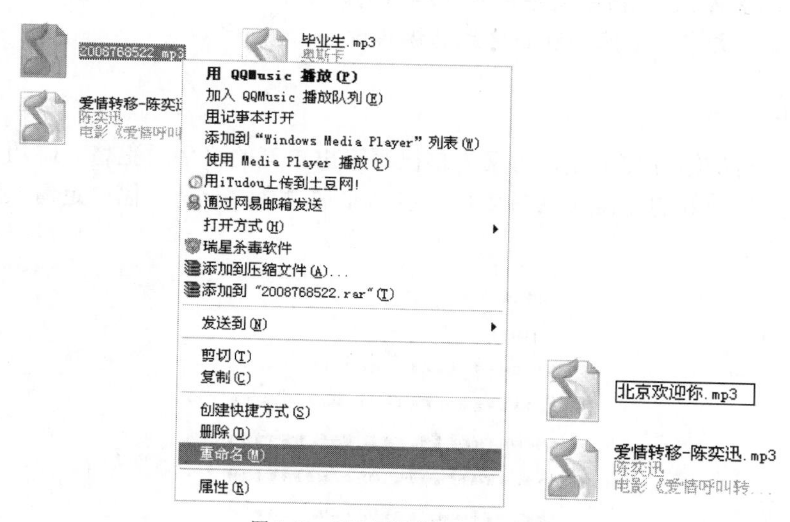

图 1-58　更改不规范的文件名称

【知识拓展】

数据备份

对于经过分类整理的、已经归类存放在非系统盘中的用户数据和资料，相比以前更便于管理和使用，也更加安全。但是如果出现全盘感染病毒或是硬盘损坏等问题，还是会给用户带来损失，因此，对于一些比较重要的数据，还应在其他存储设备上进行多重备份，如 U 盘、刻录光盘、移动硬盘或是网络硬盘等，这样对于用户数据的安全更有保障。

项目二　Word 2003 的使用

任务一　写一封漂亮的信

【学习目标】

- ➢ 了解 Word 2003 的窗口组成
- ➢ 熟悉 Word 文档的创建、打开、保存、关闭等基本操作方法
- ➢ 熟练掌握 Word 文档中文字录入和编辑的方法
- ➢ 熟练掌握文字、段落和页面格式的编辑方法

任务描述

小豹想写一封信给好友小鹿，可又为自己写不出漂亮的汉字而犯愁。碰巧，他看见阿虎的桌上放着一封打印好的家信（见图 2-1），字体非常漂亮。于是，他决定请教阿虎如何“写出”一封漂亮的信。

亲爱的爸爸、妈妈：

　　你们好！

　　很长时间没有给家写信了，想我没有？

　　今天天气特别好，因为昨天下了一场小雨，地面还湿漉漉的，四周不停的有鸟叫，有麻雀，有燕子，唧唧喳喳的飞来飞去，还有鸽子“咕咕咕咕”的声音。宿舍旁那棵老榆树上结满了一串串的榆钱，虽然长得还不算满，但已压弯了树枝啦。学校西边田地里的麦苗也拔节了，齐刷刷的，一望无际。风景真是美极了！有空你们再来学校住几天，我带你们到这里好好看看。

　　今天收到了家里的汇款单。你们不用再寄钱给我。放心吧，我的钱足够花了。我在这里一切都很好，勿念！

　　祝爸爸妈妈天天愉快！

阿虎

2008-4-25

图 2-1　阿虎的家信

任务分析

生活中我们经常需要写信件、公文，如果手写，修改和保存都不方便。Word 是 Microsoft Office 套装软件包中的一个文字处理程序，使用 Word 软件不仅可以轻松解决文档修改和保存的问题，还能方便地对文档字体、段落和页面格式进行修饰。

相关知识

1．Word 基本概念

（1）Word 文档。

Word 文档是 Word 数据存放的基本形式，以“DOC”为扩展名。

（2）Word 窗口组成。

如图 2-2 所示，Word 2003 的窗口基本组成元素有：标题栏、菜单栏、工具栏、标尺、编辑工作区、滚动条和状态栏等。可以发现，Word 窗口的组成和“写字板”程序的窗口组成很相似，但其内容更加丰富、功能更加强大。

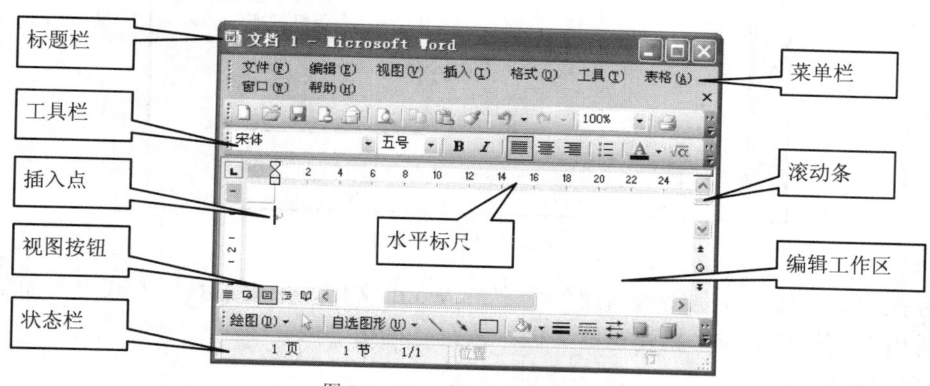

图 2-2　Word 窗口基本组成元素

（3）视图。

视图是指文档在 Word 窗口中的显示方式。Word 2003 为用户提供了多种视图方式，以便于在文档编辑过程中，能够从不同的侧面，不同的角度查看所编辑的文档。视图方式的改变不会对文档本身做任何修改。

通常，我们都在“页面视图”方式下进行 Word 操作，因为在“页面视图”方式下显示的文档效果与打印效果基本一致，这有利于我们对文档的编辑。除“页面视图”方式外，Word 2003 常用的视图还有“普通视图”、“Web 版式视图”、“大纲视图”、“阅读版式视图”等方式。

2．Word 2003 的基本操作

与多数 Windows 操作系统的应用程序一样，Word 2003 提供了 3 种操作方式：菜单方式、键盘命令方式和工具栏方式。在任务的执行过程中，我们可以根据实际情况来选择。

（1）Word 的启动。

Word 软件常用的启动有两种方式：

① 通过桌面上 Word 快捷方式图标来启动；

② 通过桌面“开始”菜单中的“程序”项来启动。

（2）创建新的空白文档。

① 采用菜单方式。

a．选择“文件”菜单中的“新建”命令，在 Word 2003 窗体右侧出现“新建文档”任务窗格，如图 2-3 所示。其中，任务窗格是 Word 2003 新增的工具，它通常位于文档窗口的右侧，常用选项以超链接形式出现；

b．单击“空白文档”项，就可以创建一个空白文档了。

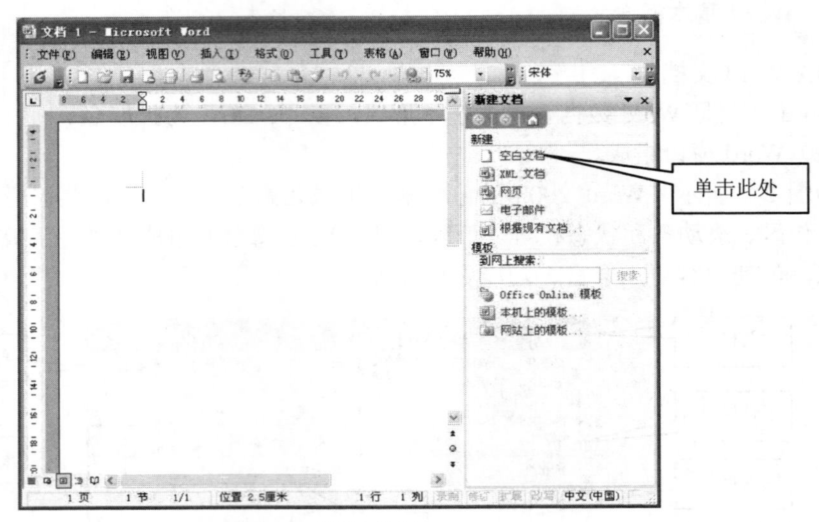

图 2-3 新建文档窗格

实际操作时，如果仅是需要新建一个空白 Word 文档，采用工具栏方式更为简单。直接单击“常用”工具栏上的“新建空白文档”按钮即可。

② 采用模板方式。

a．选择“文件”菜单中的“新建”命令；

b．在“新建文档”任务窗格中，单击“本机上的模板”项，打开“模板”对话框，如图 2-4 所示；

c．根据实际需要，选择合适的选项卡，双击要使用的模板名。

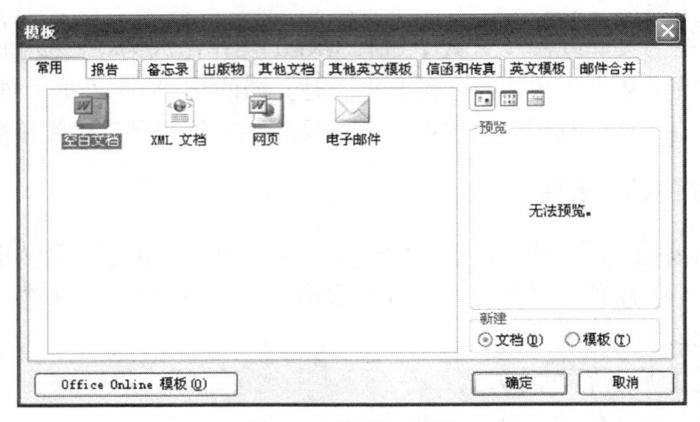

图 2-4 “模板”对话框

【知识链接】

任何 Microsoft Word 文档都是以模板为基础的。模板决定文档的基本结构和文档设置，如自动图文集词条、字体、快捷键指定方案、宏、菜单、页面布局、特殊格式和样式等。

模板的两种基本类型为共用模板和文档模板。共用模板包括 Normal 模板，所含设置适用于所有文档；文档模板（如“新建”对话框中的备忘录和传真模板）所含设置仅适用于以该模板为基础的文档。

（3）输入文本。

Word 中的文本分为普通文本、特殊字符及日期和时间等。普通文本输入和“写字板”程序的输入方法基本相同。符号与特殊字符的插入步骤类似，以插入符号为例：

① 将插入点移到要插入符号或特殊字符的位置；

② 单击“插入”菜单中的“符号”命令，打开“符号”对话框，选择“符号”选项卡，如图 2-5 所示；

③ 在“字体”和“子集”下拉列表框中选定合适的字体和符号子集，然后在符号列表中单击选中的符号，最后单击“插入”即可。

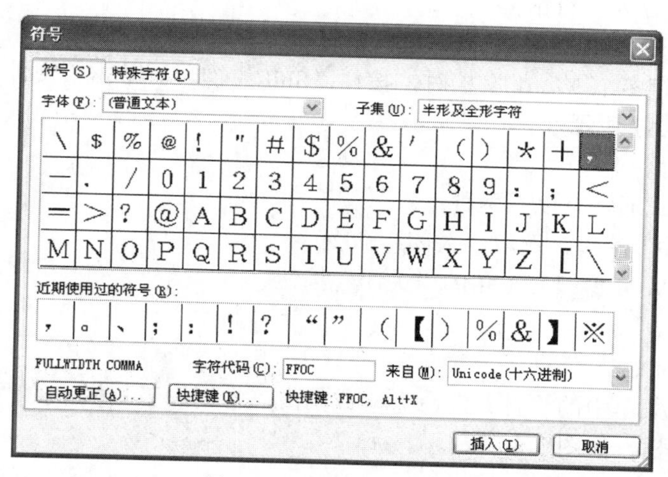

图 2-5　插入“符号”对话框

输入当前系统日期和时间，可以利用“插入菜单”→“日期和时间”项来完成。

（4）保存文档。

文档建立或修改好后，需要将其保存到存储设备上，才能得到长期保留。保存文档有如下几种情况。

① 保存未命名的文档。

从未保存过的文档，属于未命名的文档，保存未命名的文档的具体步骤如下：

a．单击“常用”工具栏中的“保存”按钮或是选择“文件”菜单中的“保存”命令，打开“另存为”对话框，如图 2-6 所示；

b．在“保存位置”列表框中，选定要保存的目标驱动器；

c．在列表框内，选定要保存文档的文件夹；

d．在“文件名”框中输入文档名字，然后单击“保存”按钮。

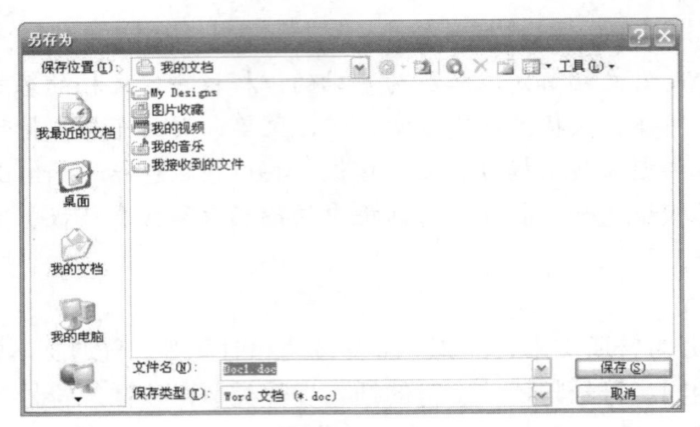

图 2-6 “另存为”对话框

② 保存已命名的文档。

已经保存过的文档，称为已命名文档，选择“文件”菜单中的“保存”命令，或单击“常用”工具栏中的“保存”按钮，都能完成保存工作。这时，文件将以原路径和原文件名保存，Word 不再弹出“另存为”对话框。

③ 保存所有打开的文档。

当需要同时保存多个 Word 文档时，按住“Shift”键，再单击“文件”菜单中的“全部保存”命令，如图 2-7 所示。

（5）关闭文档。

关闭文档的方式通常有以下两种：

① 单击“文件”菜单，选取“关闭”命令；

② 直接单击 Word 窗口右上角的“关闭”按钮。

（6）打开文档。

① 打开以前的文档。

选择“文件”菜单中的“打开”命令，或单击“常用”工具栏中的“打开”按钮，就会出现“打开”对话框，如图 2-8 所示。

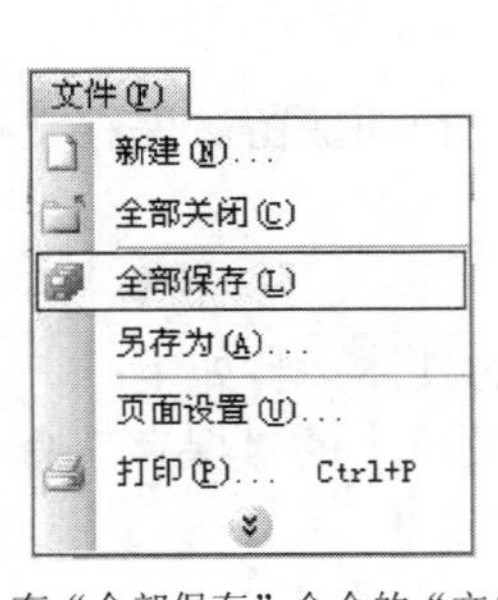

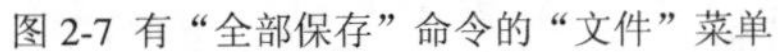
图 2-7 有“全部保存”命令的“文件”菜单

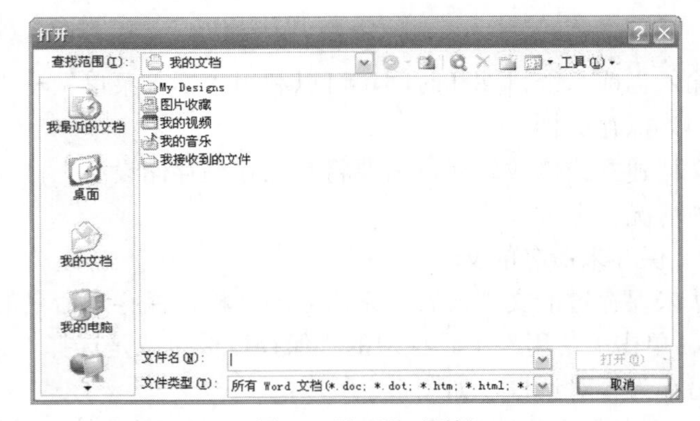

图 2-8 “打开”对话框

a．在“查找范围”下拉列表中选定包含要打开文档的驱动器、文件夹。

b．在文件夹列表中双击包含要打开文档的文件夹，直到出现文档名列表。

c．在文件名列表中双击要打开的文档图标，或者单击选中它，再单击“打开”按钮。

② 打开最近使用过的文档。

如果待打开的文档是最近使用过的，则会列在“文件”菜单的底部，单击相应的文档就会打开。默认情况下，会列出 4 个最近使用过的文档，要修改这一数目，可以选取“工具菜单→选项命令→常规选项卡”项，设定“列出最近所用文档”旁的数字就可以了。

（7）文档的编辑。

① 选定文本。

➢ 用鼠标选定字块。

用鼠标选定字块的方法如表 2-1 所述。

表 2-1 鼠标选定文本方法

选取范围	操作方法
选定任意数量的文本	按下鼠标左键从起始位置拖动到终止位置，鼠标拖过的文本即被选中。这种方法适合选定小块的、不跨页的文本
	将插入点置于起始位置，然后按住“Shift”键并单击终止位置，起始位置与终止位置之间的文本即被选中。这种方法适合选定大块的、跨页的文本
选定一行文本	将鼠标指针移到该行的选定栏（Word 文档左侧，鼠标指针形状变成指向右上角箭头的区域称为选定栏）位置，单击鼠标左键，则该行被选中
选定连续的多行	将鼠标指针移到待选第一行的选定栏位置，按住鼠标左键在选定栏中拖动，直到选定区域的最后一行再松开鼠标，则从第一行到最后一行的区域被选中
选定一个段落	将鼠标指针移到该段左边的选定栏位置，双击鼠标左键，则该段落被选中；也可在该段落中的任意位置三击鼠标左键，选定该段
选定一个矩形区域	先将鼠标指针移到该区域的一角并按住鼠标左键，然后按住“Alt”键，再拖动鼠标至矩形区域的对角位置，松开鼠标左键，则该矩形区域被选中
选定整个文档	单击“编辑”菜单，选择“全选”命令，即可将当前文档的全部内容选中；也可将鼠标指针移到选定栏三击鼠标左键选定

➢ 用键盘选定字块。

使用键盘选定文本时，需先将插入点移到待选文本的开始位置，然后再使用相关组合键进行选定操作，具体操作如表 2-2 所述。

表 2-2 键盘选定文本方法

选取范围	操作方法
分别向左（右）扩展选定一个字符	Shift+←（→）方向键
分别扩展选定由插入点处向上（下）一行	Shift+↑（↓）方向键
从当前位置扩展选定到文档开头	Ctrl+Shift+Home
从当前位置扩展选定到文档结尾	Ctrl+Shift+End
选定整篇文档	Ctrl+A 或 Ctrl+5（此处指数字小键盘上的 5）

要取消选定，请单击文档的任意位置。

② 文本的移动、复制与删除。

文本的移动、复制与删除操作与写字板等编辑软件相似，此处不再介绍。

③ 查找、替换与定位。

对现有文档进行编辑修改时，往往需要找到指定的文本内容。Word 2003 具有按指定内容快速定位的功能，并且可以对搜索到的内容进行替换操作，用户在修改、编辑大篇幅文档时，使用非常方便。

➢ 查找文本。

a．选择“编辑”菜单中的“查找”命令，或按“Ctrl+F”组合键，打开“查找和替换”对话框，选择“查找”选项卡，如图 2-9 所示。

b．在“查找内容”文本框中输入要查找的文本。

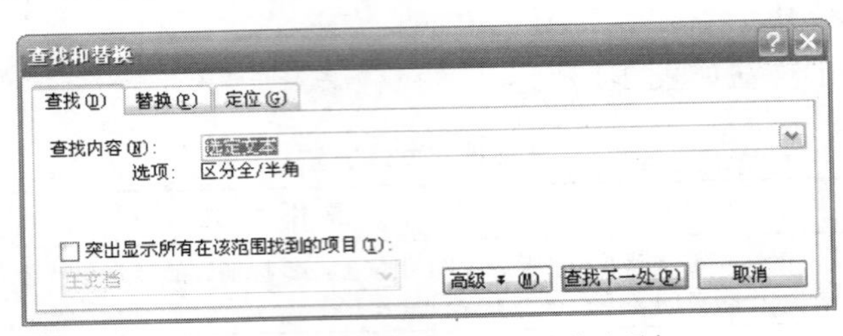

图 2-9 “查找和替换”对话框查找选项卡

➢ 替换文本。

如果编辑过程中，某一错误文本出现多处，要一个个更改，不但费时，还容易遗漏。Word 2003 具有的替换功能，可以轻松解决这个问题。

a．选择“编辑”菜单中的“替换”命令，或按“Ctrl+H”组合键，打开“查找和替换”对话框，选择“替换”选项卡，如图 2-10 所示。

b．在“查找内容”文本框中输入要查找的文本，在“替换为”文本框中输入用来替换的新文本，单击“全部替换”能把找到的所有内容替换掉，全部替换完成后，会提示已经完成了多少处替换，“查找下一处”按钮和“替换”按钮结合使用，则可以根据情况实现有选择的替换。

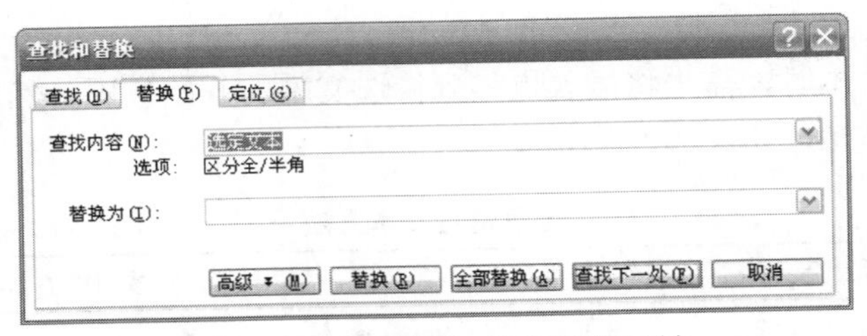

图 2-10 “查找和替换”对话框替换选项卡

【知识拓展】

无论是查找还是替换，如果有特殊要求，可单击“高级”按钮，如要将所有字体颜色为红色的“夏天”替换为字体颜色为蓝色的“Summer”。单击“高级”按钮后，就可以通过在展开的对话框中找到的“格式→字体”项来完成。

➢ 定位。

如果要迅速地跳转到某一页面，可以使用“定位”功能。

a．选择“编辑”菜单中的“定位”命令，或按“Ctrl+G”组合键，打开“查找和替换”

对话框，选择“定位”选项卡，如图 2-11 所示。

b．在“定位目标”列表框中选择定位目标，如页、节、行等。

c．在“输入……”文本框中输入定位目标的具体内容。

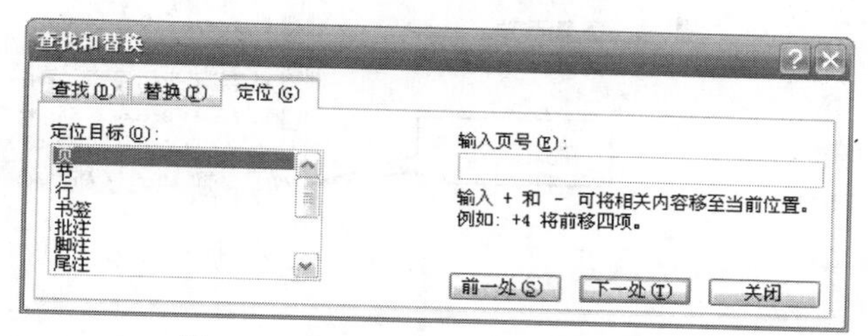

图 2-11 “查找和替换”对话框定位选项卡

双击状态栏页码位置，也会弹出定位对话框。

④ 撤销与重复操作。

在编辑文档的过程中，如果出现错误操作可利用 Word 2003 具有的“撤销”与“恢复”功能进行修复。

➢ 撤销操作。

a．选择“编辑”菜单中的“撤销”命令。

b．单击常用工具栏上的“撤销”按钮。

c．使用快捷键“Ctrl+Z”。

➢ 恢复操作。

“恢复”命令与“撤销”命令相对应，使用常用工具栏上的“恢复”按钮，可以恢复多次被撤销的操作，其使用方法与“撤销”按钮相同。

单击工具栏上“撤销”或“恢复”按钮右边的下拉箭头，系统将显示最近执行的可撤销或恢复操作的列表，移动鼠标选取多项，就可以一次性撤销或恢复多步操作。

（8）文档格式的编排。

Word 文档基本格式的编排主要包括字符格式和段落格式两方面，一般通过“格式”菜单和“格式”工具栏进行设置，具体操作方法将在任务实施过程中介绍。

任务实施

学习上述基础知识后，小豹同学开始给小鹿写信了。

1．启动 Word 2003

打开“开始”菜单，启动 Word 2003，如图 2-12 所示。

2．保存文档

开始就给文档取个恰当的名字，存储到合适的文件夹里，是良好的编辑习惯。这便于日后管理编辑 Word 文档。

在这里，我们采用了工具栏操作方式，步骤如下：

① 单击“常用”工具栏“保存”按钮，打开“另存为”对话框；

② 文档以“给小鹿的信.doc”为文件名，存储到“我的文档”文件夹下；

③ 单击“保存”按钮。

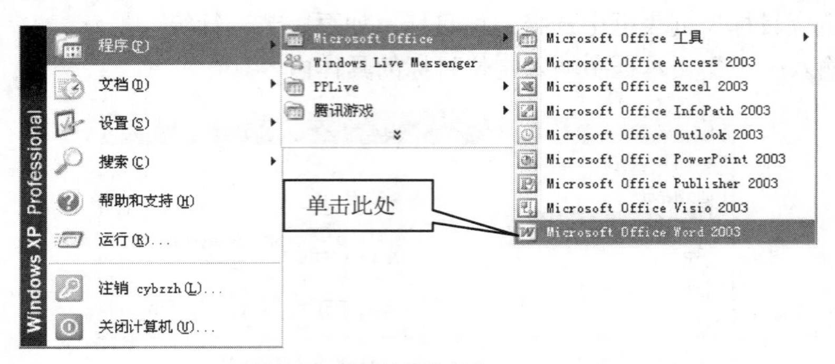

图 2-12　从开始菜单启动 Word 2003

3．设置自动保存

由于 Word 文档的编辑工作是在内存中进行的，当临时断电或意外死机时很容易造成未保存的文档丢失，所以 Word 2003 提供了自动保存文档的功能，可以根据设定的时间间隔定时自动地保存文档，尽可能地减少意外造成的损失。

① 单击“工具”菜单中的“选项”命令，打开“选项”对话框，然后选中“保存”选项卡，如图 2-13 所示。

② 选中“自动保存时间间隔”复选框。

③ 在“分钟”框中，选定或输入自动保存的时间间隔数值“2”，即完成了自动保存的设定工作。

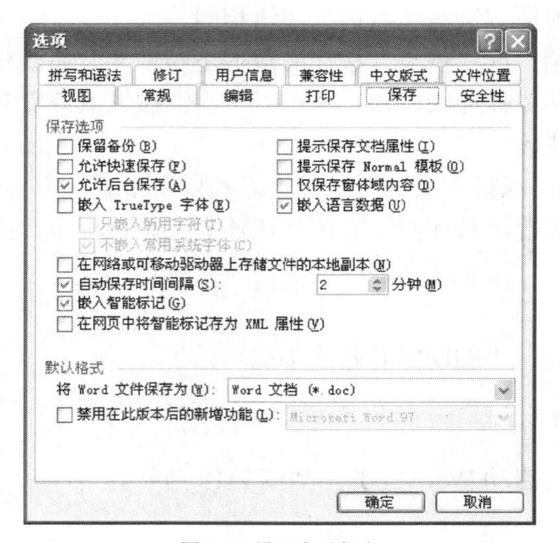

图 2-13 设置自动保存

4．录入文字

信中的文字，除最后一行日期外，都是普通文本，普通文本的录入过程比较简单。当然，日期也可以以普通文本方式录入，但 Word 2003 对于当前系统日期和时间，提供了相当方便的插入方法。

① 将插入点移到要插入当前日期和时间的位置。

② 单击“插入”菜单，选择“日期和时间”命令，打开“日期和时间”对话框，如图 2-14 所示。

③ 在“语言”列表框中选择用于日期和时间的语言。

④ 在“可用格式”列表中单击选中的日期和时间格式，单击“确定”按钮。

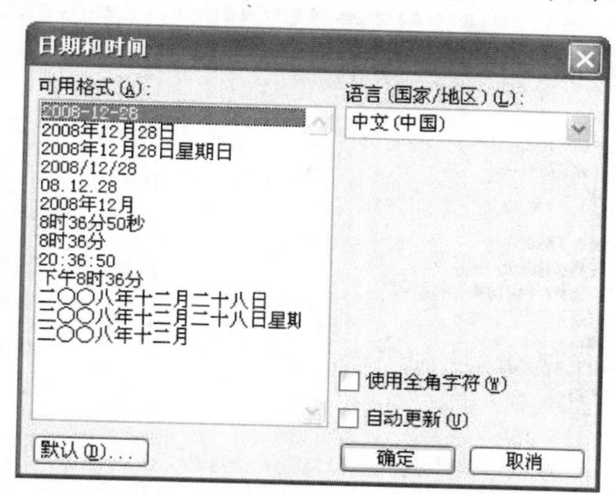

图 2-14“日期和时间”对话框

【知识链接】

Word 提供了两种录入方式：“插入”和“改写”方式。当前所使用录入方式，可以在 Word 窗体状态栏中查看到，默认是“插入”方式，即状态栏上“改写”两字为灰色，如图 2-15 所示。“插入”方式是指键入的文本将插入到当前光标所在的位置，光标后面的文字将按顺序后移；“改写”方式是指键入的文本将光标后的文字按顺序覆盖掉。“插入”和“改写”方式可以通过键盘上的“Insert”键切换，也可以通过双击状态栏上的改写标记完成切换。

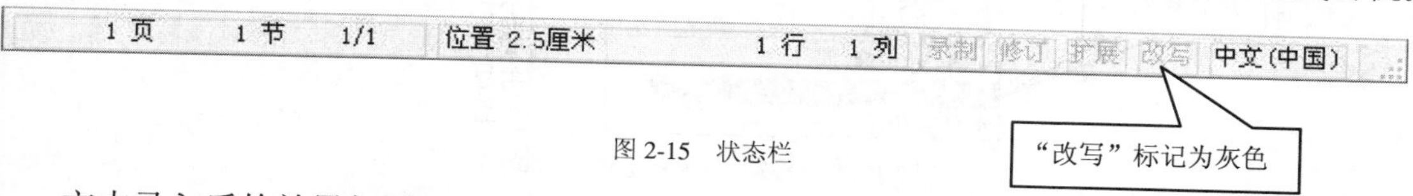

图 2-15　状态栏

文本录入后的效果如图 2-16 所示。

5．文本排版

Word 2003 对字符和段落提供了丰富的修饰功能，书信的美化就是利用该功能来实现的。

① 字符格式设置。

首先对书信的整体字符格式进行设置，然后再对部分字符格式进行修改。对全文字符格式进行修改的步骤如下。

a．按下“Ctrl+A”组合键，选中整篇文档。

b．从“格式”工具栏“字体”下拉列表中选择“华文行楷”。

c．从“字号”下拉列表中选择“三号”，如图 2-17 所示。

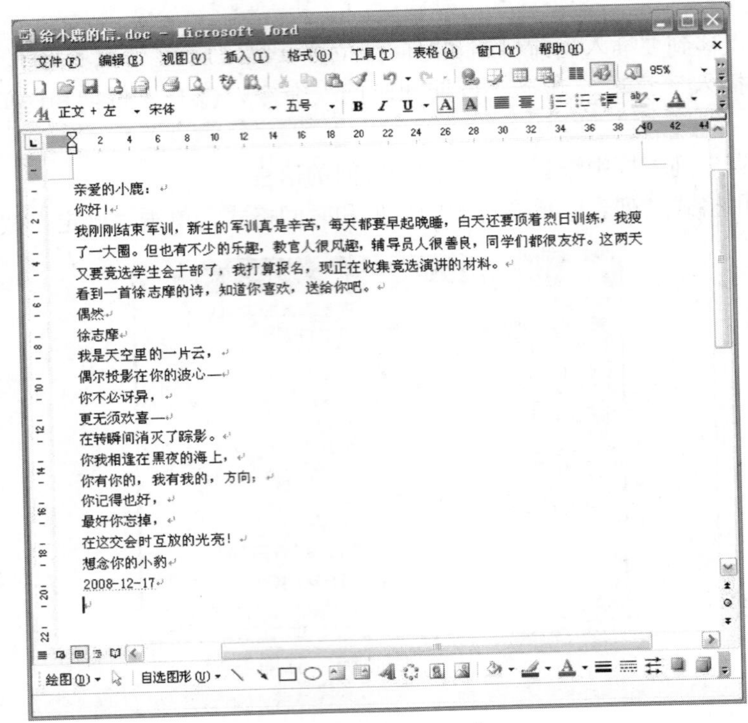

图 2-16　未排版的文本

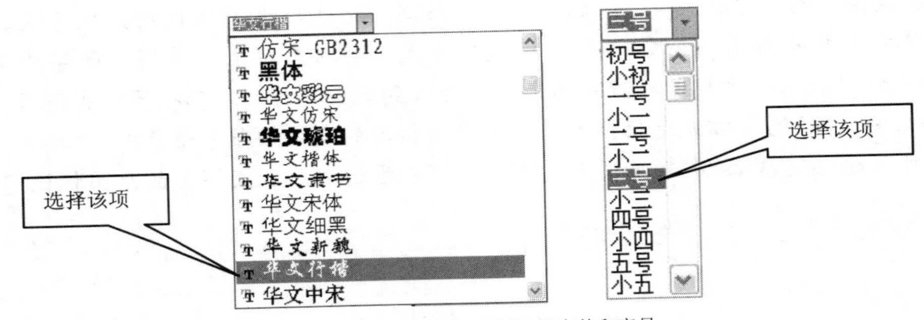

图 2-17 从“格式”工具栏选择字体和字号

【知识链接】

如果在 Word 窗口中未显示出所需的工具栏，可以通过以下方法将所需的工具栏显示出来：

➢　单击“视图菜单→工具栏”。

➢　单击要显示的工具栏，使其左方出现“√”，该工具栏即显示在窗口中。

为增加信中诗歌的显示效果，可以对诗歌的格式进行一些必要的设置。

a．选中标题“偶然”。

b．单击“格式”工具栏“加粗”按钮，设置字形为加粗。

c．从“字体颜色”下拉列表中选择“深蓝”，如图 2-18 所示。

d．选中从“偶然”到“在这交会时互放的光亮！”之间的所有文字。

图 2-18　调色板

e．从“格式”工具栏“字体”下拉列表中选择“宋体”。

任务中的字符格式设置采用了工具栏操作方式，我们还可以采用“字体”对话框（如图 2-19 所示）对文本格式进行更详细地设置。

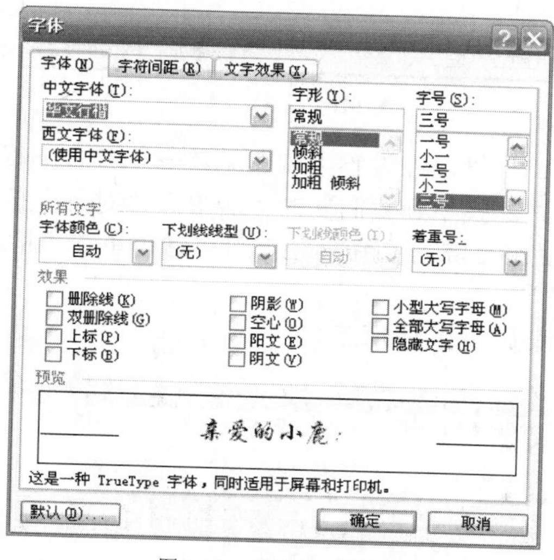

图 2-19　“字体”对话框

【知识链接】

除字体、字形、字号、字符颜色等基本格式外，利用“字体”对话框还可以进行字符间距、文字效果等更为复杂的格式设置。

② 段落格式设置。

段落格式排版的内容主要包括段落的对齐方式、段落缩进、行距、段间距等，本任务中段落格式设置如下：

a．选中从“你好！”到“知道你喜欢，送给你吧。”之间的段落。

b．单击“格式”菜单“段落”命令，打开“段落”对话框，设置特殊格式为“首行缩进”，度量值为“2 字符”，行距为“1.5 倍行距”，如图 2-20 所示。

c．选中从“偶然”到“在这交会时互放的光亮！”之间的所有段落，单击“格式”工具栏“居中”按钮。

d．选中最后两行，单击“格式”工具栏“右对齐”按钮。

e．在文字“徐志摩”前键入空格，调整其到合适位置。

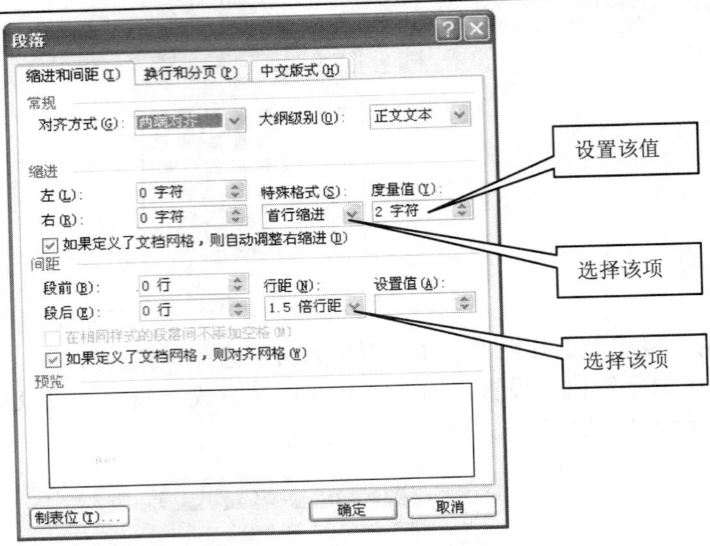

图 2-20 设置段落格式

有时会遇到这种情况：尽管已经设置“视图菜单→工具栏→格式”项为选中，“格式”工具栏确实已经出现，可是却找不到我们要的“居中”、“对齐”按钮。其实，这只是 Word 为了减少工具栏所占空间隐藏了部分按钮而已，可以通过单击“格式”工具栏尾端“工具栏选项”下拉列表找到它们。

排版结束后，信的效果如图 2-21 所示。

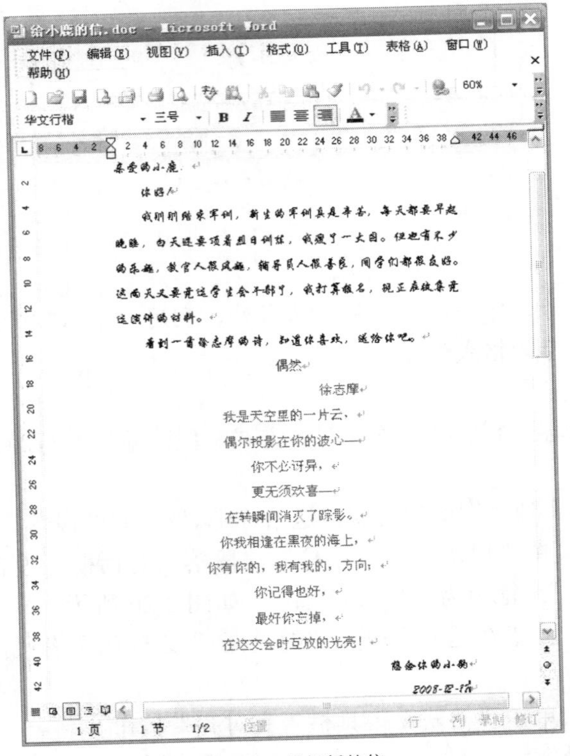

图 2-21 排好版的信

6．保存文档

单击“常用”工具栏的“保存”按钮完成保存文档工作。

7．打印

① 单击“文件”菜单“打印”命令，打开“打印”对话框，如图 2-22 所示。
② 单击“页面范围”选项组“全部”单选按钮，设置打印当前文档所有内容。
③ 单击“确定”按钮，开始打印。

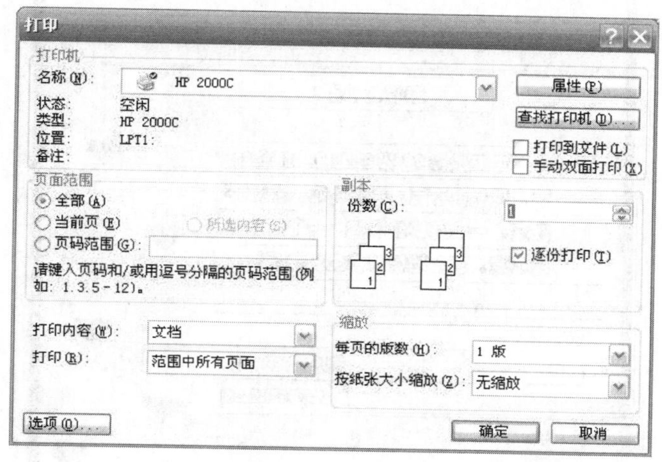

图 2-22 “打印”对话框

【知识链接】

打印前，需确认打印机已经正确连接并安装好。如果有多台打印机，可在“名称”下拉列表中选择所需的打印机。

至此，给小鹿的信写完了。小豹通过这个任务学会了 Word 2003 的基础操作，他发现 Word 大多数操作只要点点鼠标就能完成，真是太方便了！

任务二　制作一张生日贺卡

【学习目标】

➢ 了解 Word 图形的基本概念
➢ 熟练掌握插入图形的基本方法
➢ 熟练掌握图形属性的设置
➢ 熟练掌握图文混排的技巧
➢ 掌握文本框的基本使用方法
➢ 掌握打印预览、打印的基本方法

任务描述

小鹿马上要过 20 岁生日了，小豹决定送她一份特别的礼物——亲手制作的生日贺卡（见图 2-23）。

图 2-23　生日贺卡

任务分析

在生活中，从正式的公文、论文，到日常的贺卡、小说，都会需要一些图片、流程图来说明、修饰，Word 2003 可以非常轻松地为文本添加相应的图片。

相关知识

1．Word 中常见的概念

（1）剪贴画。

剪贴画是 Microsoft Office 软件自带的，主要是一些.wmf 格式的矢量图，图 2-24 为两张剪帖画样图。

（2）艺术字。

在 Word 中，通过使用艺术字，可以为文档插入装饰性文字。利用“插入艺术字”功能，可以创建带阴影的、扭曲的、旋转的和拉伸的文字，也可以按预定义的形状创建文字，其样例如图 2-25 所示。

图 2-24 “剪贴画”样图

艺术字

图 2-25 “艺术字”样图

（3）自选图形。

自选图形是一些固定的、现成的图形，包括如矩形和圆这样的基本形状，以及各种线条和连接符、箭头总汇、流程图符号、星与旗帜和标注等。图 2-26 所示是一个添加了“阴影样式”的自选图形。

（4）文本框。

文本框是存放文本的容器，可在页面上定位并调整大小，具有横排和竖排两种方式。有了文本框，文本输入的位置就更加灵活了。文本框可作为图形处理，它的多种格式设置方式与图形格式设置方式相同，包括添加颜色、填充及边框。图 2-27 中，两个文本框分别是横排和竖排样式，并分别设置了它们的边框及填充效果。

图 2-26 “自选图形”样图

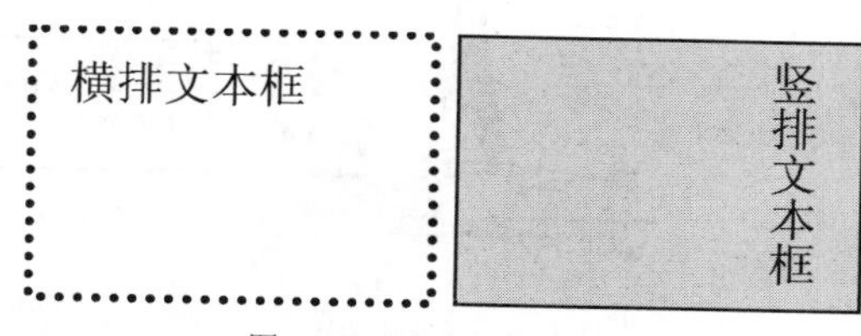

图 2-27 “文本框”样图

（5）图文混排。

为了增强文档的美感，增加文档的说服力和感染力，通常需要在文档中附加一些图片，这就形成了文字和图片共同排版的问题，即图文混排。

图文混排中，主要的排版操作都与图片有关，而不同类型的图片，排版处理方式也会有所不同。根据图片与文字的位置关系，Word 中的图片分为两类：嵌入式图片和浮动式图片。

嵌入式图片：默认情况下，插入到文档的剪贴画或图片为嵌入式。此类图片只能放置到文档插入点位置，既不能在其周围环绕文字，也不能与其他对象组合。嵌入式图片周围的 8 个尺寸控点是实心的，图片带有黑色边框，如图 2-28 所示。

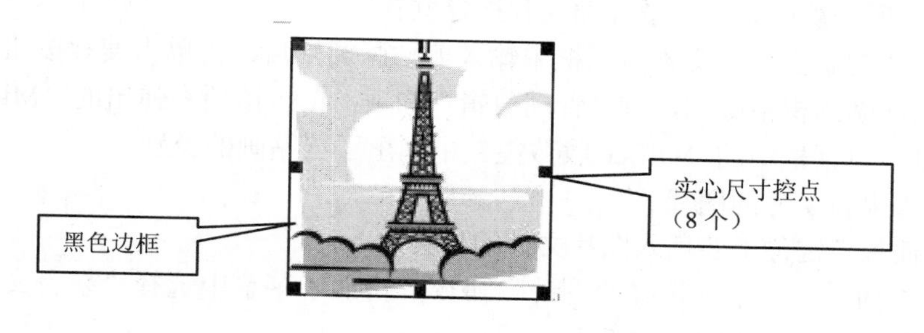

图 2-28　嵌入式图片

浮动式图片：修改图片的环绕属性后，嵌入式图片就会变为浮动式图片。浮动式图片可以放置到页面的任意位置，允许其与其他对象组合。浮动式图片周围的 8 个尺寸控点是空心的，并带有一个旋转控点，如图 2-29 所示。

（6）图形对象和图片。

Word 提供两种基本类型的图形来增强文档的效果：图形对象和图片。

图形对象包括自选图形、图表、曲线、线条和艺术字图形等对象。使用“绘图”工具栏可以更改这些对象的颜色、图案、边框和其他效果。

图片是由其他文件创建的图形，包括位图、扫描的图片、照片以及剪贴画等。通过使用“图片”工具栏上的选项和“绘图”工具栏上的部分选项可以更改图片效果。

（7）组合。

组合是对象的集合，在对其中的对象进行移动、调整大小或旋转操作时，这些对象表现为一个整体。一个组合可由其他多个组合组成。图 2-30 所示是自选图形“十字星”和“十六角星”组合后，旋转 45°，并为“十字星”填充浅黄色后的效果。

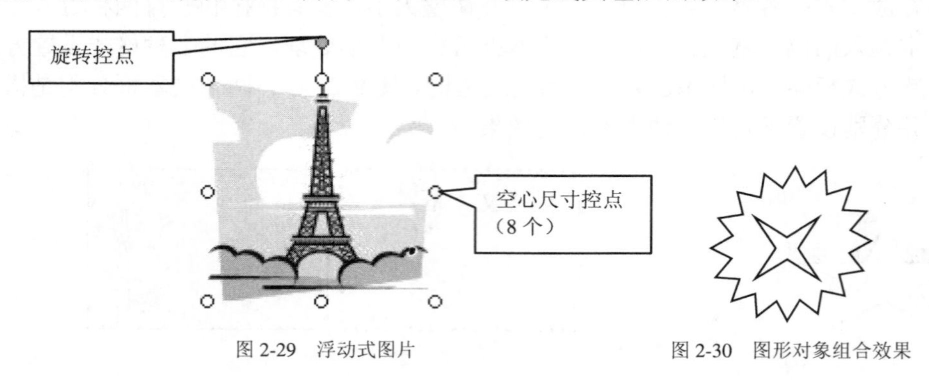

图 2-29　浮动式图片　　　　图 2-30　图形对象组合效果

2．Word 2003 中图文混排的基本操作

（1）插入图片。

① 插入剪贴画。

a．将插入点定位于要插入剪贴画或图片的位置。

b．在“插入”菜单中选择“图片”命令，再从子菜单中选择“剪贴画”命令，在窗体左侧将出现“剪贴画”任务窗格（见图 2-31），单击“搜索”按钮，就会在图片区列出所有的剪贴画。

c．单击所需剪贴画，将图片插入到指定位置。

可以在“搜索文字”文本对话框中输入剪贴画类别后，再单击搜索按钮，这样能缩小查找范围。在剪贴画窗格底部，有“管理剪辑”选项，单击该项将弹出的“Microsoft 剪辑管理器”对话框，对话框中的“Office 收藏集”中列出了剪贴画的类别。

② 插入来自文件的图片。

a．将插入点定位于要插入图片文件的位置。

b．在“插入”菜单中选择“图片”命令，再从子菜单中选择“来自文件”命令，打开“插入图片”对话框，如图 2-32 所示。

c．在对话框中，在“查找范围”下拉列表框中选择图片文件的查找位置，在“文件类型”下拉列表框中确定图片文件类型。

d．单击“插入”按钮。

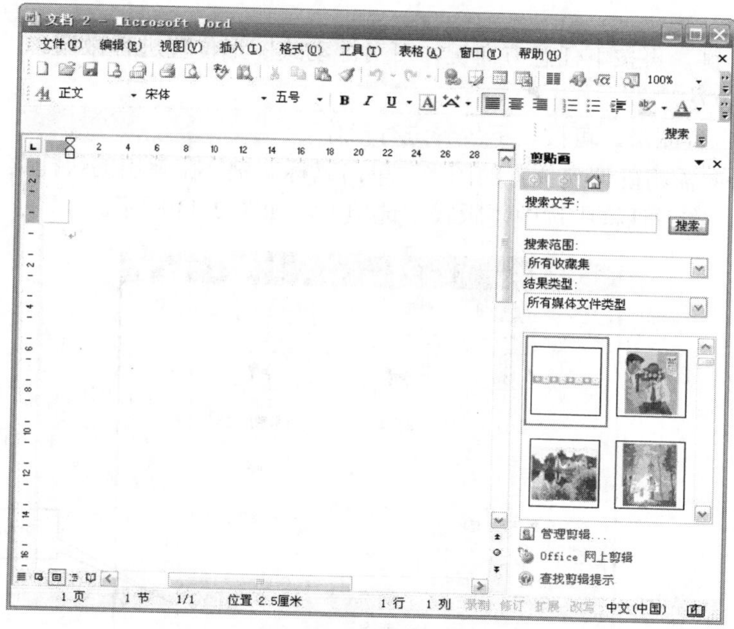

图 2-31 “剪贴画”任务窗格

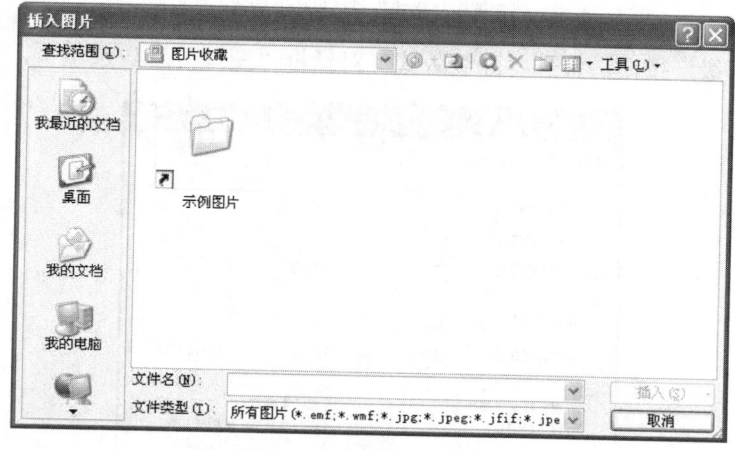

图 2-32 “插入图片”对话框

插入自选图形和艺术字的方法，将在任务实施过程中介绍。

（2）编辑图形。

在 Word 中，图片和图形对象的编辑方式类似。

① 调整图形位置。

嵌入式图形的位置和文本位置的控制方法相同。对于浮动式图形，调整图形位置的方法有如下 3 种。

➢ 鼠标拖动法。

当鼠标悬停在需选定图形上方、并变成带十字箭头指针时，直接用鼠标拖动，可以将图形放置到文档的任意位置。

➢ 微移法。

按住“Ctrl”键，再按下任意方向键，可对浮动式图形位置进行微调。

➢ 精确定位法。

若要精确地定位图形，可按如下步骤进行操作。

a．将鼠标指向需精确调整位置的图形，单击鼠标右键，在弹出的快捷菜单中选择“设置图片格式”命令，在对话框中选中“版式”选项卡，如图 2-33 所示。

图 2-33 “设置图片格式”对话框中“版式”选项卡

b．单击“高级”按钮，打开“高级版式”对话框“图片位置”选项卡，如图 2-34 所示。

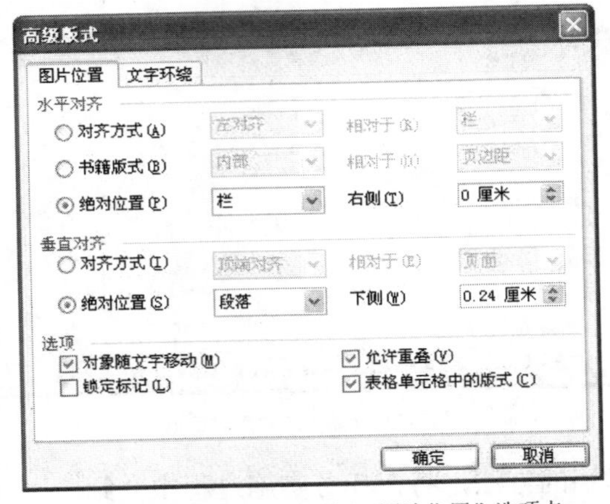

图 2-34 “高级版式”对话框“图片位置”选项卡

c．在“水平对齐”组框中选水平对齐方式及位置；在“垂直对齐”组框中选垂直对齐方式及位置。

d．设置完毕，单击“确定”按钮。

② 改变图形大小。

改变图形大小的方法主要有如下两种。

➢　拖动控点法。

具体操作步骤是：

a．单击选定要调整大小的图形，出现尺寸控点；

b．将鼠标指向尺寸控点，鼠标指针变为双向箭头形状，此时拖动鼠标，出现一个代表图形大小的虚线框，当虚线框变为合适的大小时放开鼠标即可，操作过程如图 2-35 所示。

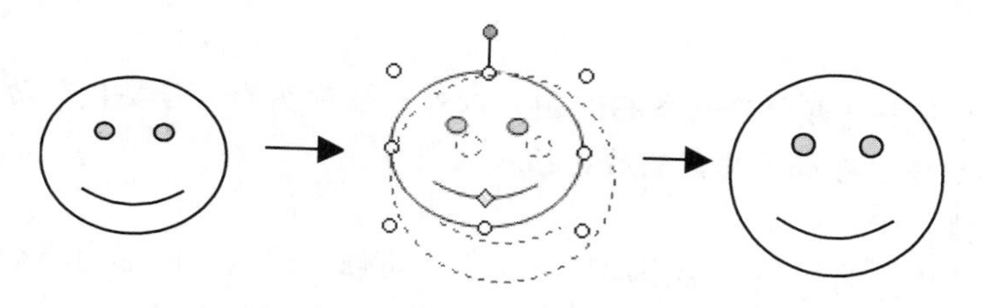

图 2-35　拖动尺寸控点改变图形大小的过程

➢　精确缩放法。

a．在图形上右击鼠标，从快捷菜单中选择“设置图片格式”命令，打开“设置图片格式”对话框，选中“大小”选项卡。

b．在“尺寸和旋转”区中设置图形的高度和宽度，如图 2-36 所示。

c．设置完成，单击“确定”按钮。

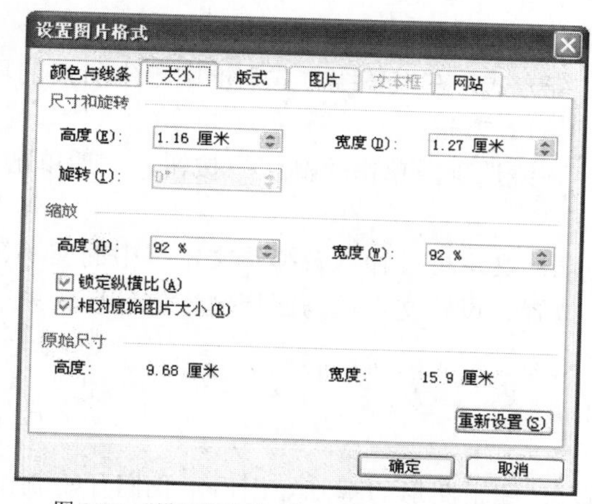

图 2-36　“设置图片格式”对话框“大小”选项卡

【知识链接】

选中“锁定纵横比”复选框，然后再设置高度或宽度值，可以让图形保持原来的纵横比例，使图片放大或缩小后不会出现图形扭曲、比例失调的现象。

③ 裁剪图形。

当只需要原图形的一部分时，可以对原图形进行裁剪。利用裁剪工具对图形进行裁剪的方法如下。

a．选取需要裁剪的图形。

b．在“图片”工具栏上，单击“裁剪”按钮。

c．将裁剪工具置于裁剪控点上，再执行下列操作之一。

➢ 若要裁剪一边，向内拖动该边上的控点。

➢ 若要同时相等地裁剪两边，在向内拖动任意一边上的控点的同时，按住“Ctrl”键。

➢ 若要同时相等地裁剪四边，在向内拖动角控点的同时，按住“Ctrl”键。

【知识链接】

使用“裁剪”命令可裁剪除动态 GIF 图片以外的任意图形。若要裁剪动态 GIF 图片，可在动态 GIF 编辑程序中修剪图片，然后再插入该图片。

（3）图文混排。

在 Word 2003 中，为了使图形四周环绕文字，可修改嵌入式图形为浮动式，按照下述步骤进行。

① 选中要设置文字环绕方式的图形。

② 单击“图片”工具栏上的“文字环绕”按钮，在弹出的列表中选择文字的环绕方式，如四周型环绕、紧密型环绕等。

③ 若要精确设置图片或图形对象的文字环绕方式，则需按以下步骤操作。

a．如果图片或对象在绘图画布上，选择该画布，如果不在绘图画布上，选择图片或对象。

b．在“格式”菜单中，单击与所选对象类型相对应的命令，如“自选图形”、“绘图画布”或“图片”，然后单击“版式”选项卡。

c．单击所需的文字环绕方式，在“环绕方式”框中单击所需的环绕方式，在“水平对齐方式”框中单击所需的水平对齐方式。

d．如果需要其他文字环绕选项，单击“高级”按钮，然后单击“文字环绕”选项卡。

（4）文本框操作。

对文本框的操作有：插入文本框、输入及编辑文本框中的文字、设置文本框中文字的方向、调整文本框的大小及位置、设置文本框与四周文字的环绕关系等。这些操作方法与图形操作相似，这里不再赘述。

任务实施

学习了在 Word 中插入、编辑图形的基础知识后，我们开始制作生日贺卡。

1．建立和保存文档

① 双击桌面快捷方式，启动 Word 2003，这时已经自动创建了空白 Word 文档——“文档 1.doc”。

② 单击“常用”工具栏中的“保存”按钮，打开“另存为”对话框，将文档以“生日贺卡”为名，存储到“我的文档”文件夹下。

2．添加背景图片

样图 2-23 所示的贺卡，并不是简单的一张图片，而是由多张不同种类的 Word 图形叠加产生的效果图。

我们就从最底层——背景层，开始贺卡制作。

① 选择菜单栏中“插入菜单→图片命令→来自文件”项，打开“插入图片”对话框，选择“生日贺卡背景.jpg”文件，单击“插入”按钮，将贺卡背景图片插入到文档中。插入背景图片后的 Word 文档效果如图 2-37 所示。显然，当前背景图片太小了。

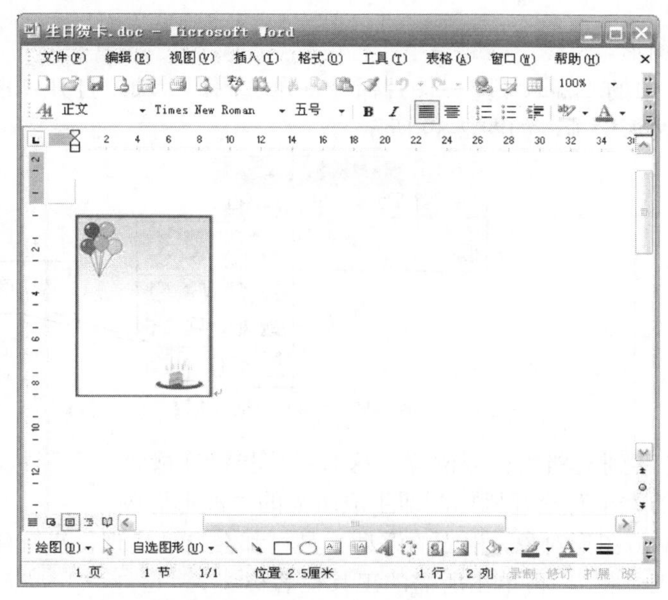

图 2-37　插入背景图片后的 Word 文档效果

② 调整背景图片的大小。将鼠标移动至图片尺寸控点处，等鼠标变成双向箭头时，拖动鼠标，将图片拖放至与页面同等大小。

③ 单击“图片”工具栏中的“文字环绕”按钮，设置图片环绕方式为“衬于文字下方”，如图 2-38 所示。

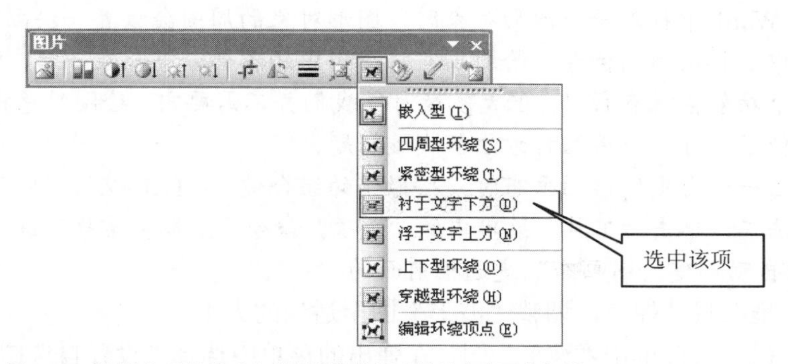

图 2-38　“图片”工具栏“文字环绕”按钮“衬于文字下方”项

默认情况下，插入的“剪切画”、“来自文件的图片”和“艺术字”都是嵌入式图片，由于它们不能自由移动位置，很难与其他的图片形成叠加效果，但改变环绕方式后，嵌入式图片即成为浮动式图片。

将图片环绕方式设为“衬于文字下方”后，图形移动到文字的后方，成为文字的背景图片。

3．添加“生日快乐”图样

“生日快乐”图样由两张图片叠加而成，底部的波浪形图是自选图形，上方的“生日快乐”字样是艺术字。

（1）设置自选图形。

① 选择菜单栏中的“插入菜单→图片命令→自选图形”项，打开“自选图形”工具栏，选择“星与旗帜→波形”项，如图 2-39 所示。

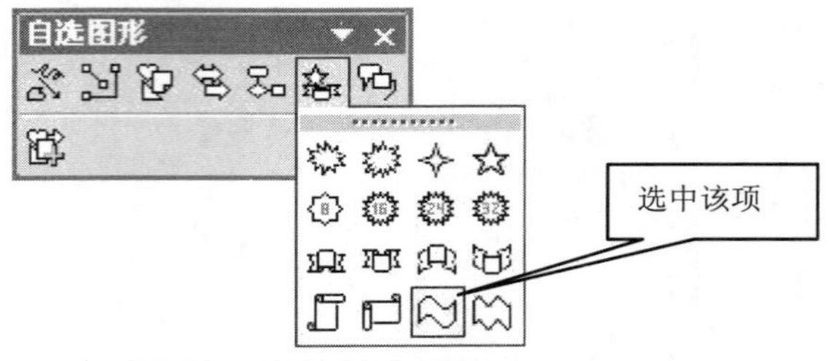

图 2-39 “自选图形”工具栏“星与旗帜”

② 将鼠标指针移到文档的相应位置，这时鼠标指针变成“十”形状，按下鼠标左键拖动，当拖动到合适的大小时松开鼠标，即生成所需的“波形”图。

默认情况下，单击图形对象，相应的浮动工具栏都会自动出现，若没有出现，可以在“视图”菜单上单击“工具栏”，再单击所需的工具栏名称。

将鼠标悬停在工具栏按钮上时，会显示出该按钮的名称。据此，我们可以很快找到所需的“星与旗帜”按钮与“波形”图。

③ 将鼠标移动至图形上方，当它变成带十字箭头指针时，拖动“波形”图到合适的位置。

【知识拓展】

在 Word 中插入一个图形对象时，图形对象的周围会放置一块画布。绘图画布帮助我们在文档中安排图形的位置。绘图画布将图形中的各部分整合在一起，当图形对象包括几个图形时这个功能会很有帮助。但大多数时候我们并不需要它，绘图时总出现“在此处创建图形”就不方便了。可以采用两种方法解决该问题。

方法一：当出现绘图画布时，按撤销的组合键“CTRL+Z”，接下来就可以正常画图了。

方法二：单击“工具”菜单中的“选项”命令，选取“常规”选项卡，去掉“插入‘自选图形’时自动创建绘图画布”复选框前面的“√”。

④ 拖动尺寸控点，调整“波形”图至适当的大小。

⑤ 鼠标右键单击“波形”图，在弹出的菜单中选择“设置自选图形格式”项，打开“设置自选图形格式”对话框，选择“颜色与线条”选项卡，将填充颜色设定为“浅黄”，将线条颜色设定为“无线条颜色”，如图 2-40 和图 2-41 所示。

（2）设置艺术字。

① 选择菜单栏中的“插入菜单→图片→艺术字”项，打开“艺术字库”窗格，选择默

认的艺术字样式，如图 2-42 所示。

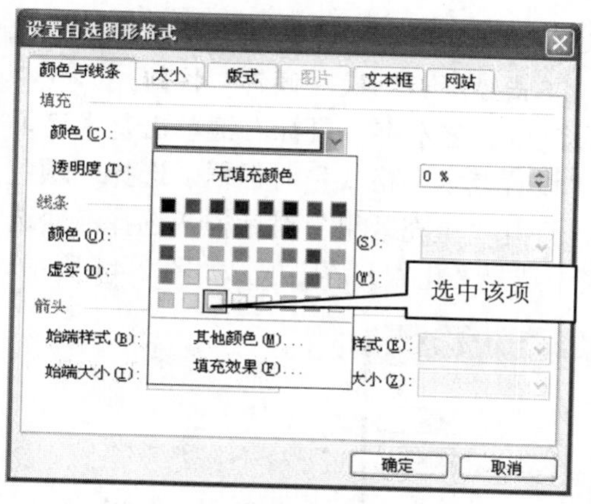

图 2-40　设置“波形”图填充颜色

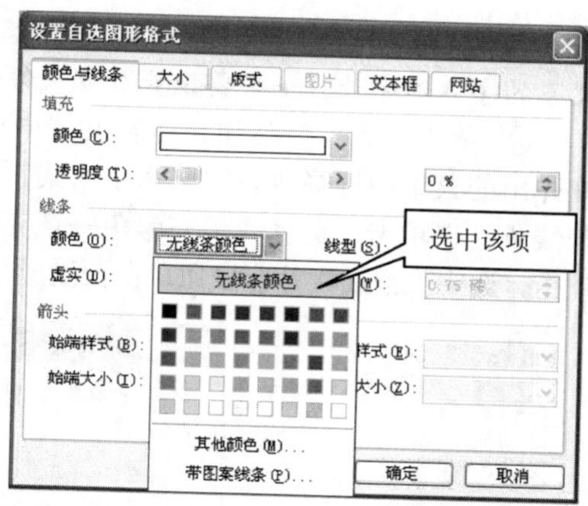

图 2-41　设置“波形”图线条颜色

图 2-42　“艺术字库”对话框

② 单击“确定”按钮，打开“编辑‘艺术字’文字”窗格，输入“生日快乐”字样，如图 2-43 所示。

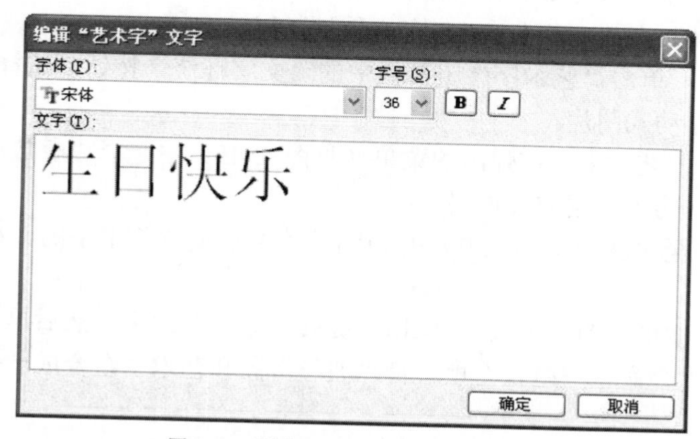

图 2-43　“编辑‘艺术字’文字”对话框

【知识链接】

在“文字”框中输入需要的文字内容，可以通过“字体”和“字号”列表框来设置输入文字的字体和字号，如果要设置加粗或倾斜字形，请单击“加粗”或“倾斜”按钮。

③ 单击“确定”按钮，将在文档中出现“生日快乐”艺术字。鼠标右键单击艺术字，在弹出的菜单中选择“设置艺术字格式”项，打开“设置艺术字格式”对话框，选择“颜色与线条”选项卡，选择“填充颜色→填充效果”项，打开“填充效果”对话框，选择渐变选项卡，选中“预设”单选按钮，在预设颜色下拉列表中选择“孔雀开屏”项，如图 2-44 所示。

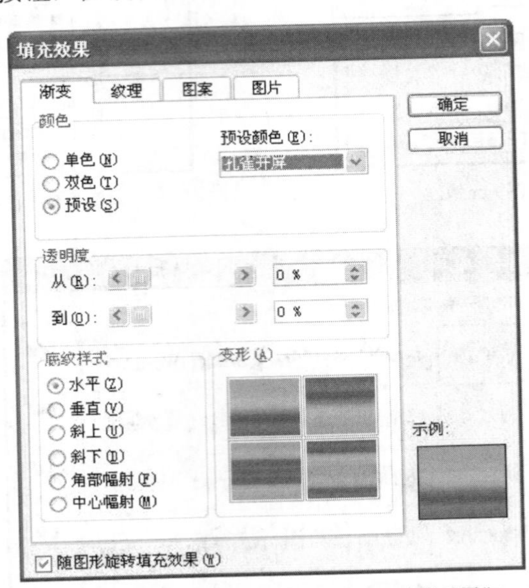

图 2-44 “填充效果”对话框——设置“孔雀开屏”

【知识链接】

默认情况下，插入艺术字的同时，Word 窗口会出现“艺术字”工具栏。若要修改艺术字的文字，可以单击“艺术字”工具栏中的“编辑文字”按钮编辑文字(X)...；若要改变艺术字的形状，可以单击“艺术字”工具栏中的“艺术字形状”按钮；若要修改艺术字的式样，可以单击“艺术字”工具栏中的“艺术字库”按钮。

④ 选中艺术字，单击“艺术字”工具栏中的“文字环绕”按钮，选择“浮于文字上方”项，设置艺术字为浮动式图片。

⑤ 鼠标右键单击艺术字，在弹出的菜单（见图 2-45）中选择“叠放次序命令→置于顶层”项，将艺术字作为图片层的最顶层。

⑥ 拖动艺术字至“波形”图上方，并拖动尺寸控点调整艺术字的大小，使其位于“波形”图内部。

⑦ 单击选中“波形”图，再按住“Ctrl”键同时选中艺术字，然后单击鼠标右键，在弹出的菜单中选择“组合命令→组合”项。将“波形”图和艺术字组合成一张图片，便于日后编辑。

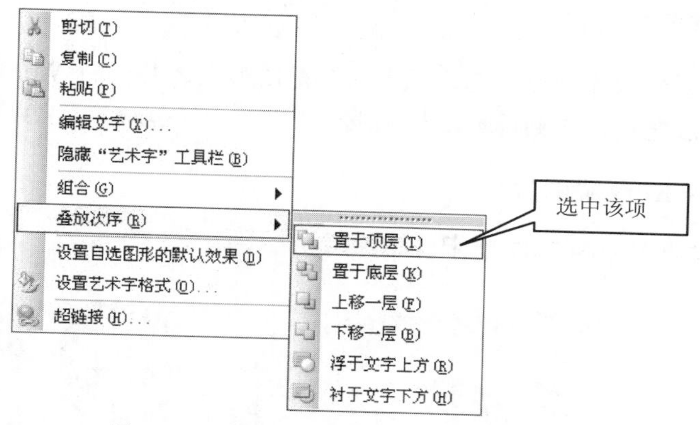

图 2-45 “叠放次序”命令项

【知识拓展】

组合对象后，仍然可以选择组合中任意一个对象，方法是首先选择组合，然后单击要选择的对象。

4．制作心形

① 选择菜单栏中的“插入菜单→图片命令→自选图形”项，打开“自选图形”工具栏，选择“基本形状→心形”项，画出第一个心形图样。

② 鼠标右键单击心形图，在弹出的菜单中选择“设置自选图形格式”项，打开“设置自选图形格式”对话框，选择“颜色与线条”选项卡，打开“填充颜色→填充效果”对话框，设置颜色为“单色（红色）”，底纹样式为“中心幅射”，如图 2-46 所示。

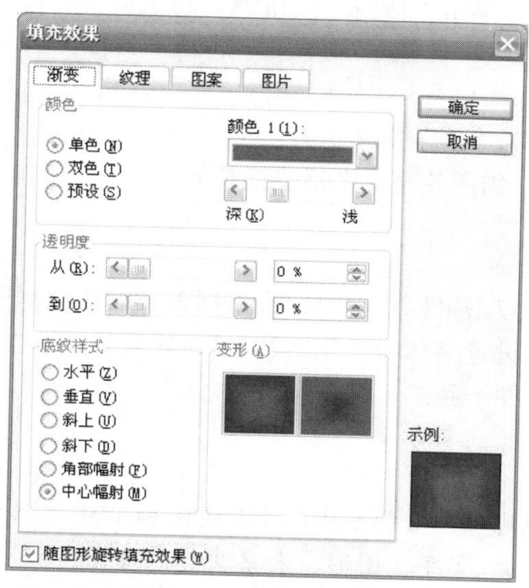

图 2-46 “填充效果”对话框——设置“中心幅射”

③ 设置图片环绕方式为浮于文字上方。

④ 其余的心形均由复制第一个心形得到。

【知识链接】

关于复制的操作过程，无论是文本还是图形或者其他的 Word 对象，都很类似，均可利用鼠标拖动法完成，或利用剪贴板完成。

5．插入 Kitty 猫图片

Kitty 猫原图如图 2-47 所示。

图 2-47　Kitty 猫原图

在此，我们只需要图片中间部分，于是对原图进行了裁剪。

（1）裁剪原图得到所要的 Kitty 猫图片。

① 选择菜单栏中的“插入菜单→图片命令→来自文件”项，插入原图。

② 选中原图。

③ 在“图片”工具栏上单击“裁剪”按钮。将裁剪工具置于裁剪控点上，拖动鼠标，裁去不需要的部分。

（2）放置 Kitty 猫图片。

① 设置图片环绕方式为“浮于文字上方”。

② 依据样图，将 Kitty 猫图片拖动至适当的位置。

6．添加普通文本

① 找到文本起始位置双击鼠标左键，定位好插入点，依据样图输入文本。

② 选中输入的文本，设置字体为“华文彩云”、字号为“小二”、字形为“加粗”。

③ 调整文本位置与样图一致。

【知识链接】

Word 2003 具有“即点即输”功能（只在页面视图和 Web 版式视图下有效），使用即点即输可以在空白区域中快速插入文字、图形、表格及其他项目。

7．绘制直线

生日贺卡中文字下方的直线，是采用“绘图”工具栏的“直线”工具绘出的。只要单击“绘图”工具栏“直线”按钮，鼠标变成十字形，拖动鼠标，按样图画出水平直线即可。

【知识拓展】

绘制直线时，若要从起点开始以 15°角绘制线条，请在拖动鼠标时按住“Shift”键；若要从第一个结束点开始，向相反方向延长线条，请在拖动鼠标时按住“Ctrl”键。使用“椭圆”工具时，在拖动鼠标时按住“Shift”键，则绘制出圆。

8．添加文本“Happy Birthday!”

① 选择菜单栏中的“插入菜单→文本框→横排”选项，当鼠标变成“十”字指针时，在样图所示位置上，拖画出一个文本框。

② 输入英文字样“Happy Birthday !”，然后选中英文字样，设置字体为“华文隶书”、字号为“一号”、字形为“加粗”、字体颜色为“粉红”。

如果文本框画得比较小，完成文本框相关操作后，会有部分文字被遮挡住看不见了，这时，只要调整文本框的大小即可。调整文本框大小的方法，与调整图形大小的方法类似。

③ 鼠标右键单击文本框，在弹出菜单中选择“设置文本框格式”项，打开“设置自选图形格式”对话框，选择“颜色与线条”选项卡，设置线条颜色为“无线条颜色”。

操作时需要注意，鼠标右键点击的对象是文本框，而不是文本框内的文字，否则弹出的菜单项中将会没有“设置文本框格式”项。

9．保存文档

至此，生日贺卡的制作就全部完成了，单击“常用”工具栏“保存”按钮保存文档。

10．打印生日贺卡

（1）打印预览。

打印以前，可利用“打印预览”来预览一下 Word 文档的打印效果。单击“常用”工具栏“打印预览”按钮，将文档切换到打印预览窗口。为了更好地观察文档整体效果，在打印预览窗口中，单击“打印预览”工具栏上的“单页显示”按钮，操作后效果如图 2-48 所示。

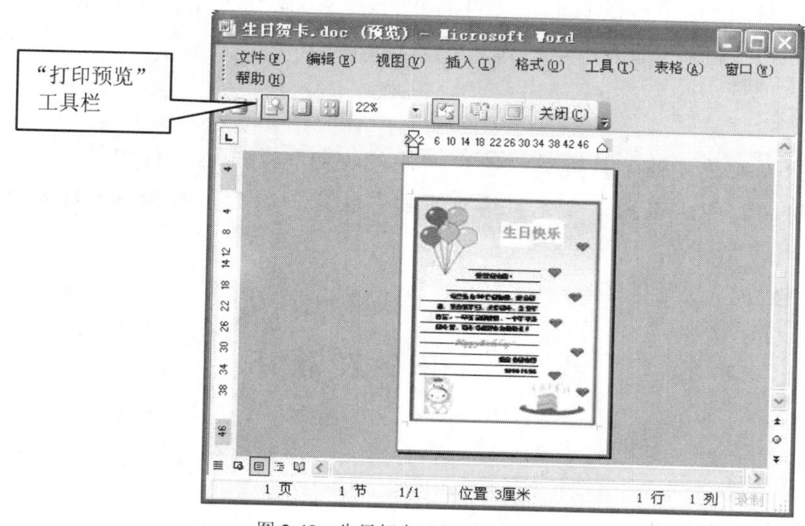

图 2-48　生日贺卡“打印预览”窗口“单页显示”效果

【知识链接】

如果想要查看文档的细节，可以单击“放大镜”按钮，或者单击“显示比例”下拉列表框右侧的下三角按钮选择合适的比例将文档放大。

完成打印预览后，单击“打印预览”工具栏上的“关闭”按钮，回到编辑状态。

（2）打印文档。

文档打印，可以使用“常用”工具栏“打印”按钮，按默认方式打印，也可以利用“文件”菜单“打印”命令调出“打印”对话框，设置打印参数后再打印。

在此，我们采用菜单命令方式打印生日贺卡。

① 单击“文件”菜单“打印”命令，打开“打印”对话框，如图 2-49 所示。

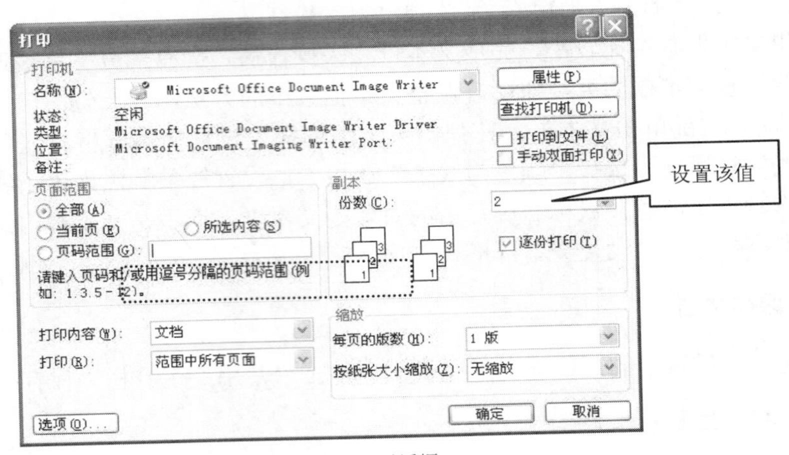

图 2-49 “打印”对话框

② 单击“页面范围”选项组“全部”单选按钮，设置打印当前文档所有内容。

在“页面范围”选项组中可以选择打印的范围。如果只想打印某一页，可以先定位光标到该页，然后选中“当前页”单选按钮。选中“页码范围”单选按钮，在其右侧的文本框中输入页面范围，则可以打印指定范围的页面，页面范围的表达方式在文本框下方给出了说明。

③ 在“份数”文本框内输入数字“2”，将打印 2 份生日贺卡。

【知识链接】

打印多份文档时，如果该文档不只一页，选中“逐份打印”复选框，打印时，会打印一份文档后再开始下一份的打印；否则，会先将第 1 页打印指定份数后，再接着打印第 2 页、第 3 页……。

④ 单击“确定”按钮，开始打印。

任务三　制作一份个人简历

【学习目标】

➢ 了解 Word 表格的相关概念

- 熟悉 Word 表格的组成
- 熟练掌握 Word 表格的创建、编辑方法
- 熟练掌握 Word 表格的排版技巧

任务描述

学校团总支将要举行一次模拟招聘会，需要每位同学撰写一份求职简历。因此，小豹要为自己制作一份简历，体验一下求职的感觉。

本任务所制作的个人简历样例如图 2-50 所示。

个 人 简 历

个人信息				
姓名	小豹	性别	男	
学历	大专	毕业时间	2009 年 7 月	
专业	计算机应用	毕业学校	烟台工程职业技术学院	
外语水平	CET6	爱好	电脑、分析研究、足球、音乐	
能力、技能				
计算机水平	掌握 C 语言、JAVA 语言、ASP.NET 网络编程，网站设计方法，熟悉 SQL 数据库的操作，可以解决常见的大部分计算机软硬件故障问题，能独立操作并及时高效的完成日常办公文档的编辑工作，可以进行简单的电子制图。			
主修课程	C 语言、计算机维护、PS 图形处理、SQL 数据库、JAVA 语言编程、ASP.NET 网络编程（基于 C#语言）、数据结构（基于 C++语言）、VB.NET 编程、网络基本理论、CAXA 电子制图、DM 网页设计、计算机基础（Office 系列软件运用）			
奖励情况	曾获得学校三好学生、优秀班干部，参加全国 ITAT 职业技能比赛获得全国优秀奖			
学习及实践经历				
时 间	地区、学校或单位		经 历	
2003 年---2006 年	曲阜师范大学附中		高中学习	
2006 年---2009 年	烟台工程职业技术学院		大专学习	
2008 年 5 月期间，在斗山中国有限公司实习，并参与其公司 ERP 的部分前期数据采集和整理工作				
2008 年 11 月完成（枫澍）企业网站的建设				
2008 年组织班级网站的建设				
每年寒暑假期间都进行实践活动（大部分去网吧当临时网管）				
2007 年---2008 年组织同学校外电脑维护服务				
联系方式				
通讯地址	烟台归德北路 33 号	联系电话	15800000000	
E-mail	xiaobao@sina.com	固定电话	0535-72424064	
希望能在伟大的企业中，成长为伟大的人才。				

图 2-50 个人简历表

任务分析

在日常工作生活中，经常会遇到各式各样的表格。良好的表格设计，不仅能增强数据的可阅读性，还能提高办事效率。Word 2003 提供了多种创建表格的方式和强大的表格编辑、排版功能，利用它，我们可以制作出各式精美的表格。

相关知识

1．Word 表格中的常见概念

（1）表格。

Word 中的表格是指由行和列组成的网格，通常用来组织和显示信息。表格的组成如图 2-51 所示。

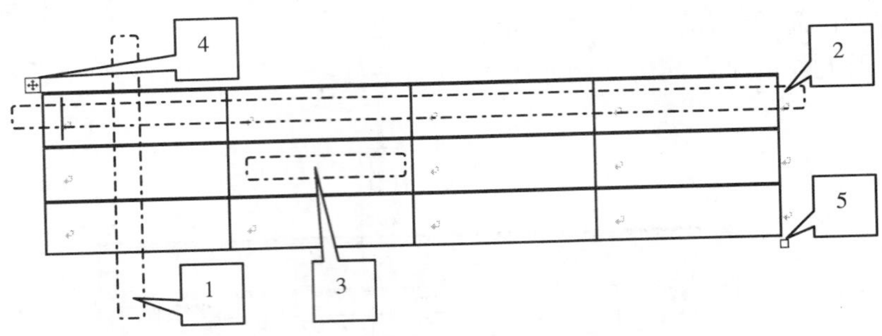

1-列，2-行，3-单元格，4-表格移动控点，5-表格缩放控点

图 2-51　表格组成

（2）单元格。

单元格是表格中交叉的行与列形成的框，可在该框中输入信息。

（3）表格边框和底纹。

我们可以为表格或表格中的某个单元格添加边框，或用底纹来填充表格的背景，还可以使用“表格自动套用格式”功能的多种边框、字体和底纹来使表格具有精美的外观。

【知识链接】

边框、底纹和图形填充能提高读者对文档不同部分的兴趣和注意程度。我们可以把边框加到页面、文本、表格和表格的单元格、图形对象、图片和 Web 框架中；可以为段落和文本添加底纹；可以为图形对象应用颜色或纹理填充。

2．Word 表格的基本操作

（1）创建基本表格。

Word 提供了多种创建基本表格的方式，我们可以根据需要进行选择。

① 使用菜单命令创建表格。

a．将插入点移动到表格的开始位置。

b．选择“表格菜单→插入→表格”项，打开“插入表格”对话框，为表格选择列数和行数。

c．单击“确定”按钮，完成表格插入。

创建表格时，应确保插入点与另一表格不相邻。

② 使用工具栏按钮创建表格。

a．单击“常用”工具栏上的“插入表格”按钮。

b．单击“插入表格”按钮时将显示网格，沿对角线方向拖动鼠标，如图 2-52 所示。

c．单击鼠标左键（在网格内）插入 2 行 3 列的表格。

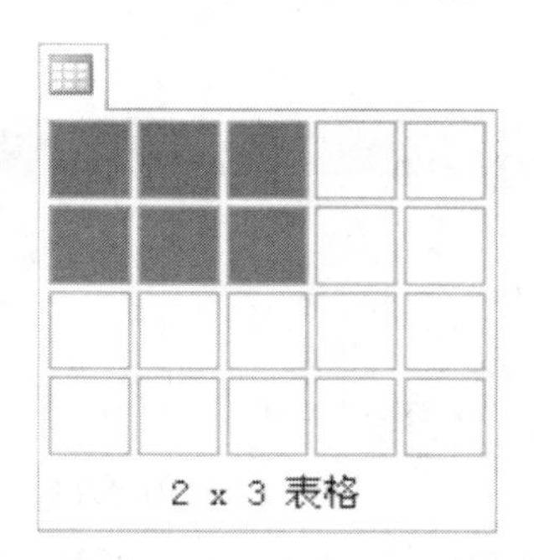

图 2-52 “插入表格”按钮下拉图

当需要创建的表格所包含的行数或列数比此网格中显示的多时，可以根据需要沿水平或垂直方向拖动鼠标。这样，网格就会自动扩展。拖动鼠标至所需行、列数后，释放鼠标按钮即可。

③ 使用“绘制表格”按钮绘制表格。

使用“绘制表格”按钮，可以绘制出复杂的表格。

a．单击要创建表格的位置。

b．在“表格”菜单上，单击“绘制表格”。

c．“表格和边框”工具栏显示出来，鼠标指针变为笔形。

d．首先需要确定表格的外围边框——绘制一个矩形边框，然后，在边框内绘制行、列框线。使用“绘制表格”按钮绘制表格的过程如图 2-53 所示，其中，箭头方向表示鼠标绘制的方向。

e．若要清除一条或一组线，先单击“表格和边框”工具栏上的“擦除”按钮，再单击需要擦除的线。

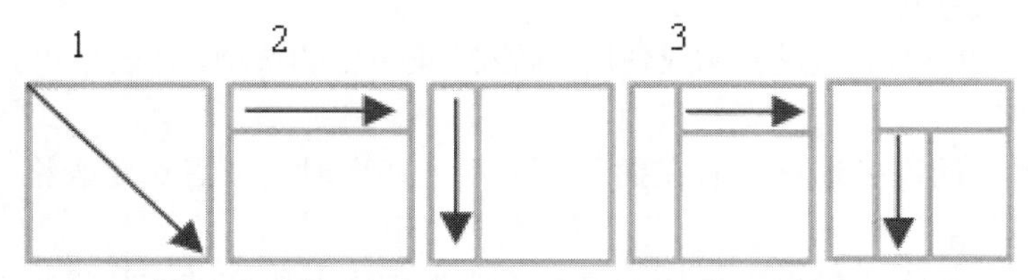

1-绘制出矩形边框，2-在边框内绘制行或列，3-进一步绘制行或列

图 2-53　使用“绘制表格”按钮绘制表格过程示意图

④ 将文本转换成表格。

在 Word 2003 中，可以轻松地将文本转换成表格。将文本转换成表格时，使用逗号、制表符或其他分隔符标记新的列开始的位置，具体转换步骤如下。

a．在要划分列的位置插入所需的分隔符，如在一行有两个字的列表中，在第一个字后插入逗号或制表符，创建出一个两列的表格。

b．选择要转换的文本。

c．指向“表格”菜单中的“转换”子菜单，然后单击“文本转换成表格”命令。

d．在“将文字转换成表格”对话框（如图 2-54）中，“文字分隔位置”下，单击所需的分隔符选项。

e．单击“确定”按钮。

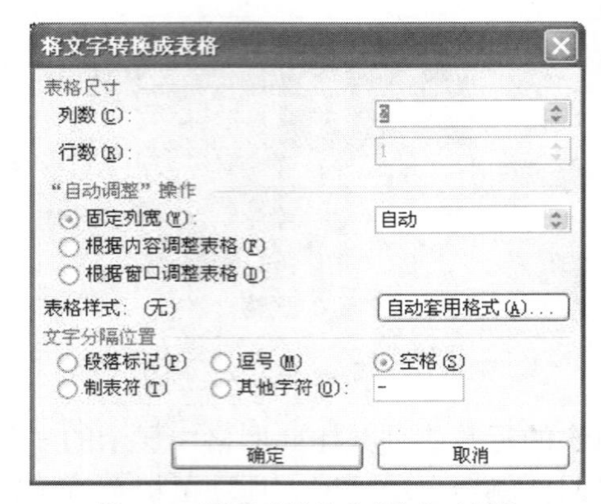

图 2-54 “将文字转换成表格”对话框

【知识链接】

在 Word 2003 中，表格亦可以转换成文本，操作步骤如下：

a. 选择要转换为段落的行或表格；

b. 指向“表格”菜单中的“转换”子菜单，然后单击“表格转换成文本”命令；

c. 在“文字分隔符”下，单击所需的字符，作为替代列边框的分隔符，表格各行用段落标记分隔。

（2）向表格中添加文本。

要向表格中的单元格添加文本，只需单击该单元格，然后开始键入，像在文档正文中所做的那样来设置表格中文本的格式。

（3）向表格中添加图形。

与在文档正文中一样，通过粘贴或使用“插入”菜单中的选项，在表格单元格中插入图形。

（4）选取表格。

“表格”菜单上的许多选项只有在插入点位于表格内时，或者选定表格（或部分表格）后才可使用。

① 选定行：在选定栏里单击鼠标左键，若需选中多行则在选定栏里按住鼠标的左键拖动。

② 选定列：移动鼠标至该列的上方，当光标的形状变成实心黑色向下指的箭头“⬇”时，单击鼠标左键。

如果要选中多列，则当鼠标变成黑色向下指的箭头时，按住鼠标的左键拖动。

③ 选定单个单元格：将鼠标移动至待选定单元格的靠左边的地方，当光标变成往右向指的斜实心箭头“➚”时，单击鼠标左键。

④ 全选：将光标移动到表格中，在表格的左上角会出现一个四向的箭头“⊞”（表格移动控点），将光标在表格里面向左上角移动（光标不能移出表格，如果移出表格范围，四向箭头将会消失），当光标到达四向箭头时，单击鼠标左键，整个表格就选中了。

如果采用菜单操作选择部分或整个表格，先将插入点放置在要选择的表格、单元格、行或列的任意位置；然后，鼠标左键单击“表格”菜单，指向“选择”命令；最后再根据需要单击“表格”、“列”、“行”或“单元格”。

此外，还可以通过按“Shift+箭头”键（如 Shift 键+向左键）或通过单击并拖动鼠标（就像选择文本那样），选择单元格、行、列或整个表格。

选取所需的第一个单元格、行或列，按“Ctrl”键，再选取所需的下一个单元格、行或列，可以选定不按顺序排列的多个项目。

（5）插入单元格、行或列。

在表格中插入单元格、行或列的操作很方便，只要在“表格”菜单上，指向“插入”，然后单击一个选项即可，如图 2-55 所示。

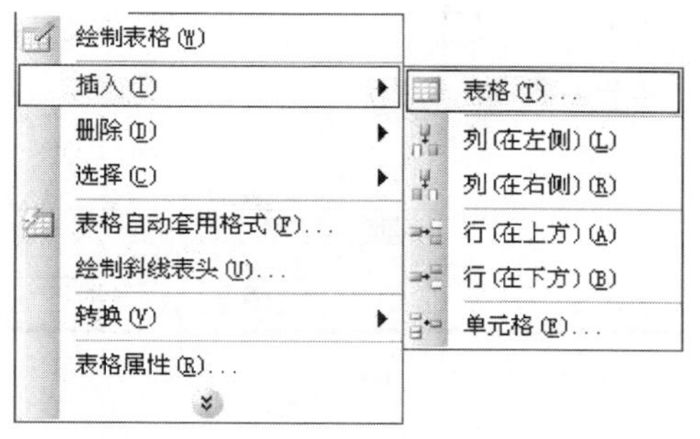

图 2-55 “表格”菜单“插入”命令

要在表格末尾快速插入一行，单击最后一行的最后一个单元格，然后按“Tab”键。

使用“绘制表格”工具也可以在所需的位置绘制行或列。

（6）删除单元格、行、列或表格。

删除表格中单元格、行、列或表格的方法与插入操作类似，选中要删除的单元格、行、列或表格后，单击“表格”菜单，指向“删除”命令，然后单击相应选项。

（7）调整表格尺寸。

Word 表格的尺寸及行高、列宽可根据需要进行相应调整。

① 粗略调整表格尺寸。

a．在页面视图下，将光标置于表格上，表格尺寸控点 □ 出现在表格的右下角。

b．将光标停留在表格尺寸控点上，出现一个双向箭头。

c．将表格的边框拖动到所需尺寸。

② 粗略调整表格的行高与列宽。

a．利用标尺粗略调整行高或列宽。

b．利用行线或列线粗略调整行高或列宽。当鼠标指针移到单元格的行边框线或列边框线时，鼠标指针变为垂直“÷”或水平“+||+”双向箭头，此时拖动鼠标，可粗略调整表格的行高或列宽。

③ 精确调整表格尺寸、表格的行高或列宽。

要精确调整表格尺寸、行高或列宽，可使用菜单命令按如下步骤进行。

a．选定待调整行或列。

b．从“表格”菜单中选择“表格属性”命令，打开“表格属性”对话框，如图 2-56 所示。若要调整表格尺寸，在对话框中可选“表格”选项卡；若要调整行高，在对话框中可选

“行”选项卡；若要调整列宽，在对话框中可选“列”选项卡。

图 2-56 “表格属性”对话框

④ 统一多行或多列的尺寸。

a．选中要统一尺寸的行或列。

b．选择“表格”菜单中的“自动调整”命令，“平均分布各列”或“平均分布各行”项；或者单击“表格和边框”工具栏上的“平均分布各列”按钮“”或“平均分布各行”按钮“”。

（8）复制或移动表格。

表格可以像文本那样复制或移动。

通过拖动表格移动控点，也可移动表格，此时表格转变为浮动图形对象。

（9）合并和拆分单元格。

① 合并单元格。

可将相邻同一行或同一列中的两个或多个单元格合并为一个单元格，如可以横向合并单元格以创建横跨多列的表格标题。操作步骤如下：

a．选定要合并的多个单元格；

b．选择“表格”菜单中的“合并单元格”命令，或者单击“表格和边框”工具栏上的“合并单元格”按钮，被选定的多个单元格即可合并为一个单元格。

② 拆分单元格。

要将某个单元格拆分成两个或多个单元格，可按以下步骤进行操作：

a．选定要拆分的单元格；

b．选择“表格”菜单中的“拆分单元格”命令，或者单击“表格和边框”工具栏上的“拆分单元格”按钮，打开“拆分单元格”对话框（如图 2-57 所示）；

c．在“拆分单元格”对话框中，根据拆分要求，选择或输入选定的单元格应拆分为的列数和行数；

d．设置完成，单击“确定”按钮。

③ 拆分表格。

要将一个表格拆分为两个表格，可将插入点置于要作为新表格第一行的行中，然后选择“表格”菜单中的“拆分表格”命令即可。

（10）为表格添加边框。

① 选择需要添加边框的表格。

② 在“格式”菜单上，单击“边框和底纹”命令，打开“边框和底纹”对话框，再单击“边框”选项卡，如图 2-58 所示。

③ 选择所需选项。

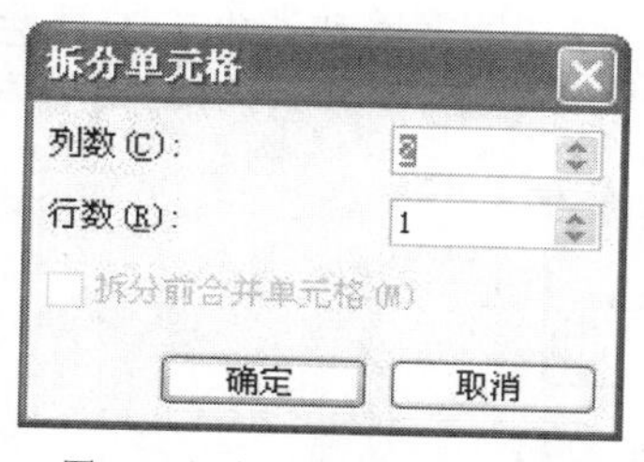

图 2-57 “拆分单元格”对话框

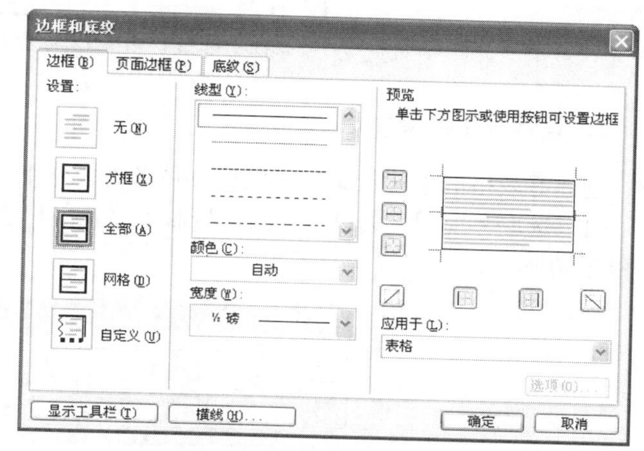

图 2-58 “边框和底纹”对话框

若要给指定边缘添加边框，可以在“设置”下单击“自定义”，然后在“预览”下，单击图表的边缘或使用按钮来添加或删除边框。

任务实施

有了以上知识作为基础，我们就可以和小豹一起开始制作简历了。

1．创建表格

简历表的内容比较丰富，相应的表格行数比较多，每一行的单元格数量也有差别。所以，可以先设定表格为某一固定的行列数，搭好整体框架，然后再通过合并、拆分单元格的方式完成表格细节框架的搭建。

根据简历样张，首先创建一张含 22 行 5 列的表格。由于表格行数较多，我们采用菜单操作完成表格插入工作，具体操作方法如下：

① 新建一个空白 Word 文档，并将其保存到“我的文档”文件夹中，命名为“小豹个人简历表”；

② 选择“表格菜单→插入→表格”项，打开“插入表格”对话框，设置表格为 5 列、22 行，如图 2-59 所示；

③ 单击“确定”按钮，完成表格创建工作。

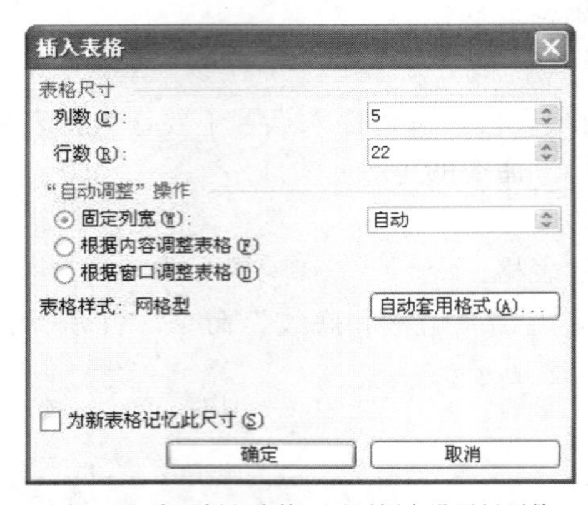

图 2-59　在“插入表格”对话框中设置行列数

2．设计表格框架

创建好表格的总体框架后，就要具体考虑表格细节的制作了。

（1）选取“视图”菜单“工具栏”命令“表格和边框”项，打开“表格和边框”工具栏，如图 2-60 所示。

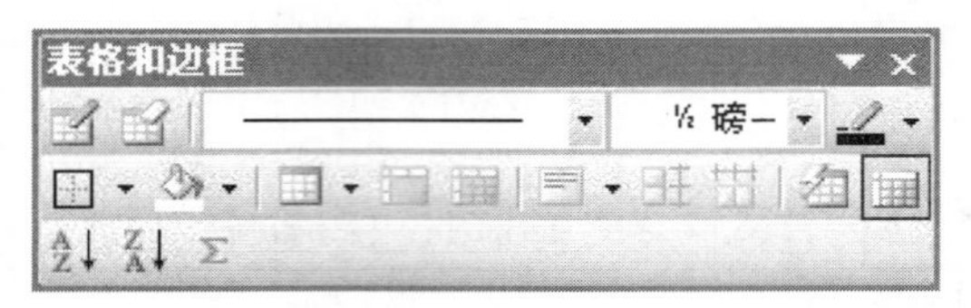

图 2-60　“表格和边框”工具栏

（2）从样张中可以看到，我们需要大量地合并单元格。表格第 1、6、10、14-19、22 行均是 1 行 1 列的形式，需要跨列合并单元格，可通过如下方法实现：

① 选定相应行；

② 单击“表格和边框”工具栏上的“合并单元格”按钮。

（3）照片所占据的位置比较大，需要跨行合并单元格，我们所做的设置如下：

① 拖动鼠标，连续选取第 2、3、4、5 行的最后一列；

② 单击“表格和边框”工具栏上的“合并单元格”按钮，合并这些单元格，预留出放置照片的位置。

（4）样张中“能力技能”部分的内容，是 1 行 2 列的形式，需要把 7～9 行中每一行除第一列以外的所有单元格合并。

（5）第 11、12、13 行同 1 行 3 列的形式类似，不仅需要合并单元格，还需要调整单元格的大小，操作步骤如下：

① 将第 11、12、13 行最后三列进行合并单元格操作，得到 3 行 3 列的表格区域；

② 选中这三行，单击“表格和边框”工具栏上的“平均分布各列”按钮。

（6）表格第 20、21 行同 1 行 4 列的形式类似，对于它们的操作步骤如下：

① 将第 20、21 行最后两列进行合并单元格操作，得到 2 行 4 列的表格区域；

② 选中这两行，单击“表格和边框”工具栏上的“平均分布各列”按钮；

③ 将鼠标移动至这两行第 1 列和第 2 列之间的列边框，当鼠标变成水平双向箭头←||→时，拖动列边框到合适的位置；

④ 将鼠标移动至这两行第 3 列和第 4 列之间的列边框，当鼠标变成水平双向箭头←||→时，拖动列边框到合适的位置。

这一步操作完成后，整个表格的框架就已经搭建好了，如图 2-61 所示。

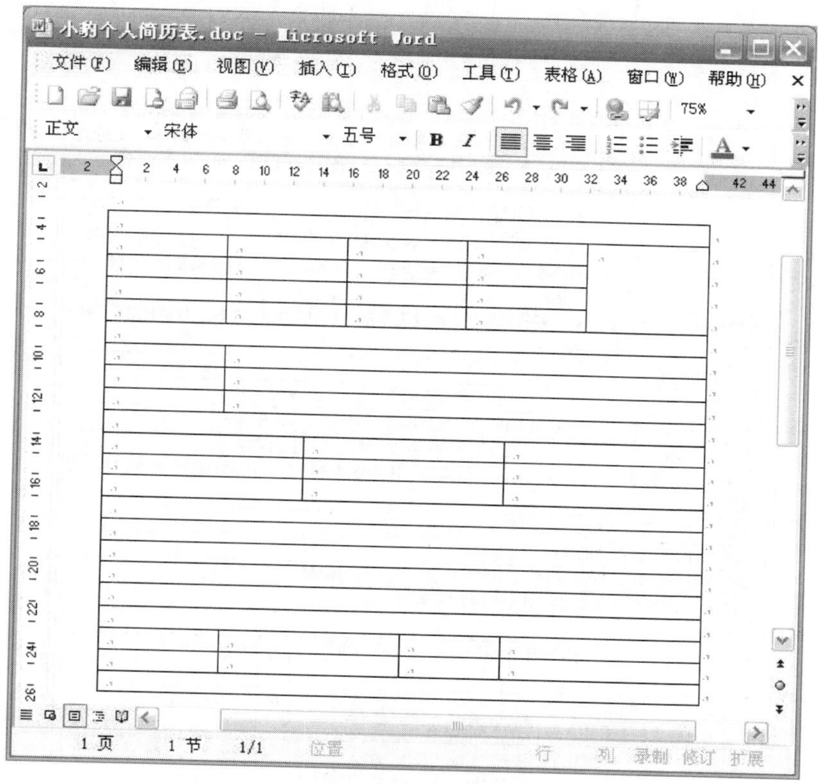

图 2-61　表格框架

3．输入表格文本

表格框架搭建好后，如果觉得这个框架太小，可以在输入文本之后，再根据文本的大小来调整表格的行高和列宽。输入文本后的表格如图 2-62 所示。

4．排版表格内文本

在任务一中，我们已经学习了设置文本格式的基本方法，在此，我们将其与表格的排版功能相结合进行操作。

（1）设置单元格对齐方式。

在样张中，很多单元格内的文字在水平和垂直方向都是居中的，效果如图 2-63 所示。若采用段落对齐方式设置，只能使单元格内的文字在水平方向居中，如图 2-64 所示。

使用表格的“单元格对齐方式”可实现单元格内的文字在水平和垂直方向均居中，详细操作步骤如下：

① 单击表格移动控点，选中整个表格；

个人信息				
姓名	小豹	性别	男	
学历	大专	毕业时间	2009 年 7 月	
专业	计算机应用	毕业学校	烟台工程职业技术学院	
外语水平	CET6	爱好	电脑、分析研究、足球、音乐	
能力、技能				
计算机水平	掌握 C 语言、JAVA 语言、ASP.NET 网络编程，网站设计方法，熟悉 SQL 数据库的操作，可以解决常见的大部分计算机软硬件故障问题，能独立操作并及时高效的完成日常办公文档的编辑工作，可以进行简单的电子制图。			
主修课程	C 语言、计算机维护、PS 图形处理、SQL 数据库、JAVA 语言编程、ASP.NET 网络编程（基于 C#语言）、数据结构（基于 C++语言）、VB.NET 编程、网络基本理论、CAXA 电子制图、DM 网页设计、计算机基础（Office 系列软件运用）			
奖励情况	曾获得学校三好学生、优秀班干部，参加全国 ITAT 职业技能比赛获得全国优秀奖			
学习及实践经历				
时　间		地区、学校或单位	经　历	
2003 年---2006 年		曲阜师范大学附中	高中学习	
2006 年---2009 年		烟台工程职业技术学院	大专学习	
2008 年 5 月期间，在斗山中国有限公司实习，并参与其公司 ERP 的部分前期数据采集和整理工作				
2008 年 11 月完成（枫澍）企业网站的建设				
2008 年组织班级网站的建设				
每年寒暑假期间都进行实践活动（大部分去网吧当临时网管）				
2007 年---2008 年组织同学校外电脑维护服务				
联系方式				
通讯地址	烟台归德北路 33 号	联系电话	15800000000	
E-mail	xiaobao@sina.com	固定电话	0535-72424064	
希望能在伟大的企业中，成长为伟大的人才。				

图 2-62　输入文本后的表格

文本垂直 水平均居中

图 2-63　单元格内的文字在水平和垂直方向均居中

文本水平居中

图 2-64　单元格内的文字仅在水平方向居中

② 鼠标右键单击表格移动控点，在弹出式菜单中选择“单元格对齐方式”命令，如图 2-65 所示。

简历表中的第 7、8、9 行第二个单元格中的内容并不需要“水平居中”，只要分别将光标定位于单元格内，然后单击“格式”工具栏中的“两端对齐”按钮即可。

（2）设置单元格内文本的格式。

表格内文本的格式虽然种类比较多，但它们是有规律地分布的，我们采取先整体，后局部的思路对其进行设置。

① 单击表格移动控点，选中整个表格，设置表格内所有文本的字体为“宋体”、字号为“小四”；

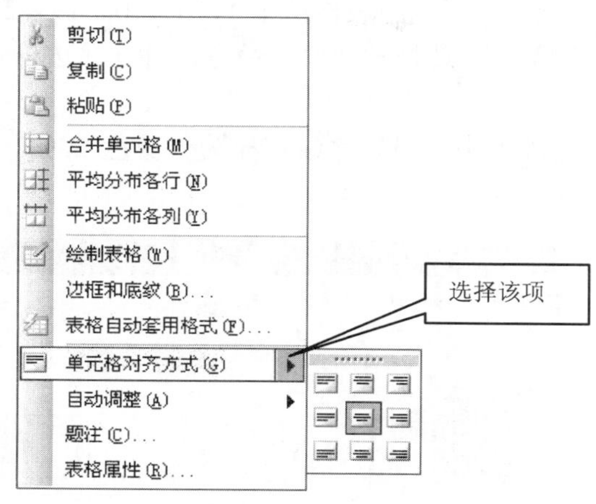

图 2-65 “单元格对齐方式”命令

② 选取表格第 1 行文字“个人信息”，设置字体为“宋体”、字号为“四号”、字形为“加粗”；

③ 选取表格第 1 行文字“个人信息”，双击“常用工具栏→格式刷”项，将格式复制到第 6、10、19 行，按“Esc”键退出格式复制状态；

④ 选取表格第 22 行文字“希望能在伟大的企业中，成长为伟大的人才。”，设置字体为“楷体_GB2312”、字号为“四号”、字形为“加粗”；

⑤ 选取表格第二行第一列文字“姓名”，设置字体为“宋体”、字号为“小四”、字形为“加粗”；

⑥ 选取表格第二行第一列文字“姓名”，双击“常用工具栏→格式刷”项，将格式复制到所有与“姓名”同级的标题单元格，按“Esc”键退出格式复制状态。

【知识拓展】

单击“常用”工具栏上的“格式刷”按钮可复制 Word 中选中对象的格式，然后单击其他位置可快速应用该格式。

使用格式刷复制格式步骤如下：

① 选择具有要复制格式的文本或其他对象；（要将格式应用到多个文本或其他对象，则双击“格式刷”）

② 在“常用”工具栏上，单击“格式刷”，鼠标指针会变为一个画笔图标；

③ 单击要设置格式的文本或其他对象；（如果要将格式应用到多个文本或其他对象，则依次选择它们）

④ 复制完成后再次单击“格式刷”按钮或按“Esc”键退出格式复制状态。

5．修饰表格

为了让表格更加美观且重点突出，可修改表格的默认边框，并为部分单元格增加底纹。

（1）设置简历表底纹。

设置简历表底纹操作的步骤如下：

① 按下“Ctrl”键，然后选中表格的第 1、6、10、19、22 行；

② 单击“格式”菜单“边框和底纹”命令，打开“边框和底纹”对话框，选择“底纹”选项卡；

③ 在“底纹”选项卡中，设置底纹填充为“灰色-20%”、底纹图案样式为“清除”，如图 2-66 所示。

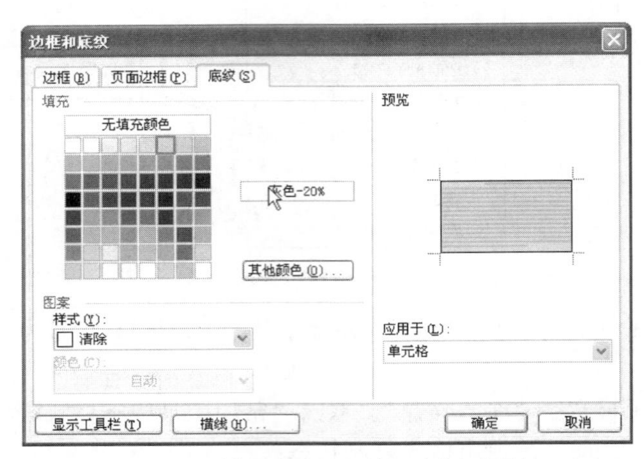

图 2-66 “边框和底纹”对话框“底纹”选项卡

（2）设置简历表边框。

表格的边框设置，可以使用“边框和底纹”对话框完成，也可以使用“表格和边框”工具栏来完成。

【知识链接】

表 2-3　　无边框的表格

我们可以设置无边框的表，表 2-3 中的表格不包含边框。这种表格含有称为网格线的元素，通过这种元素，可以看到表格的结构，但不会被打印出来。显示表格的结构可以节约时间，并便于对表格进行编辑和格式设置。如果看不到表格上的网格线，请单击“表格”菜单上的“显示网格线”。在显示网格线时，“表格”菜单上的该选项将显示为“隐藏网格线”。

设置简历表外边框的步骤如下：

① 单击“表格和边框”工具栏“绘制表格”按钮；

② 在“线型”下拉列表中选择“细-粗窄间隔”；

③ 拖动鼠标，重新绘制简历表外边框。

设置简历表部分内边框的步骤如下：

① 单击“表格和边框”工具栏“绘制表格”按钮；

② 在“线型”下拉列表中选择“三重实线” ；

③ 拖动鼠标，重新绘制表格第 2 行和第 22 行的顶端边框，第 6、10、19 行的顶端和底端边框。

6．插入照片

每个单元格都可以看作是单独的编辑区，在其中插入文本、图片和其他的 Word 对象，操作方法与在正文编辑区一样。

在表格中插入小豹照片的方法如下：

① 单击需放入照片的单元格，定位插入点；

② 选择“插入”菜单“图片”命令“来自文件”项，打开“插入图片”对话框；

③ 选择自己的照片，单击“插入”按钮。

7．设置表格标题

这一步骤，本应在表格框架制作之前就完成，但有时会忘记预留标题的位置，可以通过移动表格位置来解决。拖动表格移动控点，将表格拖动至文档编辑区下方，再在表格前面输入标题文本“个人简历”并编辑其格式为：字体“宋体”、字号“小初”、字形“加粗”、段前段后间距“1 行”。

至此，小豹的简历就制作完成了。

任务四　制作一份试卷

【学习目标】

- 掌握“页面设置”对话框的设置
- 熟练掌握页眉页脚的设置
- 熟练掌握公式编辑器的使用方法
- 熟练掌握页码的设置方法
- 熟练掌握分栏的设置方法
- 了解项目符号与编号的概念及设置方法

任务描述

老师要小豹帮忙用 Word 2003 完成一份数学试卷的编辑和排版工作，样卷效果如图 2-67 所示。

任务分析

试卷的排版相对前三个任务比较特殊。首先试卷的纸张比常用的 A4 纸大；其次，由于数学题的特性，必然会用到大量的数学公式；第三，试卷应用到的各种 Word 对象比较多，除了公式外，还有表格、图片、页眉和页脚等。

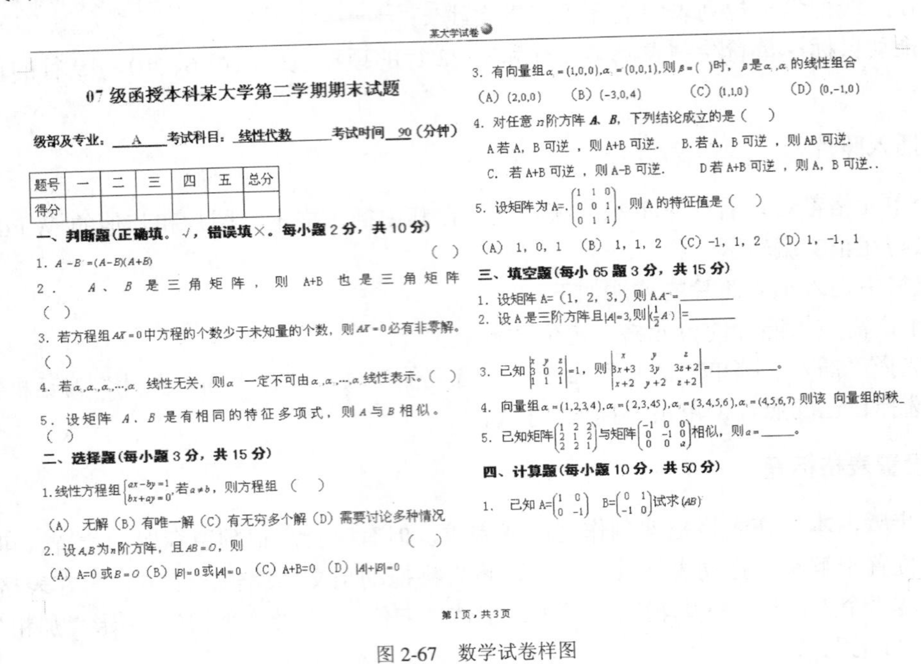
某大学试卷

07 级函授本科某大学第二学期期末试题

级部及专业：__A__ 考试科目：线性代数____ 考试时间_90_（分钟）

题号	一	二	三	四	五	总分
得分						

一、判断题(正确填。√，错误填×。每小题 2 分，共 10 分)

1. $A-B=(A-B)(A+B)$ （ ）

2. A、B 是三角矩阵，则 A+B 也是三角矩阵（ ）

3. 若方程组 $AX=0$ 中方程的个数少于未知量的个数，则 $AX=0$ 必有非零解。（ ）

4. 若 $\alpha,\alpha,\alpha,\cdots,\alpha$ 线性无关，则 α 一定不可由 $\alpha,\alpha,\cdots,\alpha$ 线性表示。（ ）

5. 设矩阵 A、B 是有相同的特征多项式，则 A 与 B 相似。（ ）

二、选择题(每小题 3 分，共 15 分)

1. 线性方程组 $\begin{cases}ax-by=1\\bx+ay=0\end{cases}$，若 $a\neq b$，则方程组（ ）

（A）无解（B）有唯一解（C）有无穷多个解（D）需要讨论多种情况

2. 设 A,B 为 n 阶方阵，且 $AB=O$，则（ ）

（A）A=0 或 $B=O$（B）$|B|=0$ 或 $|A|=0$（C）A+B=0（D）$|A|+|B|=0$

3. 有向量组 $\alpha=(1,0,0),\alpha=(0,0,1)$，则 $\beta=$（ ）时，β 是 α,α 的线性组合

（A）(2,0,0)（B）(-3,0,4)（C）(1,1,0)（D）(0,-1,0)

4. 对任意 n 阶方阵 **A**、**B**，下列结论成立的是（ ）

A 若 A，B 可逆，则 A+B 可逆． B. 若 A，B 可逆，则 AB 可逆．

C. 若 A+B 可逆，则 A-B 可逆． D 若 A+B 可逆，则 A，B 可逆．．

5. 设矩阵为 A=. $\begin{pmatrix}1&1&0\\0&0&1\\0&1&1\end{pmatrix}$，则 A 的特征值是（ ）

（A）1，0，1（B）1，1，2（C）-1，1，2（D）1，-1，1

三、填空题(每小 65 题 3 分，共 15 分)

1. 设矩阵 A=（1，2，3，）则 $AA^{-}=$______

2. 设 A 是三阶方阵且 $|A|=3$，则 $\left|(\frac{1}{2}A)\right|=$______

3. 已知 $\begin{vmatrix}x&y&z\\3&0&2\\1&1&1\end{vmatrix}=1$，则 $\begin{vmatrix}x&y&z\\3x+3&3y&3z+2\\x+2&y+2&z+2\end{vmatrix}=$______。

4. 向量组 $\alpha=(1,2,3,4),\alpha=(2,3,45),\alpha=(3,4,5,6),\alpha=(4,5,6,7)$ 则该 向量组的秩_

5. 已知矩阵 $\begin{pmatrix}1&2&2\\2&1&2\\2&2&1\end{pmatrix}$ 与矩阵 $\begin{pmatrix}-1&0&0\\0&-1&0\\0&0&a\end{pmatrix}$ 相似，则 $a=$______。

四、计算题(每小题 10 分，共 50 分)

1. 已知 A=$\begin{pmatrix}1&0\\0&-1\end{pmatrix}$ B=$\begin{pmatrix}0&1\\-1&0\end{pmatrix}$ 试求 (AB)

第 1 页，共 3 页

图 2-67　数学试卷样图

相关知识

1. 试卷排版中常见的概念

（1）页眉和页脚。

页眉和页脚是指出现在文档顶端和底端的标识符，位于页面上边距和下边距区域。它们提供关于文档的相关信息，并且帮助区分文档的不同部分。页眉和页脚可以包括页码、标题、作者姓名、章节编号以及日期等内容。本任务中页眉部分如图 2-68 所示。

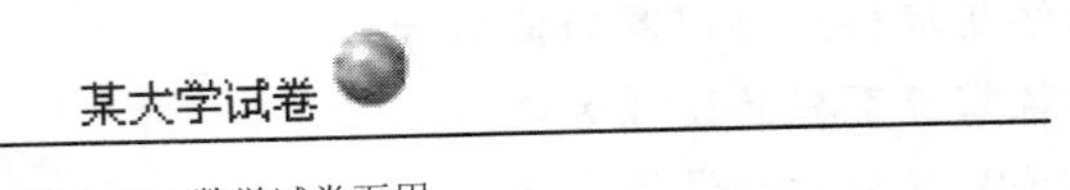

图 2-68　数学试卷页眉

【知识链接】

在“文件”菜单中单击“页面设置”，单击“版式”选项卡，有页眉页脚“奇偶页不同”和“首页不同”两个复选框，我们可以根据实际需要设置文档的首页、奇数页和偶数页具有不同的页眉和页脚。

（2）“页眉和页脚”工具栏。

“页眉和页脚”工具栏在使用页眉和页脚时会打开，它不出现在“工具栏”子菜单上，必须关闭该工具栏才能切换回主文档。

（3）分栏。

分栏就是将一段文本分成并排的几栏，使用了分栏排版的文本在同一页面上从一栏排至下一栏。图 2-69 所示是采用带分隔线的分栏排版效果。

页眉和页脚是指那些出现在文档顶端和底端的小标识符，位于页面上边距和下边距中的区域，它们提供了关于文档的重要背景信息。它们以可预知的格式提供关于文档的快速信息，并且帮助划分文档的不同部分。页眉和页脚可以包括：页码、标题、作者姓名、章节编号以及日期。本任务中页眉部分如图所示。

图 2-69　带分隔线的分栏排版效果图

（4）公式编辑器。

“公式编辑器”是 Office 软件的一个内置程序，它可以对数学方程式进行编辑。“公式编辑器”具有自动智能改变公式的字体和格式功能，适用于各种复杂的公式，支持多种字体。它所提供的公式符号和模板涵盖数学、物理、化学等多科学领域。

【知识链接】

“公式编辑器”不是 Office 软件默认安装的组件，如果要使用它，可以选择重新安装 Office 软件，在“Office 工具”中选择“公式编辑器”，在选项中选择“从本机运行”，继续进行安装就可以成功安装“公式编辑器”了。

（5）项目符号与编号。

项目符号是放在文本（如列表中的项目）前以添加强调效果的符号，而项目编号是数字。

2．试卷排版中的基本操作

（1）插入页码。

如果只需要页码，而不需要其他页眉或页脚信息，则可以使用“插入”菜单上的“页码”命令。打开的“页码”对话框如图 2-70 所示，可以很方便地选择页码出现的位置和对齐方式。

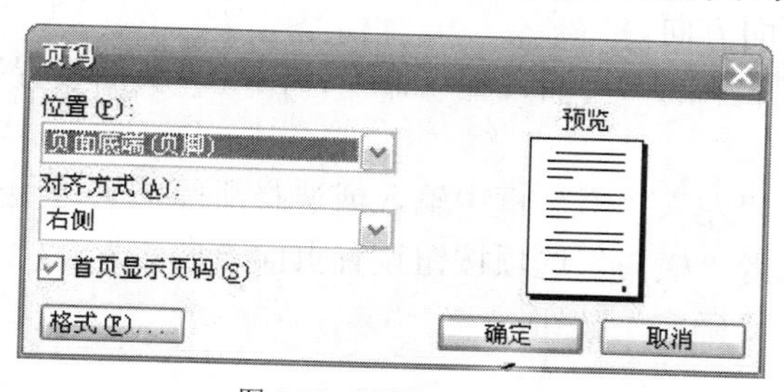

图 2-70　“页码”对话框

（2）插入公式。

采用菜单方式插入数学公式的步骤如下：

① 单击要插入公式的位置；

② 在“插入”菜单上单击“对象”，打开“对象”对话框，如图 2-71 所示，然后单击“新建”选项卡；

③ 单击“对象类型”框中的“Microsoft 公式 3.0”选项；（如果没有该项，则需进行

Microsoft“公式编辑器”的安装）

④ 单击“确定”按钮；

⑤ 从“公式”工具栏上选择符号，键入变量和数字以创建公式；

⑥ 单击文档其他部分，返回文档窗口。

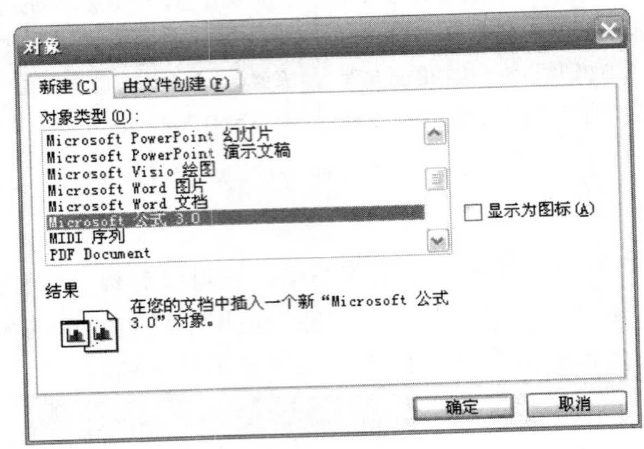

图 2-71 “对象”对话框

（3）编辑公式。

① 双击要编辑的公式。

② 使用“公式”工具栏上的选项编辑公式，在“公式”工具栏的上面一行，可以在 150 多个数学符号中选择；在下面一行，可以在众多的样板或框架（包含分式、积分和求和符号等）中选择。

③ 单击文档其他部分，返回文档窗口。

（4）页面设置。

选择“文件”菜单“页面设置”命令，可以打开“页面设置”对话框。在该对话框中可以设置、修改 Word 文档输出的整体页面效果。

① 设置页边距与页面方向。

a．选择“文件”菜单中的“页面设置”命令，出现“页面设置”对话框（见图 2-72），选中“页边距”选项卡。

b．在“上”、“下”、“左”、“右”框中输入或选择所需的页边距值。

c．单击“纵向”或者“横向”选项按钮设置页面方向。

d．设置完成，单击“确定”按钮。

②设置纸张大小。

a．选择“文件”菜单中的“页面设置”命令，出现“页面设置”对话框，选中“纸张”选项卡，如图 2-73 所示。

b．在“纸张大小”下拉列表框中选择用于打印输出的纸张大小。

c．在“应用于”下拉列表框中选择该设置作用的范围。

d．设置完成，单击“确定”按钮。

（5）设置分栏。

分栏排版必须在页面视图中才能看到效果。

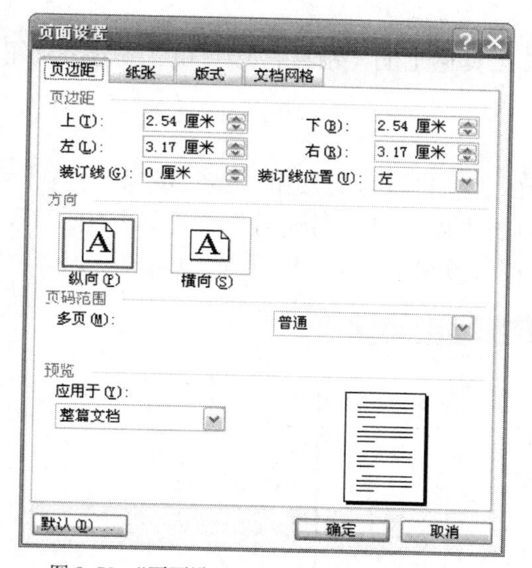

图 2-72　“页面设置”对话框“页边距”选项卡

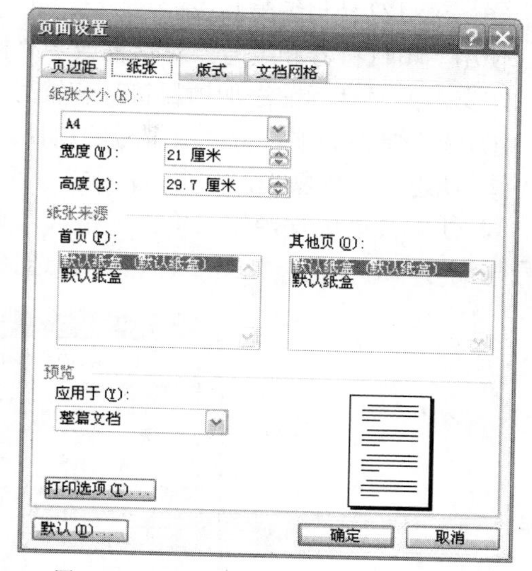

图 2-73　“页面设置”对话框“纸张”选项卡

① 创建分栏。

a．选定要进行分栏的文本。

b．选择“格式”菜单中的“分栏”命令，打开“分栏”对话框，如图 2-74 所示。

c．在该对话框的“栏数”框中输入所需的分栏数，或者直接从“预设”组框中单击选定一种预设的分栏样式。

d．单击“确定”按钮，完成分栏设置。

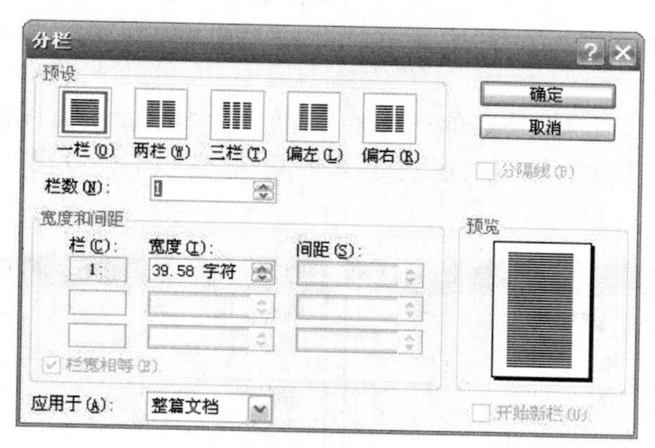

图 2-74　“分栏”对话框

【知识链接】

在“分栏”对话框中可以设置栏宽、间距和分隔线等较复杂的分栏效果，当不需要这些特殊的分栏效果时，可以使用“常用”工具栏上的“分栏”按钮，快速完成分栏操作。

② 修改及取消分栏。

若要修改已有的分栏，可先选定该分栏文字，然后选择“格式”菜单中的“分栏”命令，再进行修改。

（6）项目符号与编号。

使用“项目符号和编号”对话框或者“格式”工具栏上的“项目符号”和“编号”按钮，可以在文本的原有行前添加项目符号和编号。

① 选定要添加项目符号或编号的项目。

② 使用工具栏操作，单击“格式”工具栏上的“项目符号”按钮或“编号”按钮。

③ 使用菜单进行操作，单击“格式”菜单中的“项目符号与编号”命令，打开“项目符号与编号”对话框，如图 2-75 所示，选择相应符号或编号。

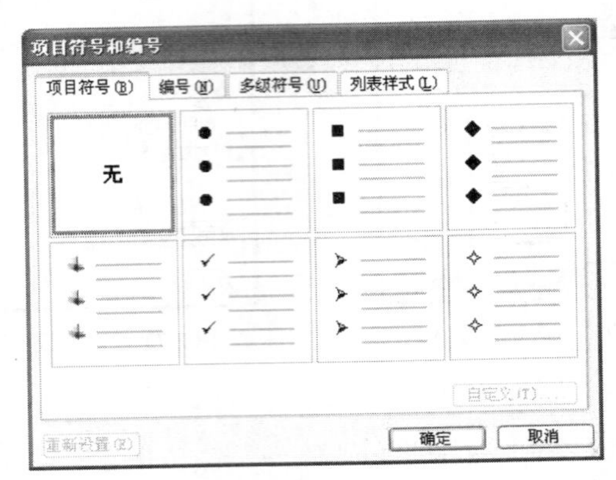

图 2-75 “项目符号和编号”对话框

任务实施

学习以上知识后，我们跟着小豹一起开始制作数学数卷。

1. 页面设置

根据试卷的要求，选取“文件菜单→页面设置”项，打开“页面设置”对话框，选择“页边距”选项卡，设置“方向”为“横向”；选择“纸张”选项卡，设置“纸张大小”为“A3”，如图 2-76 所示。

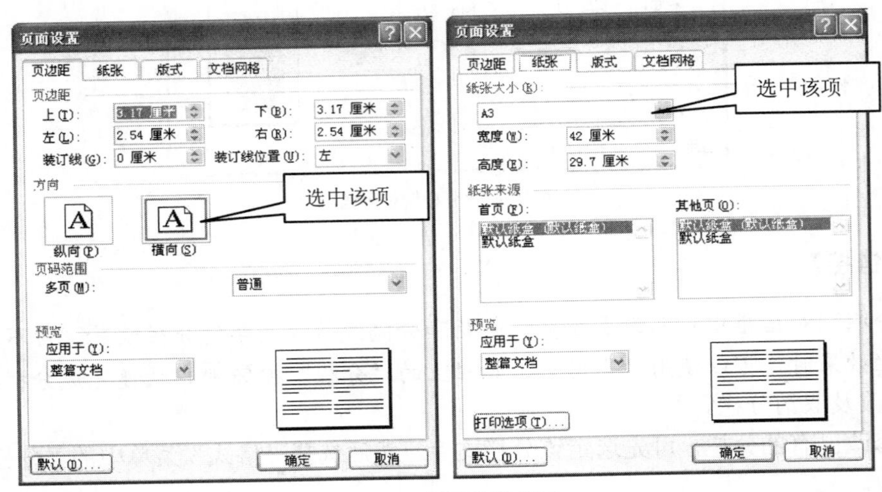

图 2-76 试卷页面设置图

2．分栏

数学试卷的分栏效果要求比较简单，可直接使用“常用”工具栏上的“分栏”按钮▤来完成。具体的操作非常简单：单击“分栏”按钮，拖动鼠标选择所需的栏数为“2 栏”，再次单击即可，如图 2-77 所示。

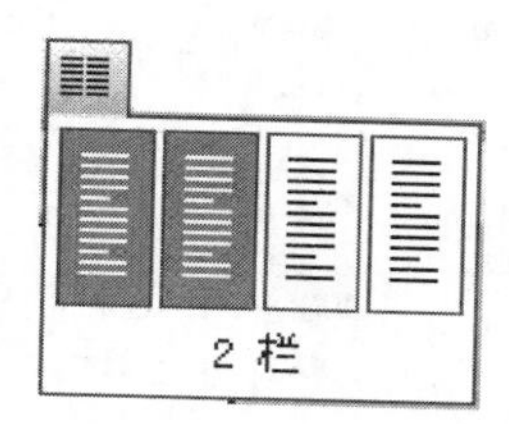

图 2-77　使用“分栏”按钮设置栏数为“2 栏”

执行此分栏操作后，由于还没有输入文本，所以在编辑区观察不到分栏效果，但是在 Word 窗体水平标尺上可以看到分栏标记，如图 2-78 所示。

图 2-78　分栏标记

3．设置页眉页脚

单击“视图”菜单“页眉页脚”命令，打开“页眉页脚”工具栏，如图 2-79 所示。

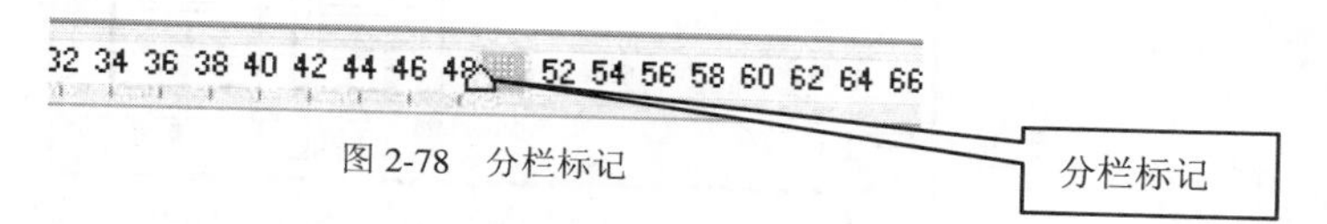

图 2-79　“页眉页脚”工具栏

页眉编辑区在编辑区顶端出现，它的文本排版方式和正文文本是一样的。默认情况下它的对齐方式为“居中”。在页眉区输入文字“某大学试卷”，并在其后插入该大学的校徽图片。

编辑好页眉后，接着就要编辑页脚区了。使用“页眉和页脚”工具栏中的“在页眉和页脚间切换”按钮，可以迅速地将插入点从页眉区切换到页脚区。

在本任务中，如果直接在页脚区输入“第 1 页，共 3 页”，那么每一页页脚都会相同，如在第二张试卷上应当显示“第 2 页，共 3 页”，而实际上却会显示成“第 1 页，共 3 页”。这时，需要使用“页眉和页脚”工具栏中的“插入页数”按钮与“插入页码”按钮。制作页脚的具体步骤如下：

① 在页脚区输入文字“第页，共页”；

② 将光标定位到文字“第”后，单击“页眉和页脚”工具栏“插入页码”按钮；

③ 将光标定位到文字“共”后，单击“页眉和页脚”工具栏“插入页数”按钮；

④ 选中页脚区所有文本，单击“格式”工具栏“居中”按钮。

按照以上步骤制作的页码与页数能够根据试卷的页面数自动填写出正确的值。

【知识拓展】

利用“页面设置”对话框的“版式”选项卡，可以为奇偶页设置不同的页眉和页脚。如

图 2-80 所示，设置选中“奇偶页不同”后，则页眉区会显示为“奇数页页眉”和“偶数页页眉”，可以分别进行编辑。页脚区的设置是相同的。

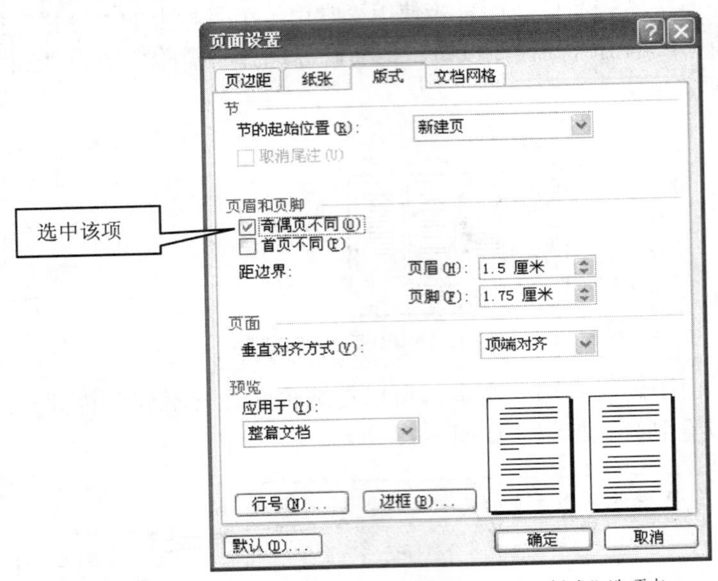

图 2-80 “页面设置”对话框的“版式”选项卡

4. 输入文本

对于大部分普通文本直接从键盘输入就完成了，可是在输入试卷第一大题题目时，发现了键盘上没有的字符“√”和“×”。

在 Word 软件中，键盘上没有的、但是在屏幕上和打印时都可以显示的文本称为“符号和特殊符号”，我们可以通过“插入”菜单中的“符号”或“特殊符号”命令来完成它们的输入工作。

① 将插入点移到要插入“√”或“×”字符的位置；

② 单击“插入”菜单中的“特殊符号”命令，打开“插入特殊符号”对话框，选择“数学符号”选项卡，如图 2-81 所示；

③ 单击“√”或“×”；

④ 单击“确定”按钮，完成“√”或“×”的输入工作。

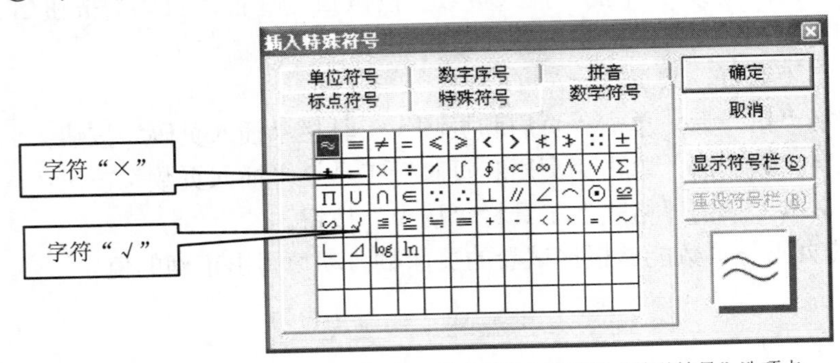

图 2-81 “插入特殊符号”对话框“数学符号”选项卡

5．输入公式

这份数学试卷中包含了大量的数学公式，下面列出几个典型公式的输入方法。

① 公式 $\alpha_1,\alpha_2,\alpha_3,\cdots,\alpha_s$ 的输入方法。

a．单击要插入公式的位置。

b．选择“插入”菜单，单击“对象”，打开“对象”对话框，选中“新建”选项卡，单击“对象类型”框中的“Microsoft 公式 3.0”选项，单击“确定”按钮，打开“公式”工具栏，如图 2-82 所示。

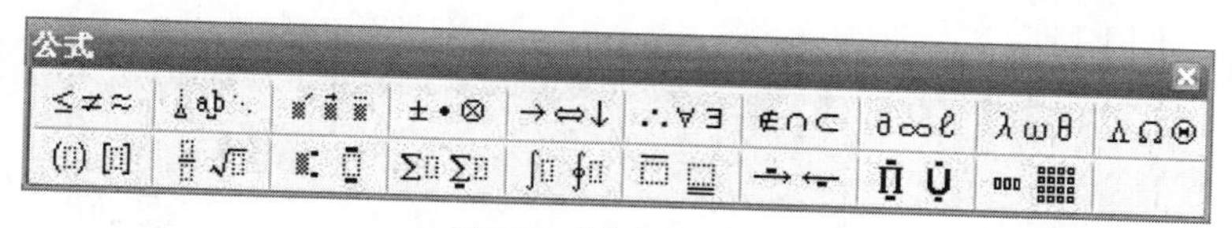

图 2-82 “公式”工具栏

c．单击“公式”工具栏上一行“希腊字母”板块，打开其下拉列表，如图 2-83 所示，单击字符“α”。

d．单击“公式”工具栏下一行“下标和上标模板”，打开其下拉列表，如图 2-84 所示，单击第 1 行第 2 列的下标样式。

图 2-83 “公式”工具栏“希腊字母”板块

图 2-84 “公式”工具栏“下标和上标模板”

e．从键盘输入逗号“,”，至此，完成了公式“α_1,”部分的输入工作。

【知识链接】

在编辑公式时，从光标的大小可以看出字符输入的位置。本例中，输完下标“1”后，光标变得比较短小，这是因为插入点还处于下标位置，如果这时直接输入逗号“,”，逗号就会很小，因为它是下标位置上的逗号。应当在输入逗号前，按一下键盘的右方向键“→”，当光标变为正常大小时再输入逗号。

f．其他数学符号的输入均可以依照以上的步骤完成，其中省略号“…”可以在“公式”工具栏上一行“间距和省略号”板块中找到。

② 公式 $\left|(\frac{1}{2}A^2)\right|$ 的输入方法。

a．单击要插入公式的位置。

b．选择“插入”菜单，单击“对象”，打开“对象”对话框，选中“新建”选项卡，单击“对象类型”框中的“Microsoft 公式 3.0”选项，单击“确定”按钮，打开“公式”工具栏。

c．单击“公式”工具栏下一行“围栏模板”，打开其下拉列表，如图 2-85 所示，单击第 2 行第 1 列的下标样式。

d．在光标处从键盘上输入“(”。

e．单击“公式”工具栏下一行“分式和根式模板”，打开其下拉列表，如图 2-86 所示，单击第 2 行第 1 列的下标样式。

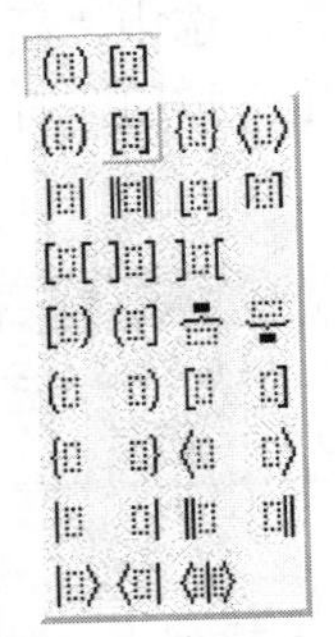

图 2-85 “公式”工具栏“围栏模板”

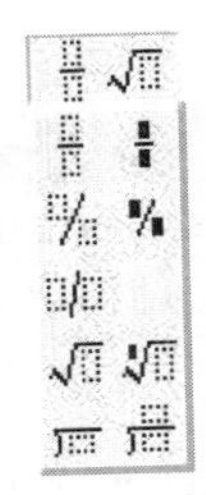

图 2-86 “公式”工具栏“分式和根式模板”

f．在相应位置上，从键盘输入数字“1”和“2”，完成分式“$\frac{1}{2}$”的输入。

g．利用“下标和上标模板”完成“A^2”的输入。

h．输入“)”，至此，整个公式输入结束，单击 Word 文档空白处结束该公式的输入。

【知识链接】

每次插入完一个公式，都要重新启动“公式编辑器”，这是一项麻烦的工作。我们可以在工具栏上给“公式编辑器”安个家——建立“公式编辑器”按钮，操作方法如下：

单击菜单“工具→自定义”命令，在“自定义”对话框中的“命令”选项卡中选中“类别”下的“插入”项，然后在“命令”下找到“公式编辑器”，按下鼠标左键将它拖动到工具栏上放下即可。以后只要在工具栏上单击按钮就可以启动“公式编辑器”了。

③ 公式 $A=\begin{pmatrix}1 & 1 & -1\\ 2 & 1 & 0\\ 1 & -1 & 0\end{pmatrix}$ 的输入方法。

a．打开“公式”工具栏。

b．从键盘输入字符“$A=$”。

c．单击“公式”工具栏下一行“围栏模板”，打开其下拉列表，单击第 1 行第 1 列的下标样式。

d．单击“公式”工具栏下一行“矩阵模板”，打开其下拉列表，单击第 2 行第 3 列的下标样式，生成三行三列的矩阵样式，如图 2-87 所示。

e．分别在虚线框中输入相应数据，完成公式编辑。

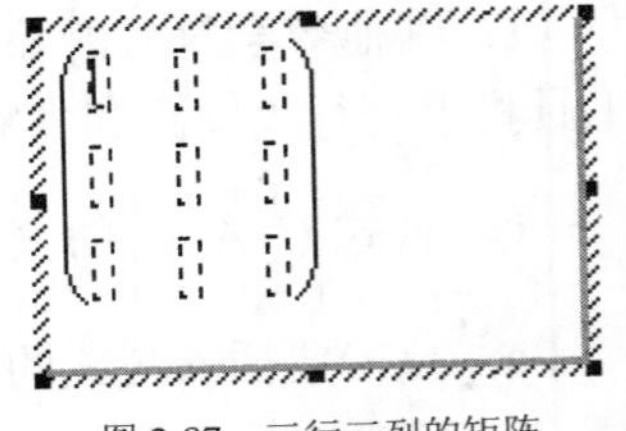

图 2-87 三行三列的矩阵

6．插入表格

① 将光标定位于试卷开头需插入表格的位置。

② 选取“表格”菜单“插入”命令“表格”项，插入一张两行七列的表格。

③ 拖动表格缩放控点，调整表格至合适的大小。

④ 输入文本，并设置单元格对齐方式为“垂直水平都居中”。

7．设置文本格式

① 按下“Ctrl+A”键，选取整个试卷，设置文本格式为宋体、小四，段间距为 1.5 倍行距。

② 选中试卷标题，设置其格式为宋体、三号、加粗、居中，段前间距 1 行、段后间距 1.5 行。

③ 选中试卷副标题，设置其格式为宋体、小四、加粗、居中，段前间距 1 行、段后间距 1.5 行。

④ 选中试卷副标题中文本“A”、“线性代数”和“90”，为它们添加“下划线”效果。

⑤ 选中试卷第一大题题目，设置其格式为四号、加粗，段前间距 0.5 行、段后间距 0.5 行。

⑥ 使用“格式刷”工具，将第一大题题目格式复制到其他大题题目。

⑦ 多次使用回车键，为第四、第五大题预留答题处。

至此，试卷的编辑排版工作全部完成。

任务五　制作一组准考证

【学习目标】

- 了解邮件合并中数据源的概念
- 理解邮件合并的功能
- 熟练掌握邮件合并的基本操作

任务描述

为了提高同学们对英语的学习兴趣，系团委要举办一次英语竞赛，要求每个一年级新同学都参加。作为学生会成员，小豹为比赛前期的组织服务工作忙得不亦乐乎。这不，老师将参加竞赛的名单（一个 Excel 格式的电子文档）给了小豹，并下达了一个新任务：制作准考证，准考证的样张如图 2-88 所示。系里将有 130 多位同学参加这次竞赛，要为每个同学都制作一份准考证，仅用 Word 的复制、粘贴功能，工作量可不小。小豹听说 Word 提供了“邮件合并”功能，可以大大减少这类工作的时间，他决定试一试。

任务分析

日常生活和工作中，常会看见一组标签或信封：所有标签或信封上的寄信人地址均相同，但每个标签或信封上的收信人地址各不相同；一组编号赠券：除了每个赠券上包含的唯一编号外，这些赠券的内容完全相同……单独创建信函、邮件、传真、标签、信封或赠券将非常耗时，这就是 Word 引入邮件合并功能的目的。使用邮件合并功能，只需创建一个文档，并在其中包含每个版本都有的信息，然后只需为每个版本所特有的信息添加一些占位符，其余工作就可以由Word来处理了。

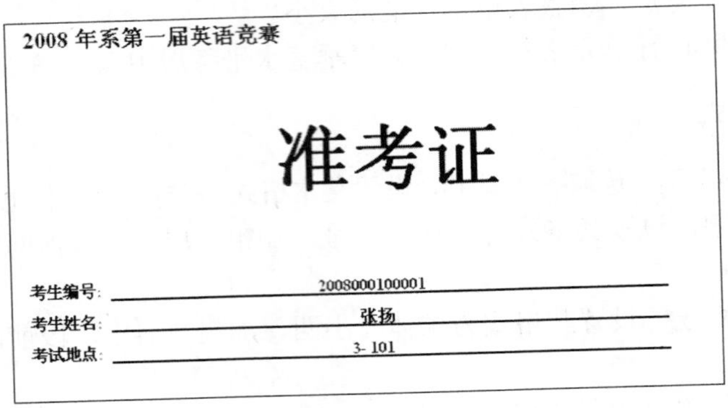

2008年系第一届英语竞赛

准考证

考生编号：2008000100001

考生姓名：张扬

考试地点：3-101

图2-88 英语竞赛准考证的样张

相关知识

邮件合并功能中的常见概念

"邮件合并"要建立两个文档，一个是主文档，用来存入对所有文件都相同的内容；另一个是数据源文档，用来存放变动的内容。

（1）数据源。

数据源是一个文件，该文件包含在合并文档各个副本中不相同的数据。

【知识拓展】

可在邮件合并中使用任何类型的数据源，包括Microsoft Outlook联系人列表、Microsoft Office地址列表、Microsoft Excel工作表或Microsoft Access数据库等。

对于 Excel，可以从工作簿内的任意工作表或命名区域选择数据；对于 Access，可以从在数据库中定义的任意表或查询选择数据。

（2）数据字段。

数据源中的每一列对应一类信息，称为数据字段，如名字、姓氏、街道地址和邮政编码。

（3）标题记录和数据记录。

每个数据字段的名称列在第一行的单元格中，这一行称为标题记录。除标题记录外，后续每一条行包含一条数据记录，该记录是相关信息的完整集合，如单独收件人的姓名和地址。

（4）域。

域相当于文档中可能发生变化的数据或邮件合并文档中套用信函、标签中的占位符。域在文档中显示在"«»"形符号内，如《地址块》。

任务实施

现在跟小豹一起，开始工作吧。

1. 建立邮件合并的主文档

首先，需要一个和样图2-88一样的主文档。我们利用以前所学的知识，可以很容易地建立主文档，具体操作步骤如下：

① 新建 Word 文档，参考样张输入相应文字；

② 选中“2008 年系第一届英语竞赛”，单击鼠标右键，在弹出式菜单中选择“字体”命令，打开“字体”对话框，设置字体为“宋体”、字形为“加粗”、字号为“二号”；

③ 选中“准考证”，设置其字体为“宋体”、字形为“加粗”、字号为“72 磅”，具体操作同第②步。

④ 先选中“考生编号:”，再按住“Ctrl”键，选取“考生姓名:”和“考试地点:”，然后操作第②步，设置选中文字字体为“宋体”、字形为“加粗”、字号为“三号”；

⑤ 选择“插入”菜单“图片”命令“自选图形”项，选取“直线”工具，在文字“考生编号:”后画一条水平直线；

⑥ 复制第⑤步中的水平直线两遍，然后用“Ctrl+方向键”将它们分别放置到合适的位置；

⑦ 单击“常用”工具栏“保存”按钮，以“英语竞赛准考证”为名，保存文档。

2．实施邮件合并过程

数据源文件“考生名单表”是老师直接提供的，所以在建立主文档后，我们就可以直接开始邮件合并过程了，请执行下列操作。

（1）打开主文档“英语竞赛准考证”。

（2）在“工具”菜单上指向“信函和邮件”，然后单击“邮件合并”，如图 2-89 所示，将在 Word 文档右侧打开“邮件合并”任务窗格。使用该任务窗格中的超链接，在邮件合并过程中进行导航。

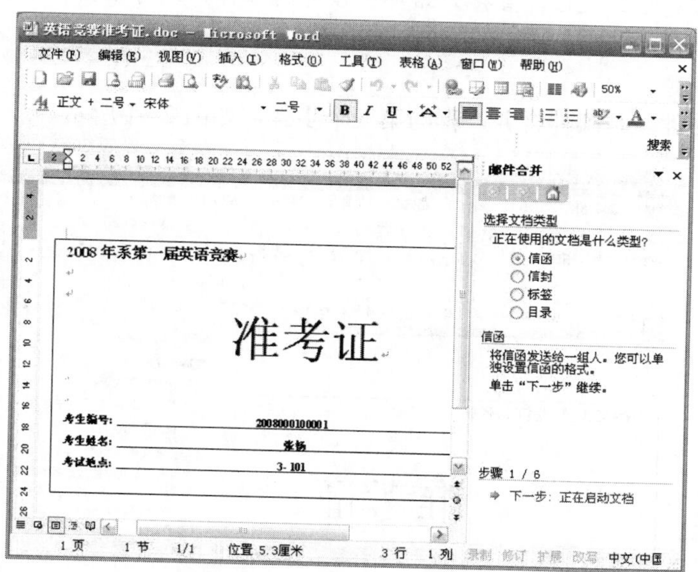

图 2-89 “邮件合并”任务窗格步骤 1

邮件合并过程的第一个步骤是选择信息合并的目标文档类型。选择“信函”之后，单击任务窗格底部的“下一步”按钮。

（3）选择主文档。

邮件合并过程的第二个步骤是选择要使用的主文档，在此，我们选取“使用当前文档”，如图 2-90 所示，然后单击“下一步”。

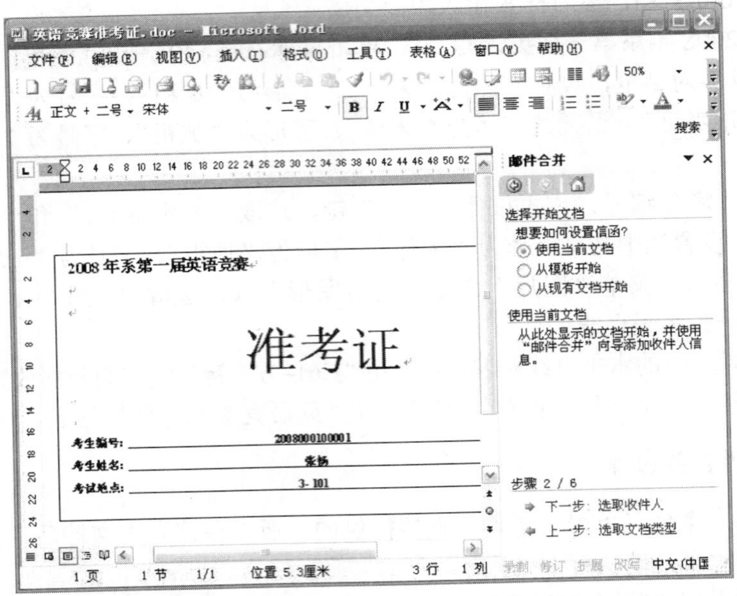

图 2-90 “邮件合并”任务窗格步骤 2

【知识链接】

我们还可以新建空白文档，直接开始邮件合并的工作，或者单击“从模板开始”或“从现有文档开始”，然后定位到要使用的模板或文档。

（4）连接数据源。

连接到数据文件，是邮件合并过程的第三个步骤，如图 2-91 所示。

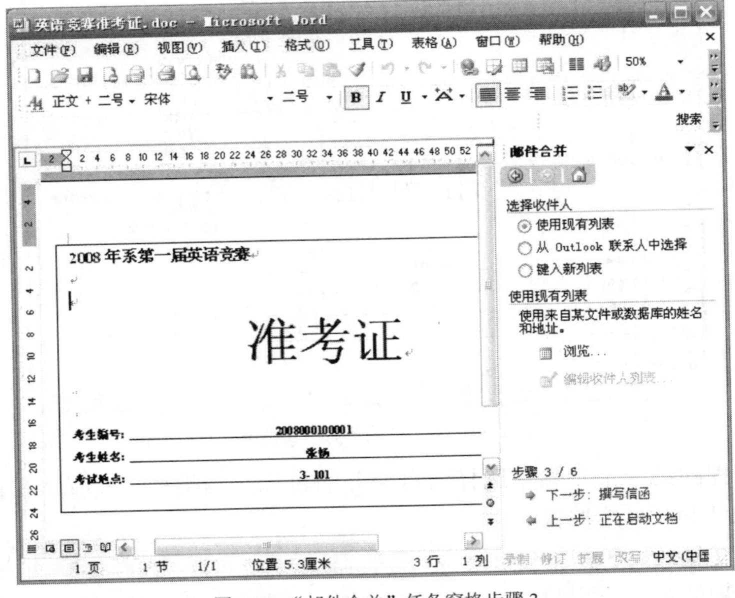

图 2-91 “邮件合并”任务窗格步骤 3

连接到数据文件的操作过程如下。

① 选择数据文件。在“选择收件人”处，选中“使用现有列表”项，然后单击“浏览...”，打开“选取数据源”对话框，如图 2-92 所示，选中 Excel 文档“考生名单表.xls”后，单击“打开”按钮。

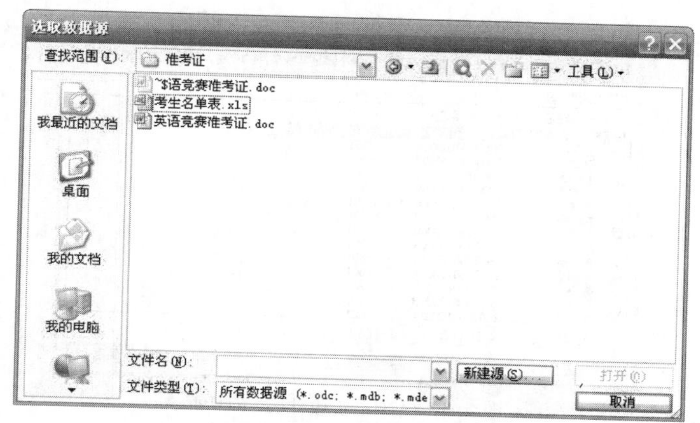

图 2-92 “选取数据源”对话框

【知识拓展】

如果没有数据文件，可以单击“键入新列表”，然后使用打开的窗体创建列表。该列表将被保存为可以重复使用的邮件数据库（.mdb）文件。

② 在数据文件中选择要使用的工作表和记录。在“选取表格”对话框中，选取第一项“Sheet1$”（Excel 工作表的 Sheet1），如图 2-93 所示，单击“确定”按钮。

图 2-93 “选取表格”对话框

③ 在数据文件中选择要使用的记录。如图 2-94 所示，单击“全选”，选取所有学生名单后，单击“确定”按钮。

④ 单击“邮件合并”任务窗格底部的“下一步”按钮。

【知识拓展】

在某些情况下，连接到某一特定数据文件并不表示必须将该数据文件中所有记录（行）信息合并到主文档，我们可以通过“邮件合并收件人”对话框只选取需要的记录。通过对列表进行排序或筛选可以为邮件合并选择记录子集，具体过程，可执行下列操作之一。

- 若要按升序或降序排列某列中的记录，则单击该列标题。
- 若要筛选列表，则单击包含要筛选值的列标题旁的箭头，然后单击所需的值。或者，如果列表很长，可以单击“(高级)”打开一个对话框来设置。单击“(空白)”可以只显示不含信息的记录，单击“(非空白)”可以只显示包含信息的记录。

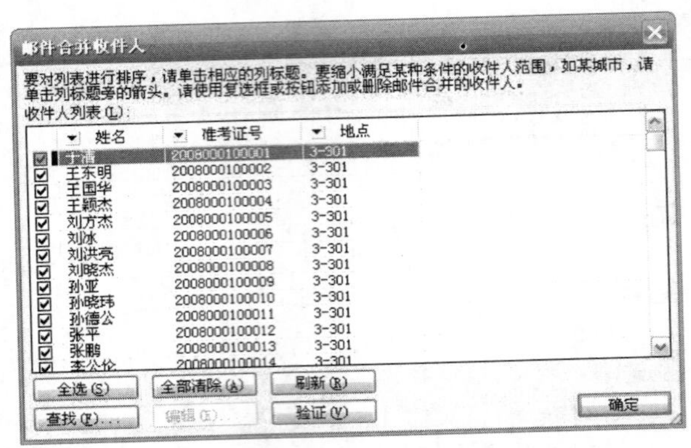

图 2-94 “邮件合并收件人”对话框

（5）添加域。

选择所需记录之后，就可以开始添加域了，这是邮件合并过程的第四个步骤，如图 2-95 所示。域是插入主文档中的占位符，在其上可显示唯一信息。单击任务窗格中的“其他项目”，可以添加与数据文件中任意列相匹配的域。在此，我们将“插入合并域”对话框中列出的“准考证号”、“姓名”和“地点”三项（见图 2-96），分别插入到主文档中恰当的位置。

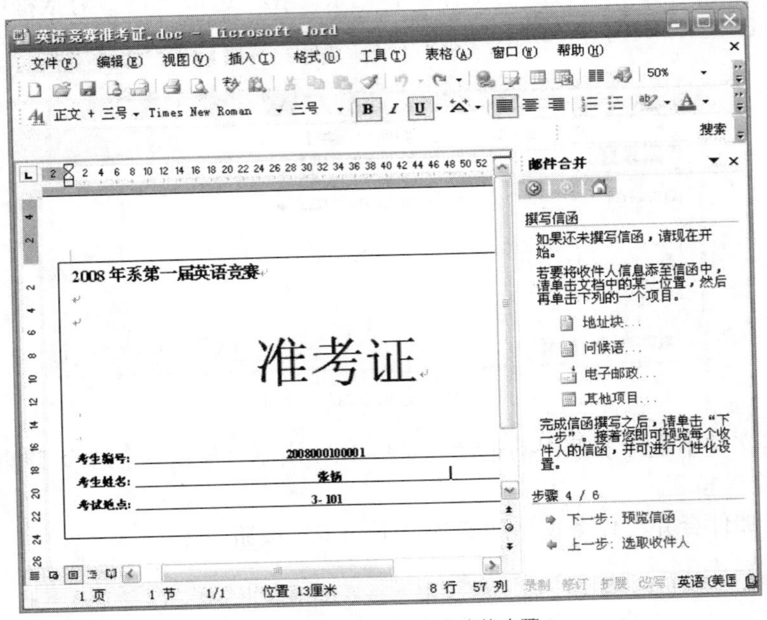

图 2-95 “邮件合并”任务窗格步骤 4

添加域后，主文档如图 2-97 所示。单击“邮件合并”任务窗格底部的“下一步”按钮就可以预览合并后的效果了。

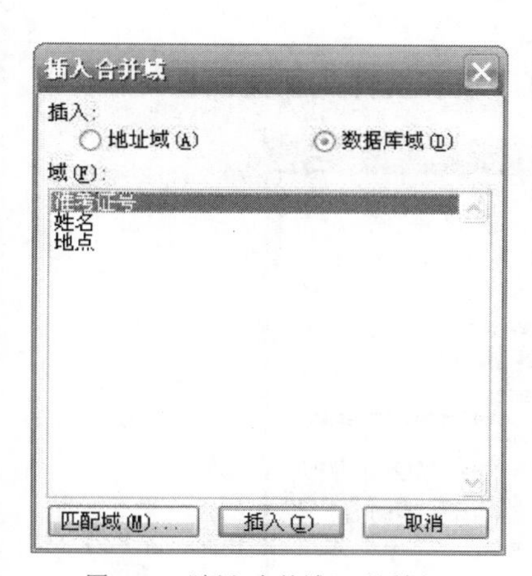

图 2-96 “插入合并域”对话框

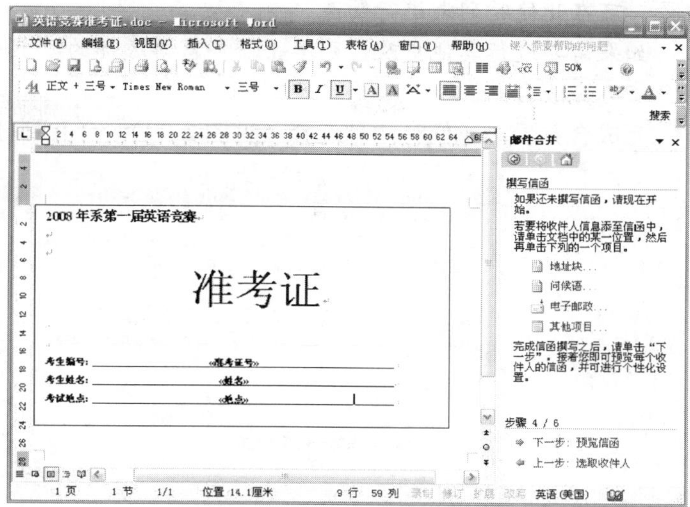

图 2-97　添加域后主文档效果图

（6）预览合并效果。

图 2-98 为预览窗口，我们可以使用任务窗格中的“下一页”和“上一页”按钮来浏览每一个合并文档，如果对合并结果满意，则单击任务窗格底部的“下一步”按钮。

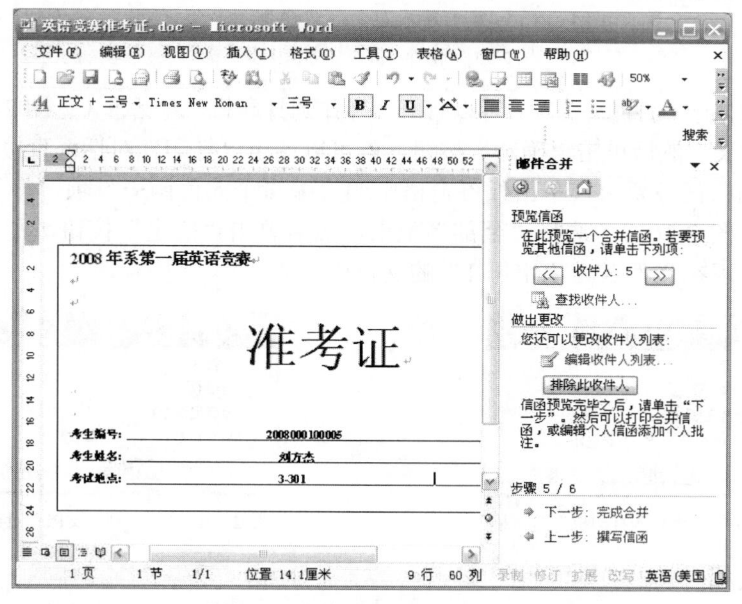

图 2-98 “邮件合并”任务窗格步骤 5

【知识链接】

通过单击“查找收件人”可预览特定的文档。

如果不希望包含正在查看的记录，则单击“排除此收件人”。

单击“编辑收件人列表”可以打开“邮件合并收件人”对话框，如果看到不需要包含的记录，可在此处对列表进行筛选。

如果需要进行其他更改，则单击任务窗格底部的“上一步”按钮后退一步或两步。

（7）完成合并。

完成合并后，我们有两种选择（见图 2-99）：合并到打印机和合并到新文档。

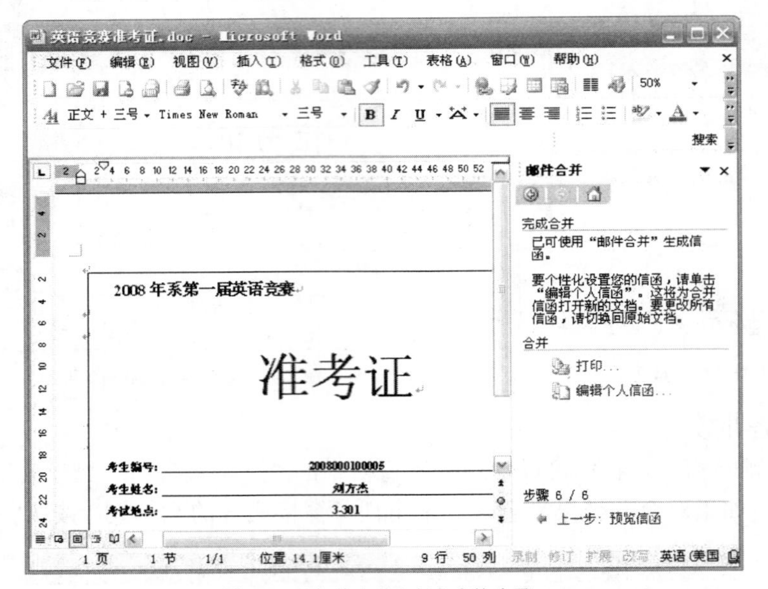

图 2-99 “邮件合并”任务窗格步骤 6

单击任务窗格中“打印…”项，可以打开“合并到打印机”对话框（见图 2-100），选择“全部”或者部分记录，然后单击“确定”按钮，就可以调出“打印”对话框直接打印准考证了。

在此，我们按任务要求，单击任务窗格中的“编辑个人信函…”项，打开“合并到新文档”对话框（见图 2-101）。选择“全部”记录，然后单击“确定”按钮，则合并生成的 135 份准考证，将出现在文件名为“字母 1”的文档中。

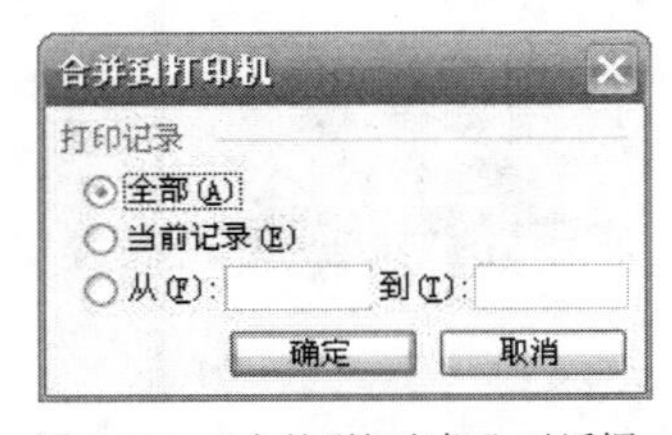

图 2-100 “合并到打印机”对话框

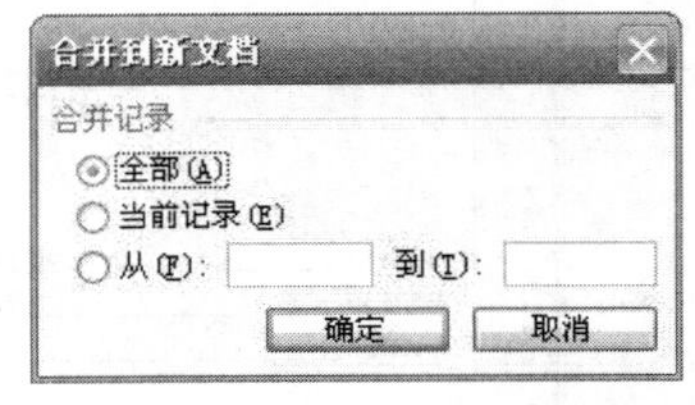

图 2-101 “合并到新文档”对话框

（8）保存文档。

保存的合并文档与主文档是分开的。为了将主文档用于其他的邮件合并，我们单独保存了主文档。

【知识链接】

保存主文档时，除了保存内容和域之外，还将保存与数据文件的连接。下次打开主文档时，将提示我们选择是否要将数据文件中的信息再次合并到主文档中。

如果单击“是”。则打开的文档将包含合并的第一条记录中的信息。如果打开任务窗格(“工具”菜单，“信函与邮件”子菜单，“邮件合并”命令），我们将处于“选择收件人”步骤。可以单击任务窗格中的超链接来修改数据文件以包含不同的记录集或连接到不同的数据文件。然后单击任务窗格底部的“下一步”按钮继续合并。

如果单击“否”，则将断开主文档和数据文件之间的连接。主文档将变成标准 Word 文档。

这么快就完成了 130 多张准考证的制作，老师大为赞赏小豹的工作效率，而小豹则在一旁偷着乐。

项目三　Excel 2003 的使用

任务一　制作一份成员汇总表

【任务目标】

- 熟悉 Excel 2003 的窗口组成
- 了解自定义工具栏的操作
- 掌握工作薄的创建方法
- 掌握数据的录入和编辑方法
- 掌握序列及自动填充的使用方法
- 了解自动套用格式的基本操作
- 掌握文件存储的相关操作

任务描述

朝阳集团人力资源部需要把来公司实习的人员资料用 Excel 2003 进行汇总（见图 3-1），并以 Excel 工作簿文件的形式存储、打印成表，发放给相关负责部门。

2009年朝阳集团实习人员汇总表

序号	编号	姓名	性别	出生年月	联系电话
1	0901	隋芷云	女	1988-10-6	18940054321
2	0902	邱少白	男	1987-2-13	15954545411
3	0903	邵美梅	女	1986-5-12	13901045371
4	0904	陈亚夫	男	1987-8-8	18940050521
5	0905	王鸣伟	男	1986-6-14	13901232049
6	0906	吕见友	男	1988-4-2	13701293699
7	0907	夏五常	男	1985-10-11	18940055921
8	0908	梁笑池	男	1987-5-18	18940056688
9	0909	车尚飞	女	1989-12-7	13301363308
10	0910	管柔柔	女	1987-4-9	13001180515

任务效果图

图 3-1　任务效果图

任务分析

在日常工作生活中，经常会利用各种各样的表格对数据进行处理。以往人们都是手工制作表格，这样不仅效率低，而且修改、统计和查询也很不方便。Excel 具有强大的表格制作、数据计算、数据分析、创建图表等功能，广泛应用于财务统计、行政管理、办公自动化以及家庭生活等领域。本任务将通过制作“2009 年朝阳集团实习人员汇总表”，介绍 Excel 2003 的操作界面，通过录入相关人员资料来学习数据输入的有关操作，如工作表的创建、数据输入和编辑保存等。

相关知识

1．Excel 2003 工作环境介绍

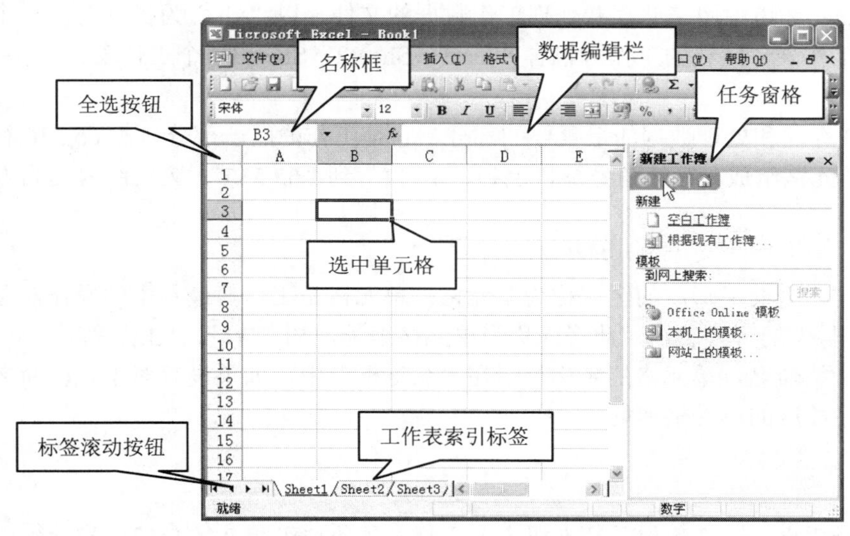

图 3-2　Excel 2003 窗口

Excel 2003 与 Word 2003 同属于 Office 办公软件中的一员，两者的工作界面大致相同，下面简单介绍 Excel 2003 工作窗口中较为独特的部分。

（1）名称框。

显示活动单元格的列行号或者单元格的名称，如图 3-2 所示，名称框中显示的正是活动单元格的行列号——“B3”。

（2）数据编辑栏。

数据编辑栏用来显示当前活动单元格的内容，使用者除了可以直接在单元格内修改数据外，还可以在数据编辑栏中修改。

（3）全选按钮。

单击此按钮，可以选取工作表内所有的单元格。

（4）活动单元格。

活动单元格就是正在使用的单元格，在其外边有一个黑色的方框。

（5）任务窗格。

第一次启动 Excel 时，在窗口的右方会显示一个新建工作簿的任务窗格，任务窗格内提供一些常用的操作功能。

（6）工作表索引标签。

每一个工作表标签代表一个工作表，使用者可以通过单击工作表标签来选取某一工作表。

（7）标签滚动按钮。

一个工作簿中可能包含大量工作表而使得工作表标签区域无法一次显示所有标签，利用标签滚动按钮可使显示区域外的工作表标签滚动到显示区域内。

2．Excel 2003 中常见的概念

（1）工作簿。

工作簿是指 Excel 环境中用来储存并处理工作数据的文件，以“xls”为扩展名。一个工作簿可包含若干个工作表，默认的工作簿包含 Sheet1、Sheet2、Sheet3 3 个工作表。

（2）工作表。

工作表是 Excel 存储和处理数据的最重要的部分，它是工作簿的一部分，由 65 536 行和 256 列相交生成的单元格组成。行的编号是自上到下从“1”到“65 536”，列的编号是自左到右从“A”到“IV”。

（3）单元格。

工作表中一行与一列交叉形成的区域称为单元格。单元格是工作簿最基本的操作对象，单元格用“列标+行号”的形式表示，此形式称为单元格地址，如“A1”、“B3”等。

我们可以为单元格命名，单元格的名称显示在“名称框”中，如果没有对单元格命名，则“名称框”中显示相应的单元格地址。

【知识链接】

工作表由单元格组成，工作簿由工作表组成。工作表是不能够独立保存的，它必须以集合的形式——工作簿保存。一旦删除了某张工作表，该工作表将无法恢复。

3．Excel 2003 的基本操作

（1）自定义工具栏。

在 Excel 窗口中，工具栏中的按钮可以帮助我们快捷地使用各种操作命令，因此创建适合自己工作需求的工具栏能够提高我们的工作效率。

① 执行“视图”→“工具栏”→“自定应”菜单命令或在工具栏上用鼠标右键单击“自定义”命令，出现自定义对话框，如图 3-3 所示。

② 在“工具栏”选项卡中，单击“新增”按钮，出现“新增工具栏”对话框。

③ 输入工具栏名称。

④ 单击“确定”按钮，出现“我的工具栏”。

⑤ 在“命令”选项卡中选择“另存为网页”按钮，直接拖动至“我的工具栏”上。

⑥ 单击“关闭”按钮，完成工具栏的自定义。

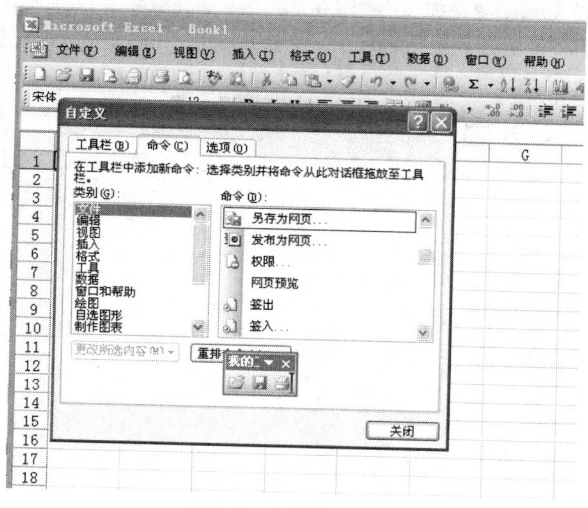

图 3-3　自定义工具栏

【知识链接】

将光标放在工具栏的最左边，光标形状会变为“✥”，此时可以拖动工具栏至其他位置。

（2）新建工作表。

单击“开始”→“程序”→“ Microsoft Office”→“Microsoft Excel 2003”命令，启动 Excel 程序。启动 Excel 后，将自动新建名为“Book1”的新工作薄。在默认状态下，Excel 为每个新建工作薄创建 3 张工作表，其中 Sheet1 为活动工作表。

【知识链接】

Excel 启动后会自动为每个工作簿创建 3 张工作表，工作表的数目是可以通过“工具”→“选项”→“常规”选项卡中的“新工作簿内的工作表数”进行增减的。

（3）输入数据。

在 Excel 中，每一个单元格内存放一个数据，可输入的数据格式包括文字、数值、函数等。

① 选取 A1 单元格，在单元格“名称框”中会显示当前地址。

② 输入“2009 年朝阳集团实习人员汇总表”，数据会同时出现在“编辑栏”中。

③ 输入完成后，按下“Enter”键，自动移到下一行单元格中。

④ 输入序号。

（4）选取单元格。

工作表是由单元格组成的，在执行单元格相关操作前，必须选定单元格，如图 3-4 所示。

操作说明：

① 单击某行的行号，可选择一行；

② 单击某列的列标，可选择一列；

③ 将光标放在欲选取的第一个单元格，按住鼠标左键并拖动，可选择连续单元格区域；

④ 若要选取不连续的区域，可以按住“Ctrl”键不放，单击或拖动鼠标左键选取相应的单元格。

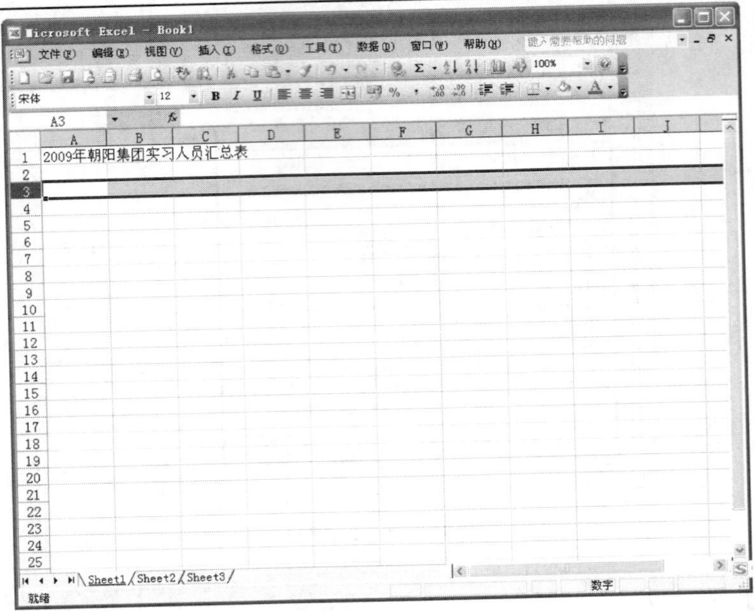

图 3-4 选取单元格

【知识拓展】

单击“全选”按钮或按下“Ctrl+A”组合键，可选取整个工作表内的所有单元格。

（5）修改、清除单元格数据。

输入数据后，如果发现错误或者想要修改数据，可先单击单元格，再单击编辑栏进行修改。清除单元格数据和删除单元格不同，前者是将单元格内的数据清除，单元格位置不变；后者是将单元格从工作表中删除。

操作说明：

① 选取 A1 至 A12 单元格；

② 执行“编辑”→“清除”→“全部”操作，如图 3-5 所示。

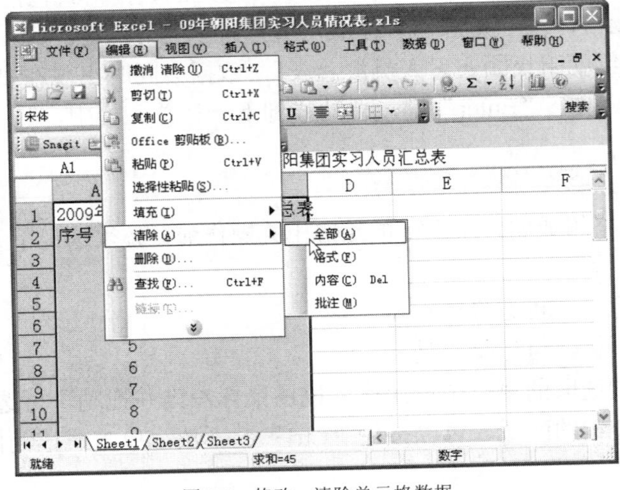

图 3-5 修改、清除单元格数据

【知识链接】

可以在选取单元格后双击该单元格，直接在单元格中修改文字。

可以按一下“Delete”键，清除单元格内容。

若想清除单元格的格式或批注，可以执行“编辑”→“清除”命令，再选择清除格式或批注。

（6）插入及删除单元格、行与列。

当完成一份工作表后，有时会感觉初始设计的表格结构存在问题，可以通过插入、删除等操作，轻松地修改表格结构。

操作说明：

① 单击行号“5”；

② 执行“插入”→“行”菜单命令，即在第4行与第5行之间新增了一行；

③ 选取E3至E12单元格；

④ 单击鼠标右键出现菜单，选择“删除”命令，如图3-6所示，出现“删除”对话框；

⑤ 单击删除整列；

⑥ 单击“确定”按钮；E列被删除，右侧的列会自动补上。

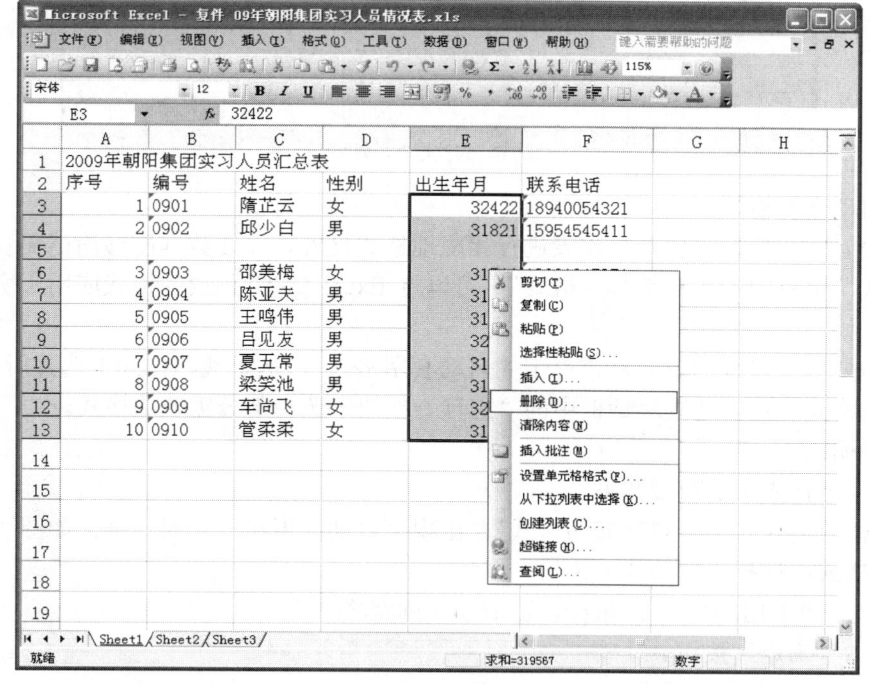

图3-6 插入、删除行、列

（7）调整列宽与行高。

在编辑工作表过程中，常会遇到单元格的宽度无法显示所输入数据的问题，或是为了表格的美观，需要我们进行行高与列宽的调整，如图3-7所示。

操作说明：

① 选取第 2～12 行；

② 单击鼠标右键或执行“格式”→“行”→“列”命令，出现“行高”对话框；

③ 在“行高”中输入“20”；

④ 单击“确定”按钮。

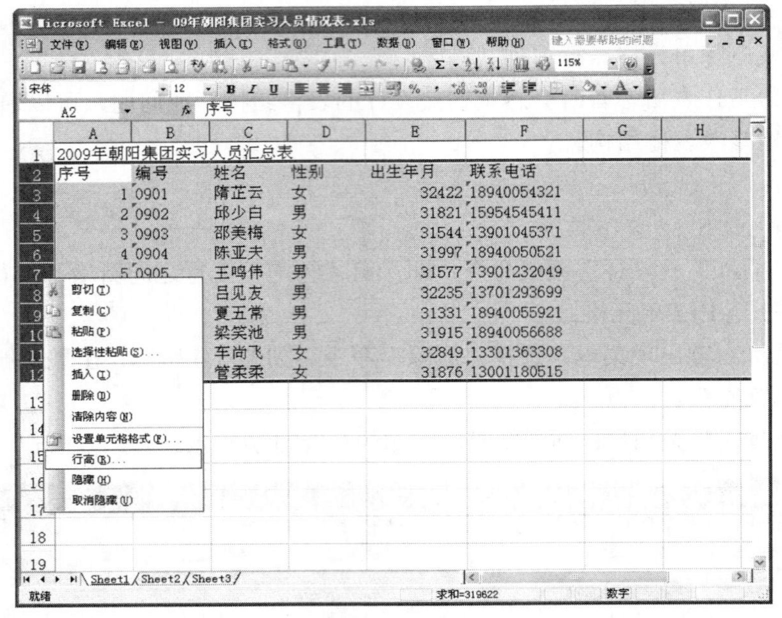

图 3-7 调整行高、列宽

（8）自动套用格式。

数据输入完毕后，需要对工作表进行相应地格式设置，以便数据能够简洁美观地呈现。使用“格式”菜单中的“自动套用格式”，可以将 Excel 2003 预设的格式应用于所选择的单元格。

选中需要应用格式的单元格，单击“自动套用格式”，从出现的样式中选择所需的格式。对于预设的格式，可以通过对话框中的“选项”按钮来选择部分需要的格式。

操作说明：

① 选择工作表中的有效数据；

② 单击“格式”→“自动套用格式”，出现“自动套用格式”对话框，如图 3-8 所示；

③ 从样式中选择“序列 3”；

④ 单击右侧的选项，单击鼠标左键取消“列宽/行高”；

⑤ 单击“确定”按钮。

（9）使用序列及自动填充。

在 Excel 2003 中输入一个序列，并不需要将数据逐一键入，Excel 提供了“自动填充”功能，可以快速地输入有序数据。

操作说明：

① 在“A1”单元格内输入“一月”；

② 将鼠标移动到位于单元格右下角的“填充柄”，鼠标变成“+”形状；

③ 按住鼠标左键拖动至“A12”单元格，单元格内会自动从二月填充到十二月；

④ 在“B12”单元格内输入“10”，选中“B12→F12”；

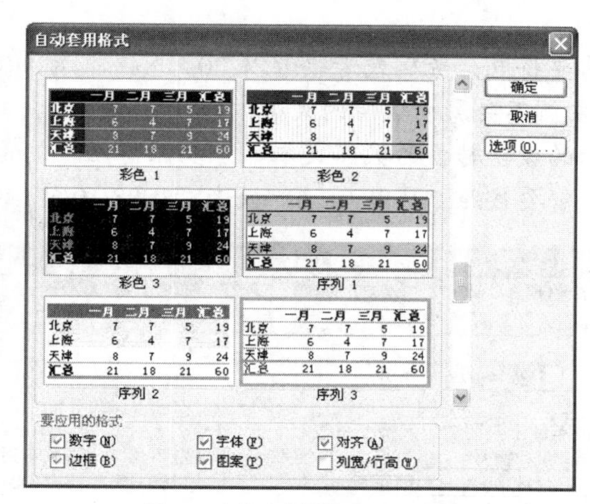

图 3-8 “自动套用格式”对话框

⑤ 执行“编辑”→“填充”→“序列”命令，在出现的对话框内的步长值中输入“2”，其他默认，如图 3-9 所示；

⑥ 单击“确定”按钮，“B12”至“F12”填充了一个连续的等差数列。

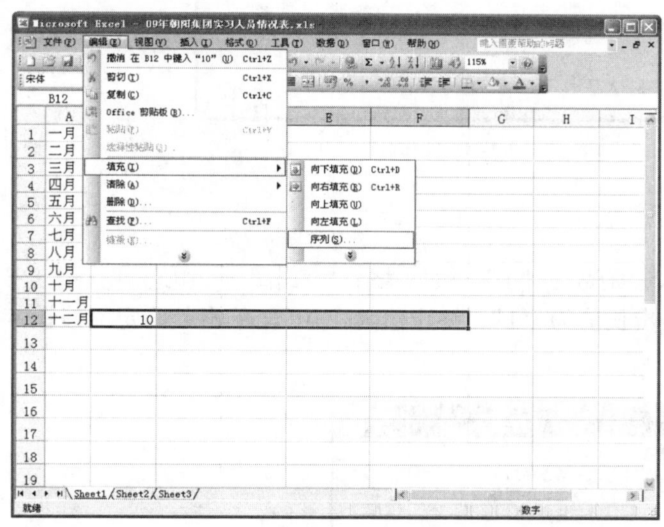

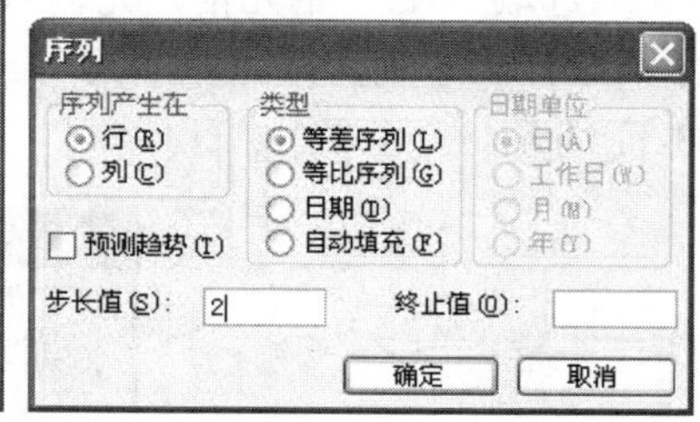

图 3-9　自动填充序列

任务实施

首先启动 Excel 2003，在新建的空白工作簿中的 Sheet1 工作表中输入相关信息。

1．录入标题

① 选定“A1”单元格，输入“2009 年朝阳集团实习人员汇总表”；

② 依次在“A2”至“F2”单元格内输入“序号”、“编号”、“姓名”、“性别”、“出生年月”、“联系电话”等内容。

【知识链接】

在数据输入中常常需要将电话号码或者编号以“0××××××”的形式输入，但是在数值中“0”位于整数的最左侧不会影响数值的大小，会被自动消除。通过添加英文单引号“'”在数值前，将有大小概念的数值转换为数字文本，可以保留住左侧的“0”，如图 3-10 所示。

出生年月的日期格式需要按照“1988-10-6”或者“1988/10/6”的样式输入。

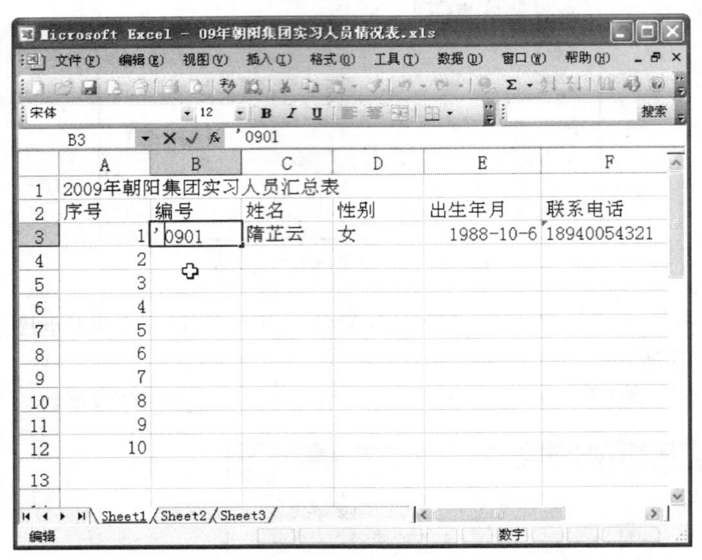

图 3-10　数字文本的输入

2．填充序列

① 选取“A3”单元格，先输入起始数字“1”，然后执行“编辑”→“填充”→“序列”命令，选择“序列”产生在“列”、步长值为“1”、终止值为“10”，单击“确定”按钮，如图 3-11 所示。

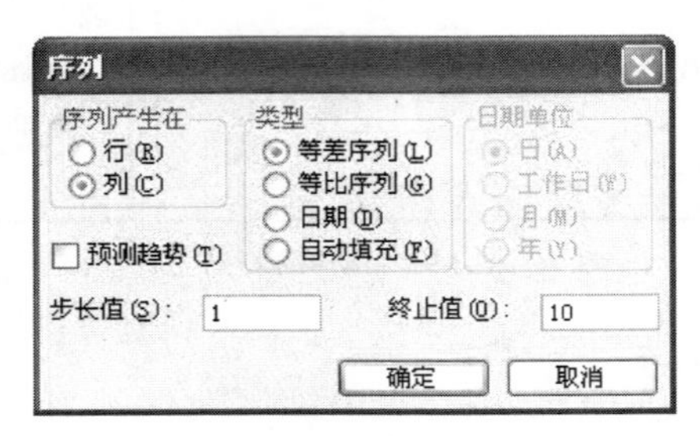

图 3-11　“序列”对话框

② 选定“B3”单元格，先输入一个英文单引号“'”，再输入数字“0901”，将鼠标移至“B3”单元格右下角的“填充柄”，此时鼠标会变成“＋”形状，向下拖动至“B12”单元格，如图 3-12 所示，单元格内将填满“0901”到“0910”的数字。

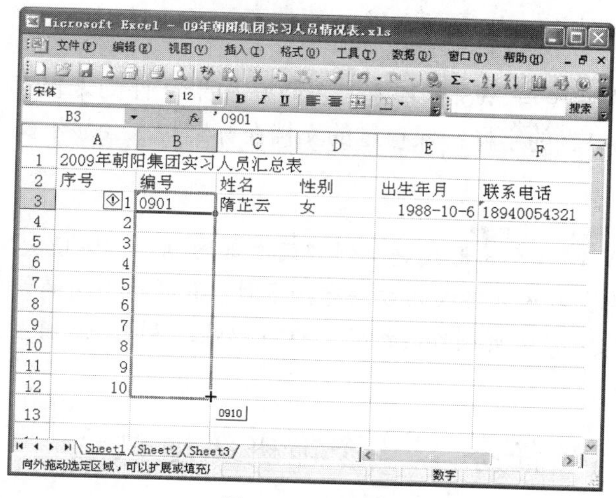

图 3-12　填充序列

3．输入数据

① 在“C3”至“C12”单元格区域内输入实习人员姓名。
② 在“D3”至“D12”单元格区域内输入性别。
③ 在“E3”至“E12”单元格区域内输入年龄。
④ 在“F3”至“F12”单元格区域内输入联系电话。

4．自动套用格式

① 选取包含数据的区域“A1”到“F12”，单击“格式”菜单”中的“自动套用格式”，选择“序列 3”样式。

② 单击“选项”按钮，在对话框下方出现可以应用的格式选项，鼠标左键单击取消“列宽/行高”，保持原有的列宽与行高。

③ 单击“确定”按钮，应用格式，如图 3-13 所示。

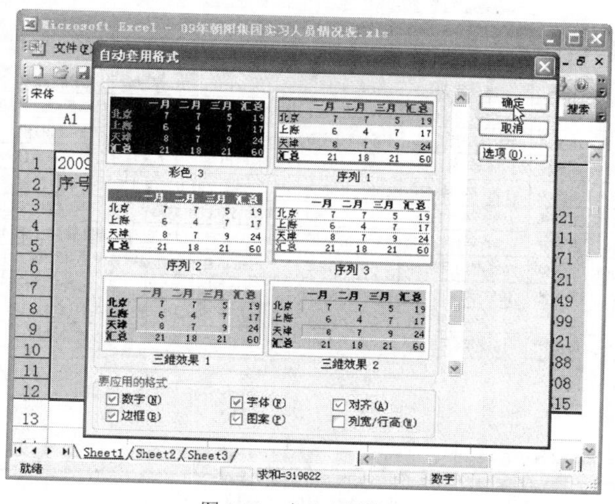

图 3-13　自动套用格式

5．保存文件

Excel 保存文件的方式与 Word 基本上一致。如果文件尚未保存，则标题栏上会呈现“Microsoft Excel – Book1”的字样；保存过的文档在标题栏上会显示文件名称。

【知识拓展】

可以将结果保存成 Web 页的形式更新到部门内部网站上，方便大家共享、交流、联系。将 Excel 工作表转换为网页格式的方法有很多种，最简单易用的是使用“文件”中的“另存为网页”命令，即使没有网页制作的经验，也可以快速利用 Excel 生成网页文件。

任务二　修饰班级通讯录

【学习目标】

- 熟练掌握单元格格式的设置
- 熟练掌握工作表格式的设置
- 熟练掌握查找与替换操作
- 了解样式的使用

任务描述

大学某班同学为了方便大家交流，设计了该班同学的通讯录，准备在录入数据后，打印出来，发放给任课教师和同学。为使表格美观大方，需要对通讯录进行修饰。图 3-14 所示为任务效果。

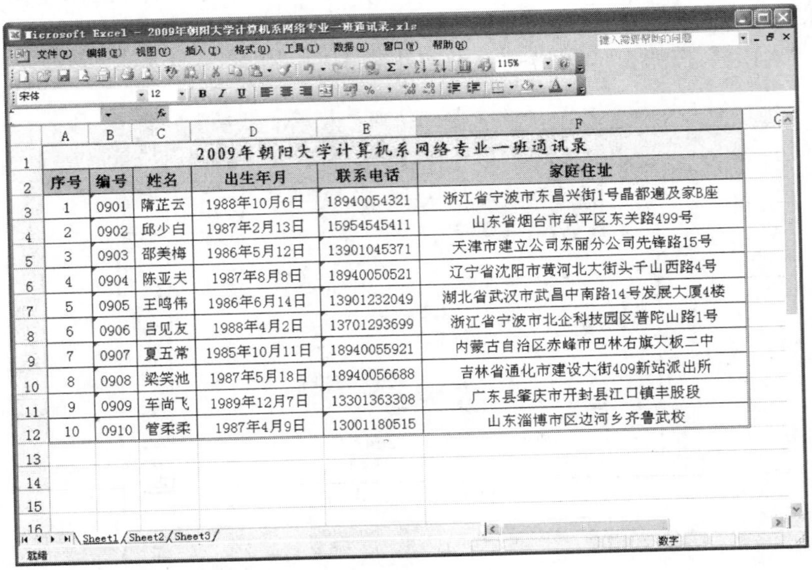

2009年朝阳大学计算机系网络专业一班通讯录

序号	编号	姓名	出生年月	联系电话	家庭住址
1	0901	隋芷云	1988年10月6日	18940054321	浙江省宁波市东昌兴街1号晶都遍及家B座
2	0902	邱少白	1987年2月13日	15954545411	山东省烟台市牟平区东关路499号
3	0903	邵美梅	1986年5月12日	13901045371	天津市建立公司东丽分公司先锋路15号
4	0904	陈亚夫	1987年8月8日	18940050521	辽宁省沈阳市黄河北大街头千山西路4号
5	0905	王鸣伟	1986年6月14日	13901232049	湖北省武汉市武昌中南路14号发展大厦4楼
6	0906	吕见友	1988年4月2日	13701293699	浙江省宁波市北企科技园区普陀山路1号
7	0907	夏五常	1985年10月11日	18940055921	内蒙古自治区赤峰市巴林右旗大板二中
8	0908	梁笑池	1987年5月18日	18940056688	吉林省通化市建设大街409新站派出所
9	0909	车尚飞	1989年12月7日	13301363308	广东县肇庆市开封县江口镇丰股段
10	0910	管柔柔	1987年4月9日	13001180515	山东淄博市区边河乡齐鲁武校

图 3-14　任务效果图

任务分析

当制作好一份工作表后，需要打印出来或以电子文档的形式进行分发，通过 Excel 2003 提供的格式设定，可以使工作表多姿多彩，工作更出彩。

通过对本任务的学习，能够使学习者对 Excel 单元格和工作表的格式设置有较为详细地了解，从而设计出美观大方的表格。

相关知识

1．常见的概念

（1）数字格式。

Excel 中的数据有多种格式，其中数字的格式就分为数值、货币、会计专用、日期时间、分数、科学计数法等。

（2）合并单元格。

合并单元格是指将多个相邻的单元格合并为一个单元格的操作。如果要合并的多个单元格中都有数据，合并后将只保留最左上角的单元格中的数据。

（3）跨列居中。

此格式属于单元格对齐中“水平对齐”中的格式之一，可以在不破坏单元格原有序列的情况下，使单元格中的数据跨多列居中。

2．设定工作表格式的基本操作

（1）设定字体格式。

Excel 2003 中可以通过对字体格式的设定，使表格数据美观而清晰，设定方法如图 3-15 所示。

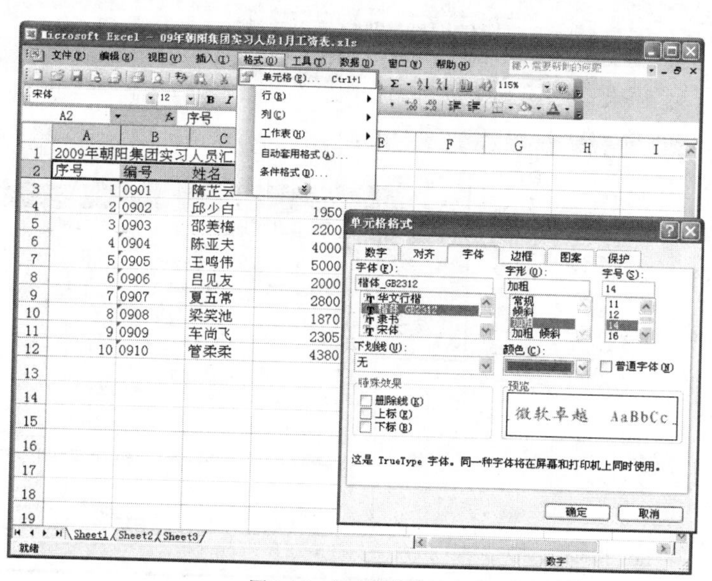

图 3-15　设定字体格式

操作说明：

① 选取“A2”至“D2”区域的单元格；

② 执行“格式”→“单元格”命令，出现“单元格格式”对话框；

③ 单击“字体”选项卡；

④ 在“字体”中选择“楷体-GB2312”；

⑤ 在“字型”中选择“粗体”；

⑥ 在“字号”中选择“14”；

⑦ 在“颜色”下拉列表中选择“深绿”；

⑧ 单击“确定”按钮，完成设定。

【知识拓展】

Excel与Word的字体格式设置基本相同。

如要还原成系统预设单元格字体格式，只需在“字体”选项卡中勾选“普通字体”；“编辑”菜单中的“清除”→“格式”命令也可以完成这一操作。

（2）设定数字格式。

Excel常被用来制作包含各种数字的报表，如工资表、年度情况表等，因此除了文字的设定外，设定适当的数字格式，能使得数字间的差异更加清晰，方便阅读。

操作说明：

① 选取“D3:D12”单元格；

② 执行“格式”→“单元格”菜单命令，出现“单元格格式”对话框；

③ 单击“数字”选项卡；

④ 在“分类”列表中选择“货币”，如图3-16所示，“分类”列表中还可以设定多种数字格式；

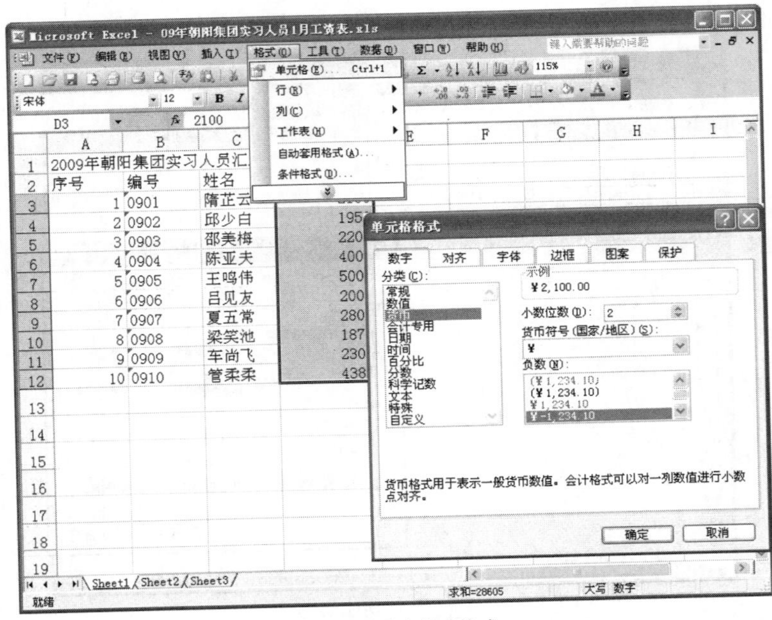

图3-16 设定数字格式

⑤ 选择小数位数为“2”；

⑥ 选择“货币符号”为“￥”；

⑦ 选择“负数表示方式”；

⑧ 单击“确定”按钮，设定完毕。

（3）合并单元格。

合并单元格可以快速地将多个连续单元格合并成一个单元格，从而达到美化工作表及完整呈现数据内容的效果；而且将多个单元格合并成单个单元格后，也使得单元格的格式设置更为简便。

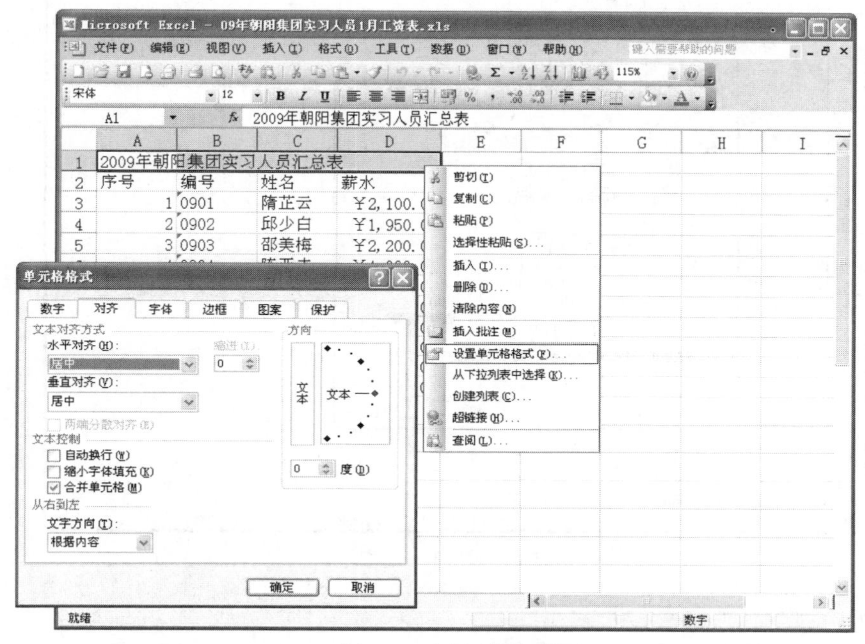

图 3-17　合并居中单元格

操作说明：

① 选取“A1:D1”单元格；

② 单击鼠标右键，在弹出式菜单中选择“设置单元格格式”命令，或执行“格式”→“单元格”菜单命令，出现“单元格格式”对话框，如图 3-17 所示；

③ 选择“对齐”选项卡；

④ 在“水平对齐”下拉列表中，选择文字对齐方式为“居中”；

⑤ 在“垂直对齐”下拉列表中，选择文字对齐方式为“居中”；

⑥ 在“文本控制”中，勾选“合并单元格”；

⑦ 单击“确定”按钮执行。

“A1:D1”单元格合并为单一单元格，单元格中内容居中对齐。

【知识链接】

在“格式”工具栏上单击“合并及居中”按钮，所选取的单元格将合并为单个单元格，单元格中内容居中对齐。

（4）设定单元格框线。

Excel 中的灰色网格线可以方便用户在单元格中进行数据输入，但不能显示在打印的纸质文档中，因此需要在工作表中加上框线来分隔数据，从而让打印出的数据更明显，使工作表更有条理。

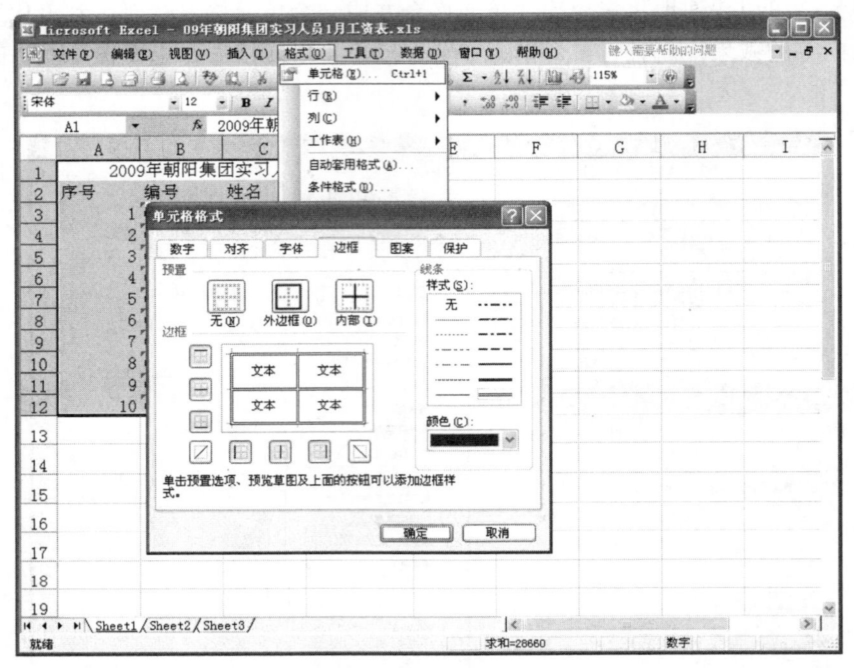

图 3-18 设定单元格框线

操作说明：

① 选取“A1”至“D12”单元格区域；

② 执行“格式”→“单元格”菜单命令，出现“单元格格式”对话框，如图 3-18 所示；

③ 单击“边框”选项卡；

④ 在“颜色”下拉列表中，选择“蓝色”；

⑤ 在“样式”中，选择“双线条”；

⑥ 单击格式项目中的“外边框”按钮；

⑦ 单击格式项目中的“内部”按钮；

⑧ 单击“确定”按钮，设置完毕。

【知识链接】

执行“视图”→“工具栏”→“边框”菜单命令，打开“边框”工具栏，可以启用与 Word 相同的手绘功能。

（5）设置单元格底纹。

对于工作表中的标题或重要数据，可以在该单元格中加上各种图样的底纹，用以标识重点或加强美感。

操作说明：

① 选取“C3”至“C12”单元格区域；

② 执行“格式”→“单元格”菜单命令，出现“单元格格式”对话框，如图 3-19 所示；

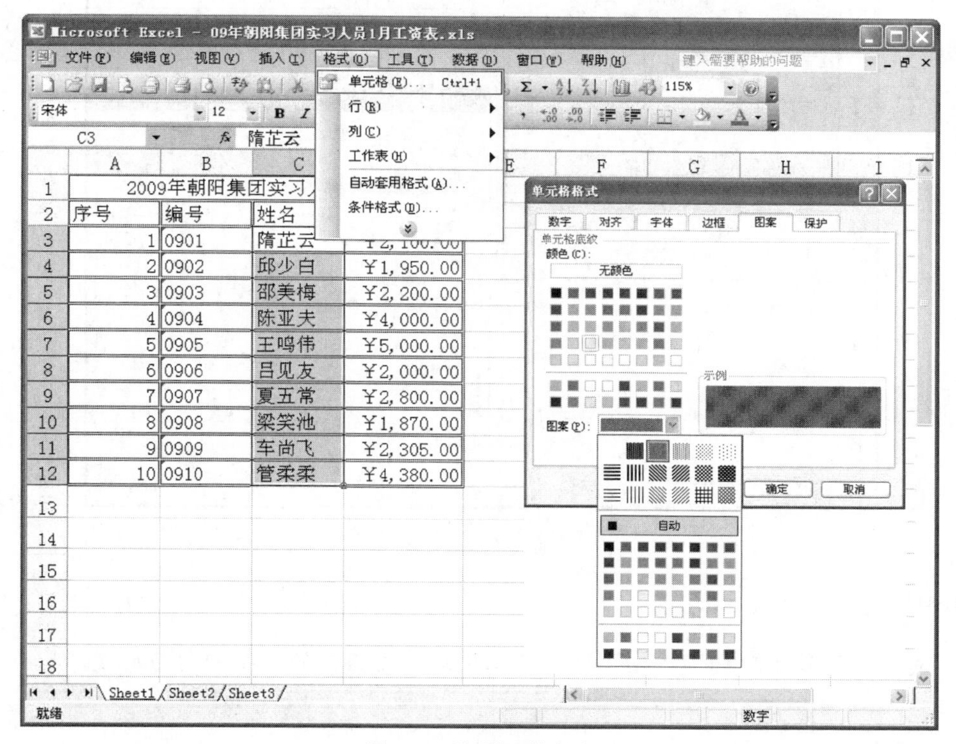

图 3-19　设置单元格底纹

③ 选择“图案”选项卡；

④ 在“颜色”列表中，选择“浅黄”，设定成单元格的底纹颜色；在“图案”列表中，选择“50%灰色”；

⑤ 单击“确定”按钮；

⑥ 选取“D3”至“D12”单元格区域；

⑦ 在“格式”工具栏上单击“填充颜色” 按钮旁的下拉列表，选择“鲜绿”，完成单元格底纹的设定。

（6）设定单元格对齐方式。

指定文字在单元格中的对齐方式，可以使整个工作表看起来井然有序，更加美观。

操作说明：

① 选取“A2”至“D12”单元格区域；

② 执行“格式”→“单元格”菜单命令，出现“单元格格式”对话框，如图 3-20 所示；

③ 选取“对齐”选项卡；

④ 在“水平对齐”和“垂直对齐”下拉列表中，选择文字对齐方式为“居中”；

⑥ 单击“确定”按钮，设定完毕，选取的单元格中的数据全部居中对齐。

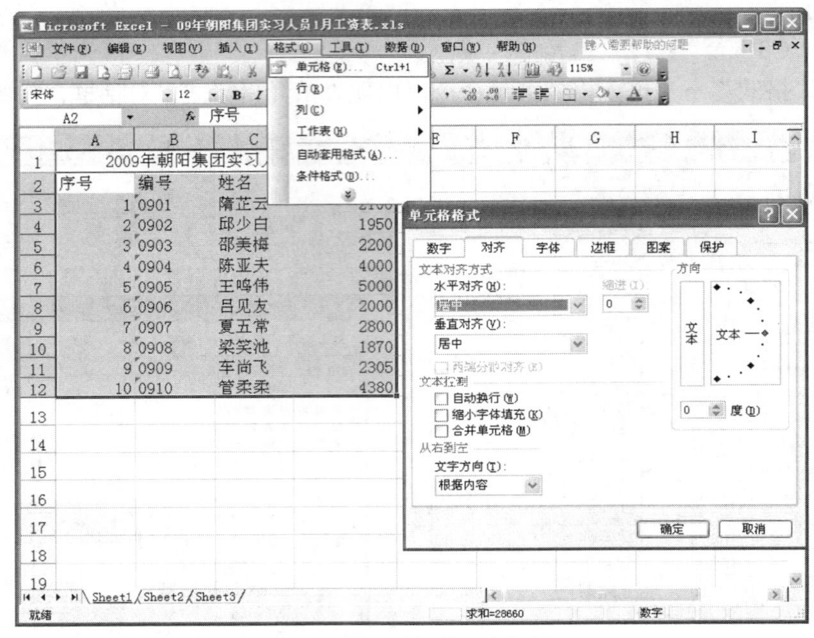

图 3-20　设置单元格对齐方式

【知识拓展】

在“对齐”选项卡中的“方向”区，可以设定单元格内的文字方向与角度。

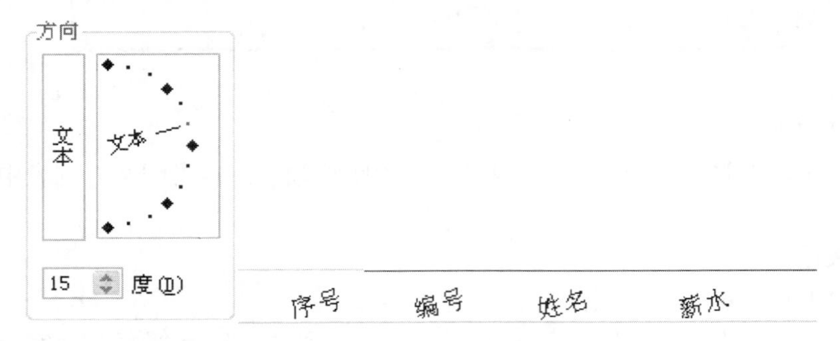

（7）使用条件格式。

Excel 条件格式功能可以对每个单元格作详细的条件设定。根据所设定的条件，将符合条件的单元格以特定的格式显示，随着单元格内容的改变，显示的格式也将动态调整。

操作说明：

① 选定“D3”至“D12”单元格区域；

② 执行“格式”→“条件格式”菜单命令，出现“条件格式”对话框，如图 3-21 所示；

③ 在“条件 1（1）”的第一个下拉列表中，选择“单元格数值”；

④ 在中间的下拉列表中选择“大于”作为逻辑条件；

⑤ 在右边的文本框中输入“2 000”；

⑥ 单击“格式”按钮，出现“单元格格式”对话框；

⑦ 选择“图案”选项卡；

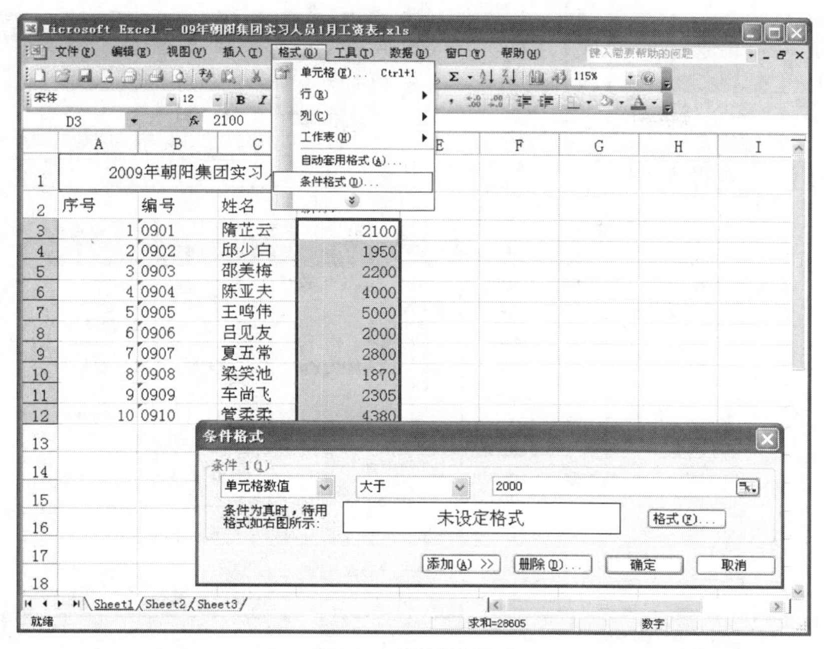

图 3-21　使用条件格式

⑧ 在“颜色”列表中，选择“橙色”；

⑨ 单击“确定”按钮，回到“条件格式”对话框；

⑩ 单击“确定”按钮，显示设定格式的结果，选定的单元格（薪水列）中大于 2 000 的单元格均用橙色底纹标注。

【知识链接】

在“条件格式”对话框中，单击“添加”按钮，可以再设定第二个条件，最多可以设定 3 个条件。要删除其中的一个设定，单击“删除”按钮，选取要删除的条件即可。

任务实施

下面利用对以上学习的知识，对“2009 年朝阳大学计算机系网络专业一班通讯录”的内容进行修饰。

1．标题合并居中

① 选定“A1”至“F1”单元格区域。

② 执行“格式”→“单元格”命令，单击“字体”选项卡，设定字体为“楷体_GB2312”、字型为“加粗”、字号为“14”，如图 3-22 所示，单击“确定”按钮。

③ 单击工具栏中的“合并及居中”按钮，标题在“A”列至“F”列合并居中。

④ 单击工具栏中的“填充颜色”按钮，填充颜色选为“浅绿”。

2．设定标题行

① 选择“A2”至“F2”单元格区域。

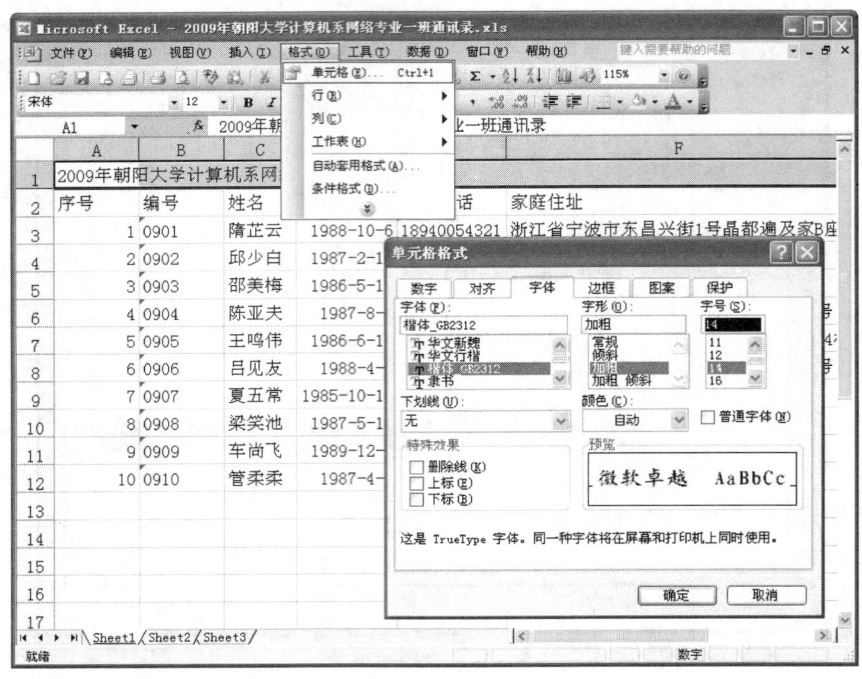

图 3-22　设置标题

② 单击工具栏中的“加粗” **B** 按钮，然后单击右侧的“居中”按钮。

③ 单击工具栏中的“填充颜色”按钮，填充颜色选为“金色”设定完成的效果如图 3-23 所示。

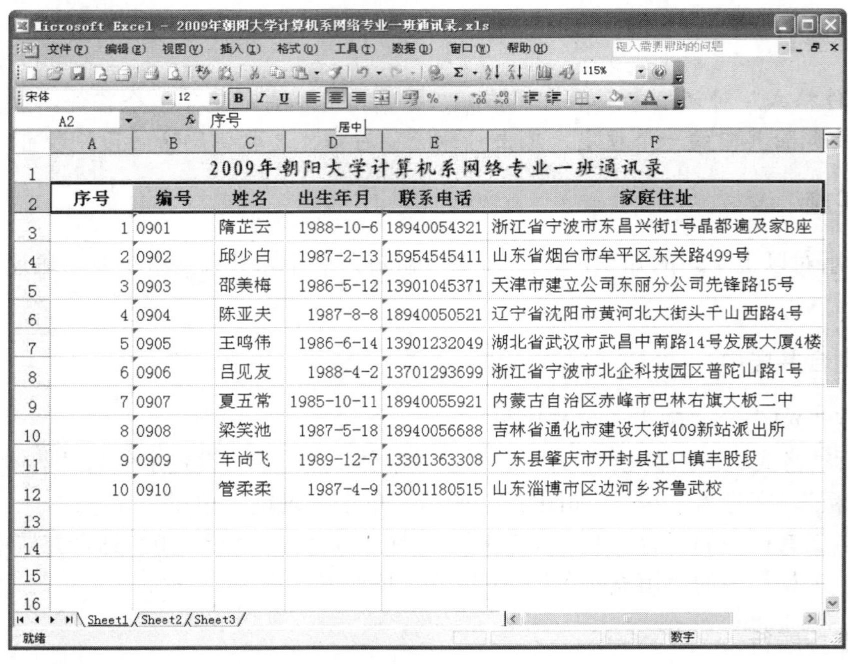

图 3-23　填充序列

3．设定数据格式

① 选中“D3”至“D12”单元格区域。
② 单击“格式”→“单元格”命令，出现“单元格格式”对话框。
③ 选中“日期”中的“2001 年 3 月 4 日”样式，单击“确定”按钮。
④ 选中“A3：F12”单元格。
⑤ 单击工具栏上的“居中”按钮。
⑥ 执行“格式”→“列”→“最适合的列宽”命令，如图 3-24 所示。

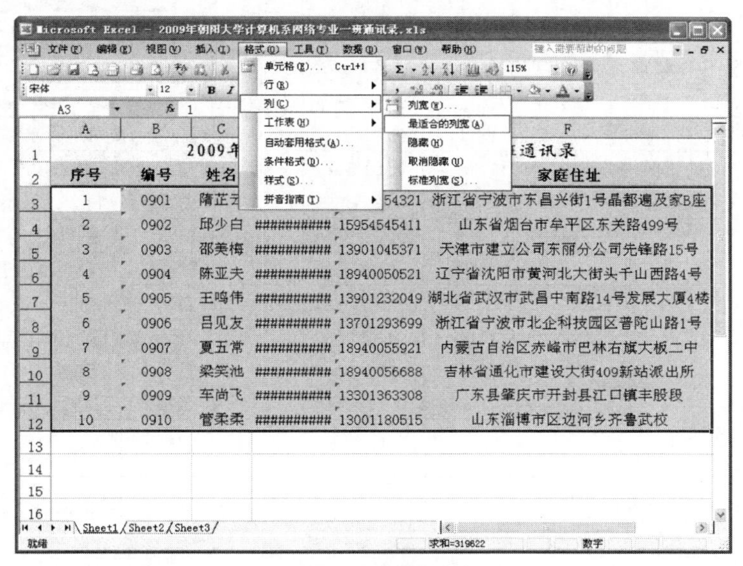

图 3-24　设定数据格式

【知识链接】

在调整列宽过程中，如果单元格数据变为“########”形式，则表示该单元数据长度超过单元格的宽度，只要适当增大列宽，就能将其正确显示。

要设置最合适的列宽，也可将鼠标指针移动至两列的交线处，鼠标指针变为“ ”样式，此时双击鼠标便可以了。

4．添加边框、设定行高

① 选取数据区域“A1”到“F12”，执行“格式”菜单”中的“单元格”命令，选择“边框”选项卡。

② 在“线条”中选择样式为“ ”，在“颜色”中选择“红色”，单击“预置”中的“外边框”，如图 3-25 所示。

③ 在“线条”中选择样式为“ ”，在“颜色”中选择“黑色”，单击“预置”中的“内边框”。

④ 单击“确定”按钮。

图 3-25　添加边框

⑤ 选中“1”至“12”行，在行号上单击鼠标右键出现快捷菜单，点选“行高”命令。

⑥ 在出现的“行高”对话框中，输入“20”，如图 3-26 所示，单击“确定”按钮，设定完毕。

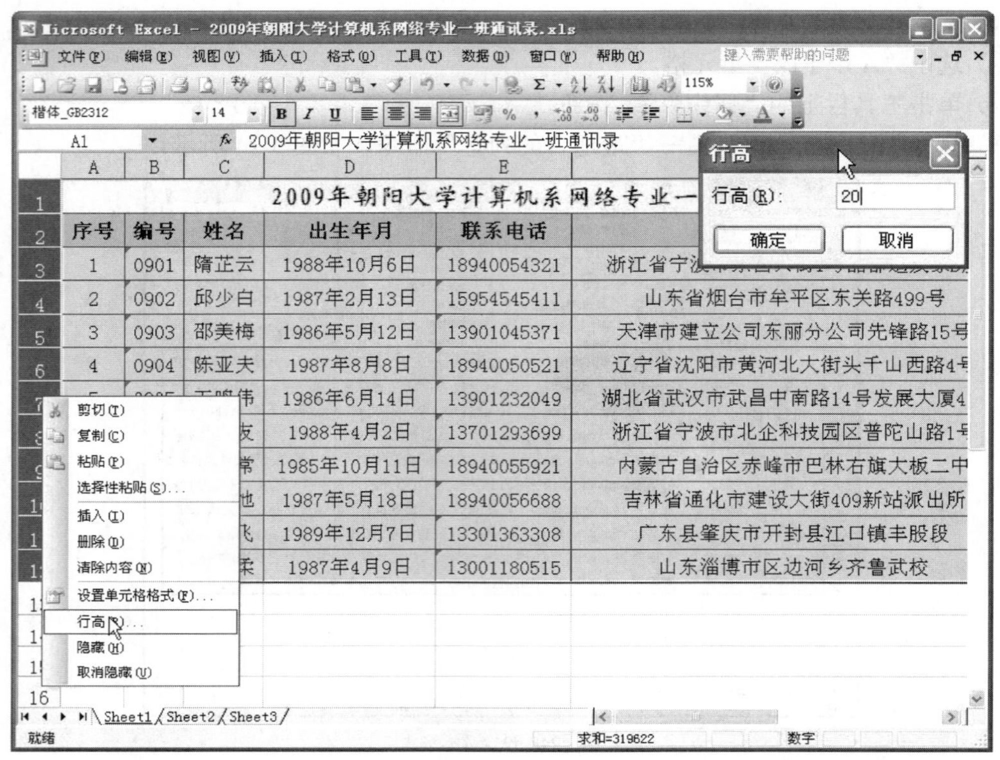

图 3-26 设定行高

任务三 汇总和统计公司业绩表数据

【学习目标】

- 熟练掌握工作表的查看操作
- 熟练掌握工作表的相关操作
- 熟练掌握工作表的版面设置
- 熟练掌握工作表的打印设置

任务描述

某公司对 2008 年的业绩表进行了汇总，对汇总后的工作表进行复制，并为几天后举行的年终报告进行演示准备，同时要求独立打印各地的营业额，以方便做年终总结报告时使用。任务效果图如图 3-27 所示。

Microsoft Excel - 朝阳股份有限公司2008年业绩表.xls

朝阳股份有限公司

2008 国内各营业处销售业绩表

营业处	销售分析	第一季	第二季	第三季	第四季	年度合计
北京	销售量	520	600	470	500	2090
	销售目标	500	630	490	660	2280
	销售百分比	104.00%	95.24%	95.92%	75.76%	91.67%
上海	销售量	380	490	550	610	2030
	销售目标	410	550	700	650	2310
	销售百分比	92.68%	89.09%	78.57%	93.85%	87.88%
深圳	销售量	470	560	520	680	2230
	销售目标	490	630	480	580	2180
	销售百分比	95.92%	88.89%	108.33%	117.24%	102.29%
南京	销售量	500	451	714	600	2265
	销售目标	490	460	720	650	2320
	销售百分比	102.04%	98.04%	99.17%	92.31%	97.63%
总计	销售量	1870	2101	2254	2390	8615
	销售目标	1890	2270	2390	2540	9090
	销售百分比	98.94%	92.56%	94.31%	94.09%	94.77%

图 3-27　任务效果图

任务分析

建立工作簿后，对工作表进行编辑修改及相关设置，是后续统计分析数据及建立图表的基础。能够根据不同的要求打印 Excel 工作簿中的数据，是日常工作学习中必备的技能。

通过对本节内容的学习，可以使学生对 Excel 工作表的操作以及打印有较全面的了解。

相关知识

1．常见概念

（1）冻结窗格。

在制作 Excel 表格时，如行数较多，向下滚屏会造成标题行隐藏，在编辑数据时难以分清各列数据对应的标题，在冻结了标题行后，被冻结的标题行总显示在最上方，大大增强了表格编辑与查看的直观性。

（2）固定标题。

在打印多页 Excel 数据表格时给每页自动重复添加标题。

2．工作簿管理与版面设置的基本操作

（1）使用冻结窗格。

工作表数据有时分布在相隔较远的单元格中，使得数据不易相互对照，Excel 提供“冻结窗格”的功能，将工作表内某些列与行冻结，让您在使用工作表时，特定数据不会随着滚动条的移动而消失。

操作说明：

① 选取“C4”单元格；

② 执行“窗口”→“冻结窗格”菜单命令，如图 3-28 所示；

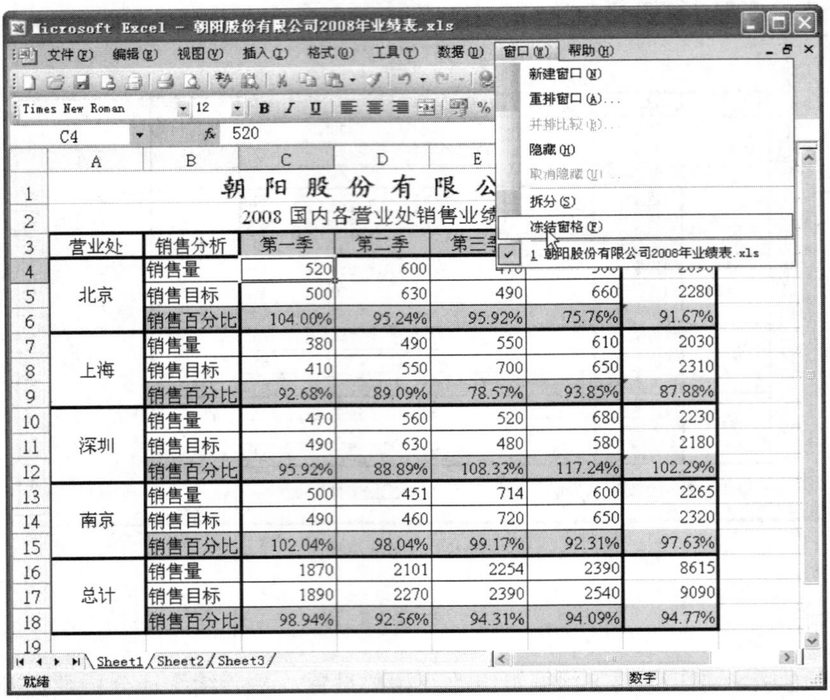

图 3-28　冻结窗格

③ 向下拖动“垂直”滚动条至第 10 行，第一行到第三行的数据不会随滚动条的移动而改变；

④ 向右拖动“水平”滚动条至 D 列，第一、二列的数据不会随滚动条的移动而改变；

⑤ 示例工作表中 A、B 列及第 1 至 3 行都已被冻结。

【知识链接】

执行“冻结窗格”后，Excel 会将所选取的单元格设为基准，在此单元格上方与左方的列行中的单元格都会被冻结。

冻结窗格并不会影响打印结果。

执行“窗口”→“取消冻结窗格”命令，可取消窗格的冻结设定。

若只想冻结列而不冻结行，则在选定单元格时必须选取该列的第一行位置；反之，若只想冻结行而不冻结列，则在选定单元格时必须选取该行的第一列。

（2）新增、删除工作表。

新建的工作簿，系统默认预设 3 张工作表，用户可以根据自己的需要在 Excel 中自行增加或删除工作表。

操作说明：

① 选取要新增工作表位置右侧的工作表；

② 执行“插入”→“工作表”菜单命令，或在工作表标签上单击鼠标右键，选择“插入”命令；

③ 新增一张空白工作表；

④ 选取要删除的工作表；

⑤ 执行“编辑”→“删除工作表”菜单命令；

⑥ 单击“确定”按钮，工作表删除，如图 3-29 所示。

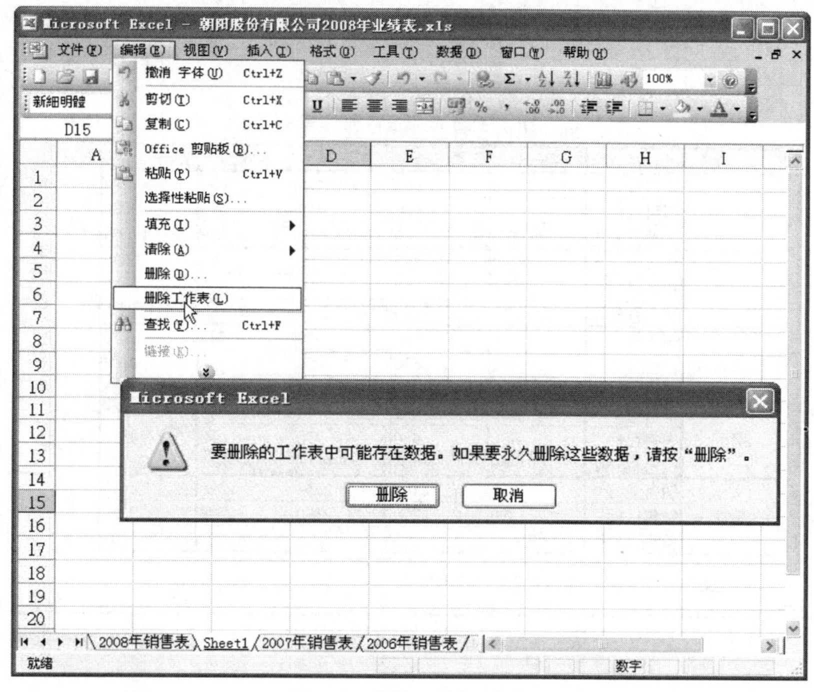

图 3-29　新增、删除工作表

【知识拓展】

如果需要一次添加多张工作表或者删除多张工作表，则在选中多张工作表后，按照上述的操作进行，此时 Excel 窗口标题栏会显示“工作组”字样。工作表一旦删除，无法恢复。

（3）移动、复制工作表。

在管理工作表时，可以根据需要移动工作簿中的某一张工作表至其他位置。复制工作是将已有的工作表复制为多份工作表的操作。

操作说明：

① 将光标移动至“2008 年销售表”标签上；

② 按住鼠标左键，此时光标会变成“ ”形状，拖动其至适当位置，放开鼠标左键，如图 3-30 所示；

③ 工作表“2008 年销售表”已经被移至中间；

④ 将光标再次移动至“2008 年业绩表”标签上；

⑤ 按住“CTRL”键和鼠标左键，此时光标会变成带加号的“ ”形状，拖动其至适当位置，再放开鼠标左键；

⑥ 工作表“2008 年业绩表”已经被复制，复制出的工作表默认名称为“2008 年销售表（2）”。

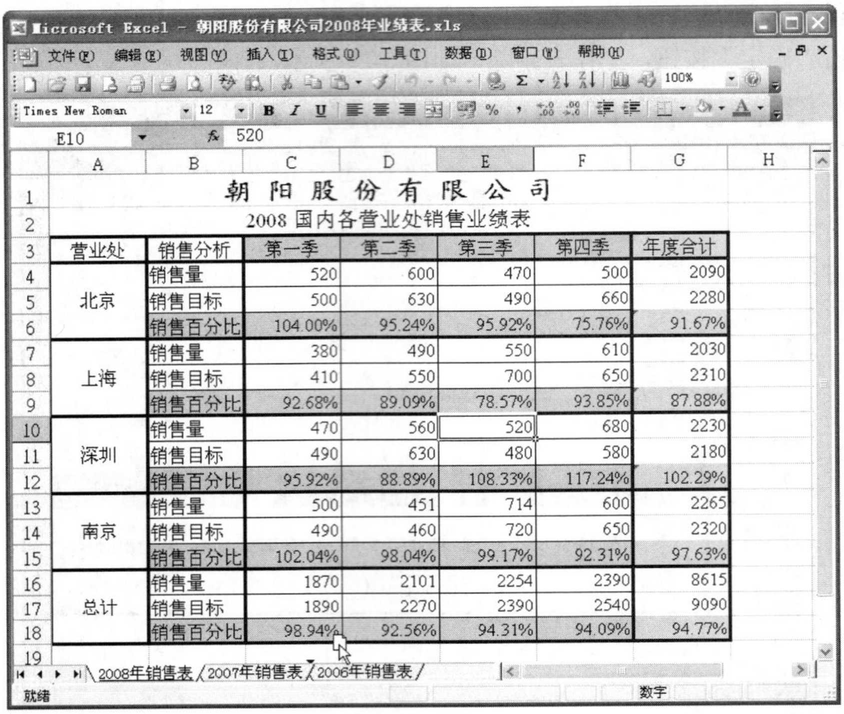

朝阳股份有限公司

2008 国内各营业处销售业绩表

营业处	销售分析	第一季	第二季	第三季	第四季	年度合计
北京	销售量	520	600	470	500	2090
	销售目标	500	630	490	660	2280
	销售百分比	104.00%	95.24%	95.92%	75.76%	91.67%
上海	销售量	380	490	550	610	2030
	销售目标	410	550	700	650	2310
	销售百分比	92.68%	89.09%	78.57%	93.85%	87.88%
深圳	销售量	470	560	520	680	2230
	销售目标	490	630	480	580	2180
	销售百分比	95.92%	88.89%	108.33%	117.24%	102.29%
南京	销售量	500	451	714	600	2265
	销售目标	490	460	720	650	2320
	销售百分比	102.04%	98.04%	99.17%	92.31%	97.63%
总计	销售量	1870	2101	2254	2390	8615
	销售目标	1890	2270	2390	2540	9090
	销售百分比	98.94%	92.56%	94.31%	94.09%	94.77%

图 3-30 移动、复制工作表

【知识链接】

鼠标拖动至适当位置时，在工作表标签上会出现一个三角标识，表示目前工作表被移动到的位置。

在需移动或复制的工作表标签上单击鼠标右键，在弹出的快捷菜单中选择“移动或复制工作表”命令，同样可以完成工作表的移动或复制工作。

（4）重命名工作表与设定标签颜色。

通过重命名工作表标签，可以简要标识此工作表的用途，以便于日后使用与管理工作表。

利用 Excel 提供的“标签颜色”功能，可以将标签用不同的颜色来标识，从而轻易辨识工作表的分类，有效率管理与组织工作簿。

操作说明：

① 将光标移至“Sheet1”工作表标签上，单击鼠标右键，在弹出的菜单中选择“重命名”命令，如图 3-31 所示，此时工作表名称被反白显示。

② 输入“2008 年业绩表”，按“Enter”键，完成输入；

③ 在“2008 年业绩表”标签上单击鼠标右键，选择“工作表标签颜色”命令，出现“设

置工作表标签颜色”对话框；

④ 选择“鲜绿色”；

⑤ 单击“确定”按钮，完成设定。

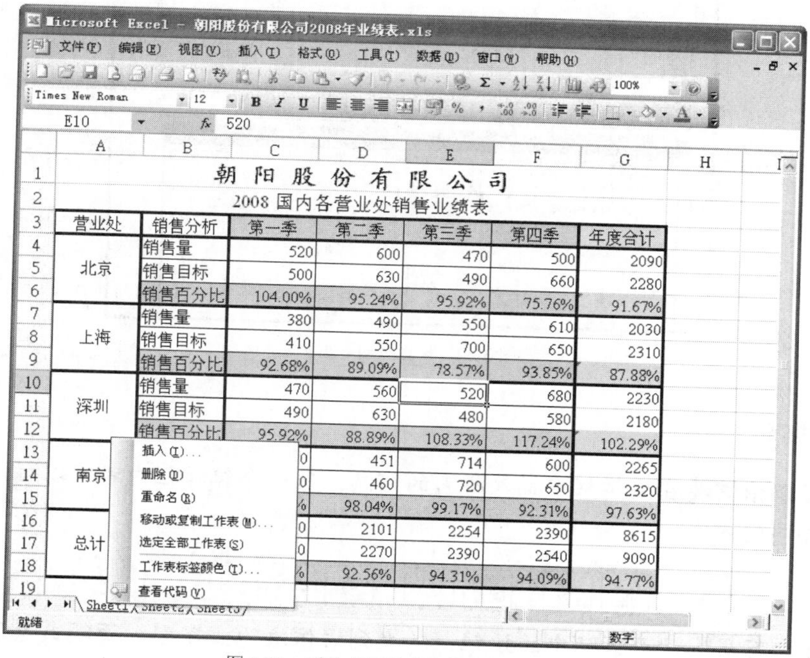

图 3-31　重命名工作表与设定标签颜色

【知识链接】

在重新输入工作表名称时，最多只可以输入 31 个字符。

更改工作表名称，还可以通过在工作表标签上双击鼠标左键来重新输入名称。

（5）设定页眉和页脚。

在制作一份文件时，需要显示制作日期等相关信息，Excel 中提供了“页眉/页脚”功能，在每一页文件的页眉与页脚可以放置日期、时间及个性信息等内容。

操作说明：

① 执行“文件”→“页面设置”菜单命令，出现“页面设置”对话框；

② 选择“页眉/页脚”选项卡；

③ 在对话框中间，单击“自定义页眉”按钮，出现“页眉”对话框，如图 3-32 所示；

④ 在“左”框中单击鼠标左键，然后单击“工作表名称”按钮；

⑤ 在“中”框中单击鼠标左键，然后单击“日期”按钮；

⑥ 在“右”框中单击鼠标左键，然后单击“页码”按钮；

⑦ 单击“确定”按钮，返回“页眉/页脚”选项卡，从“页脚”旁的下拉列表清单中，选择“第 1 页，共？页”；

⑧ 单击“打印预览”，可以看见刚才设定的页眉、页脚；

⑨ 单击“关闭”按钮，单击“确定”按钮，完成设置。

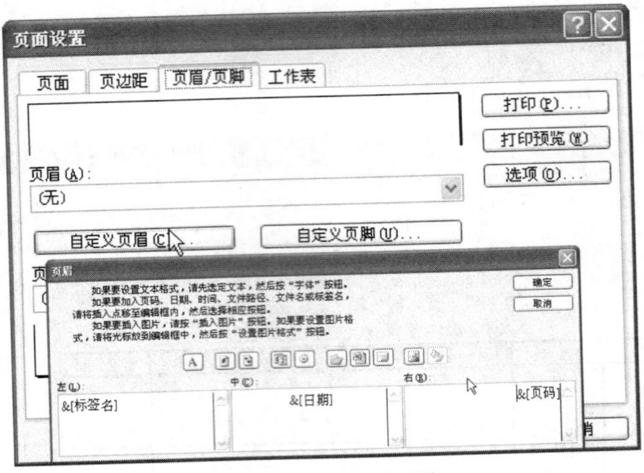

图 3-32　设定页眉和页脚

【知识链接】

使用者可以依需要在编辑栏中插入所需的信息。每一个编辑栏内都可以插入多项信息，且可以插入相同的内容。

Excel 在“页眉”、“页脚”中的按钮，从左到右依次为：字型、页码、总页数、日期、时间、路径信息、文件名称、工作表名、插入图片、设定图片格式。

（6）工作表打印设置。

打印文件时常会遇到只需要打印部分工作表的情况，也会遇到多页固定打印顶端标题的情况。这时，可以利用 Excel 的“打印区域”和“打印标题”功能，打印出根据不同目的的选择的打印范围。

操作说明：

① 执行“文件”→“页面设置”菜单命令，出现“页面设置”对话框；

② 选择“工作表”选项卡，如图 3-33 所示；

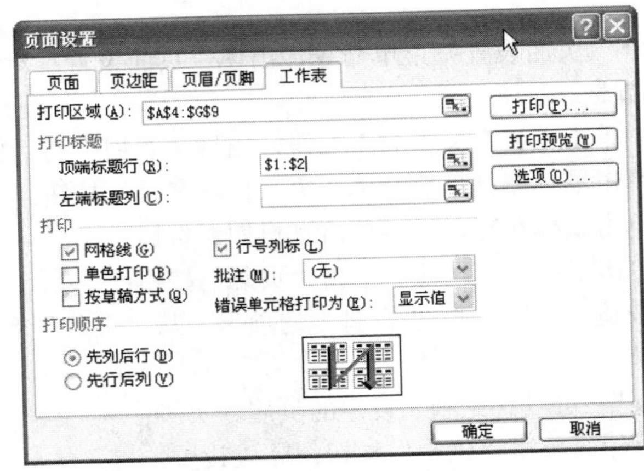

图 3-33　工作表打印设置

③ 单击“打印区域”文本框右侧的单元格选择按钮，出现“打印区域”选择对话框，选中单元格“A4”至“G9”间的单元格区域；

④ 单击“顶端标题行”文本框右侧的单元格选择按钮，出现“顶端标题”选择对话框，选中第一、二行；

⑤ 在下面的“打印”选项中，选择“网格线”和“行号列标”；

⑥ 单击“打印预览”按钮，出现“打印预览”窗口，在“打印预览”窗口中，只会显示要打印的范围、打印网格线及列名行号；

⑦ 单击“关闭”按钮。

【知识链接】

“网格线”选项可为未设定边框线的工作表添加边框线，如果已经设定了单元格边框线，则以已设定的边框线为准。

任务实施

利用以上学习到的知识，打开 Excel 工作簿文件“朝阳股份有限公司 2008 年业绩表.xls”。

1．复制工作表

① 鼠标右键单击“Sheet1”的标签，在弹出的菜单中点选“移动或复制工作表”，在出现的“移动或复制工作表”对话框中选择“移至最后”，点选下方的“建立副本”复选框，如图 3-34 所示。

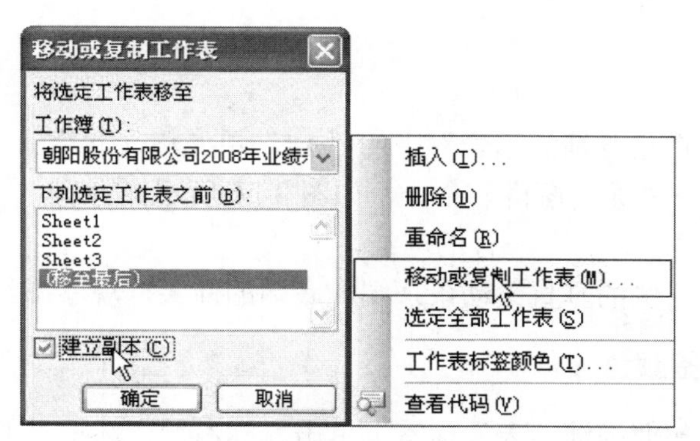

图 3-34　复制工作表

② 单击“确定”按钮，完成复制。

2．重命名工作表

① 鼠标右键单击“Sheet1”的标签，在弹出的菜单中点选“重命名”。

② 修改“Sheet1”名称为“2008 年销售业绩演示表”，按“Enter”键，确认修改。

③ 修改“Sheet1（2）”名称为“2008 年销售业绩备份表”，按“Enter”键，确认输入，如图 3-35 所示。

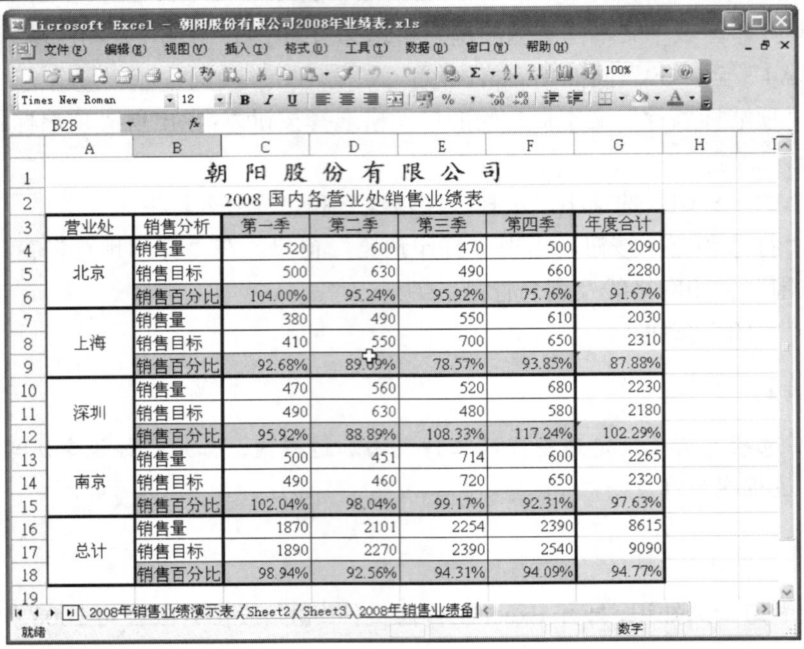

朝阳股份有限公司

2008 国内各营业处销售业绩表

营业处	销售分析	第一季	第二季	第三季	第四季	年度合计
北京	销售量	520	600	470	500	2090
	销售目标	500	630	490	660	2280
	销售百分比	104.00%	95.24%	95.92%	75.76%	91.67%
上海	销售量	380	490	550	610	2030
	销售目标	410	550	700	650	2310
	销售百分比	92.68%	89.09%	78.57%	93.85%	87.88%
深圳	销售量	470	560	520	680	2230
	销售目标	490	630	480	580	2180
	销售百分比	95.92%	88.89%	108.33%	117.24%	102.29%
南京	销售量	500	451	714	600	2265
	销售目标	490	460	720	650	2320
	销售百分比	102.04%	98.04%	99.17%	92.31%	97.63%
总计	销售量	1870	2101	2254	2390	8615
	销售目标	1890	2270	2390	2540	9090
	销售百分比	98.94%	92.56%	94.31%	94.09%	94.77%

图 3-35　重命名工作表

【知识链接】

在修改工作表名称时，有部分工作表标签无法显示，可单击标签左侧的“标签翻动”按钮来切换显示。

3．冻结窗格

① 选中“2008 年销售业绩演示表”中的“A4”单元格（北京）。

② 单击“窗口”→“冻结窗格”命令，如图 3-36 所示。

③ 完成对该表中第一、二、三行的冻结。

④ 单击位于窗口右侧的垂直滚动条顶端和底端的箭头，观察冻结效果。

4．设置工作表标签颜色

① 在“2008 年销售业绩演示表”标签上单击鼠标右键，选择“工作表标签颜色”命令，出现“设置工作表标签颜色”对话框。

② 选择“白色”。

③ 单击“确定”按钮，完成设定。

5．设置页眉页脚

① 执行“文件”→“页面设置”菜单命令，出现“页面设置”对话框。

② 选择“页眉/页脚”选项卡。

③ 在对话框中，单击“自定义页眉”按钮，出现“页眉”对话框。

④ 在“左”框中单击鼠标左键，然后单击“插入图片”按钮，插入一张的图片。

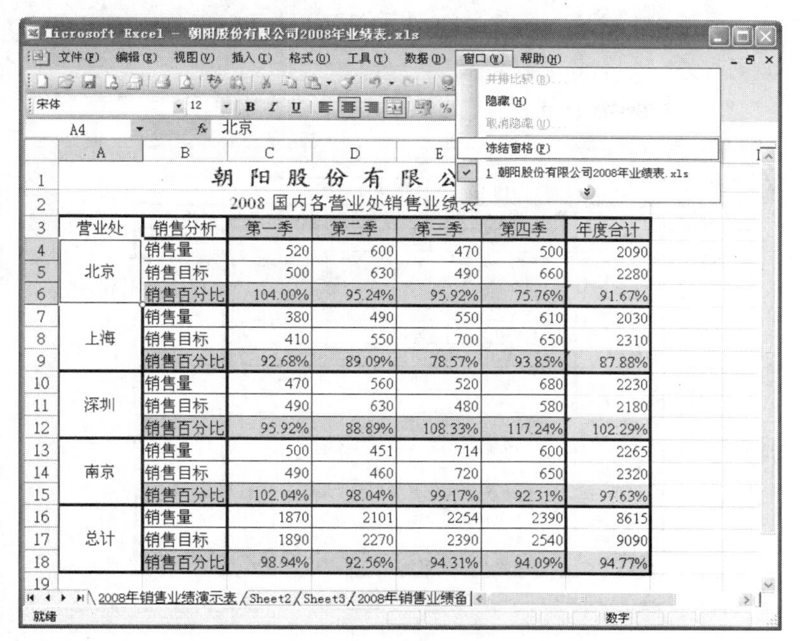

营业处	销售分析	第一季	第二季	第三季	第四季	年度合计
北京	销售量	520	600	470	500	2090
	销售目标	500	630	490	660	2280
	销售百分比	104.00%	95.24%	95.92%	75.76%	91.67%
上海	销售量	380	490	550	610	2030
	销售目标	410	550	700	650	2310
	销售百分比	92.68%	89.09%	78.57%	93.85%	87.88%
深圳	销售量	470	560	520	680	2230
	销售目标	490	630	480	580	2180
	销售百分比	95.92%	88.89%	108.33%	117.24%	102.29%
南京	销售量	500	451	714	600	2265
	销售目标	490	460	720	650	2320
	销售百分比	102.04%	98.04%	99.17%	92.31%	97.63%
总计	销售量	1870	2101	2254	2390	8615
	销售目标	1890	2270	2390	2540	9090
	销售百分比	98.94%	92.56%	94.31%	94.09%	94.77%

图 3-36 冻结窗格

⑤ 在“中”框中单击鼠标左键，然后单击“标签名”按钮。

⑥ 在“右”框中单击鼠标左键，然后单击“日期”按钮。

⑦ 单击“确定”按钮，返回“页眉/页脚”选项卡。

⑧ 在“页脚”下列表中选择“第 1 页 共?页”格式，如图 3-37 所示。

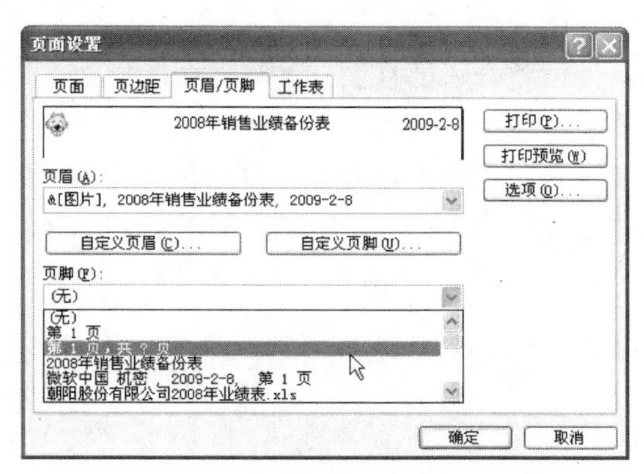

图 3-37 设置页眉页脚

⑨ 单击“确定”按钮，设定页眉页脚完毕。

6．设定打印标题与打印区域

① 选择“B4”至“G12”单元格区域。

② 单击“文件”→“打印区域”→“设置打印区域”。

③ 单击“顶端标题行”文本框右侧的单元格选择按钮，出现“顶端标题”选择对话框，选中第一、二、三行，如图 3-38 所示。

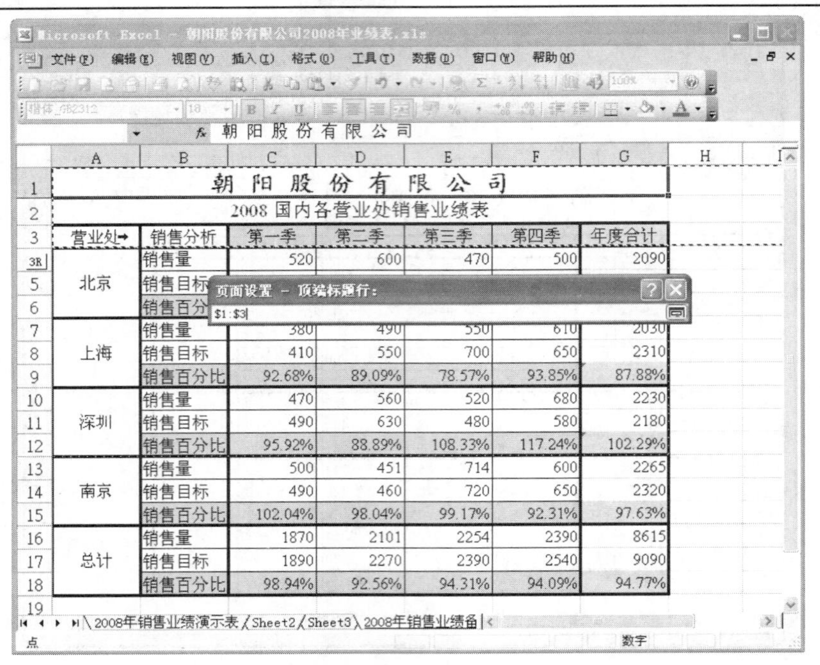

图 3-38　设定打印标题与打印区域

④ 单击返回按钮返回“工作表”标签。
⑤ 单击“确定”按钮，设定完毕。

7．预览与打印

① 单击“文件”→“打印预览”。
② 单击“缩放”按钮，调整合适的视图。
③ 单击“打印”按钮。
④ 在出现的“打印内容”对话框中，修改“打印份数”为“5”。
⑤ 单击“确定”按钮，打印完毕。

任务四　制作班级成绩表

【学习目标】

➢　熟练掌握公式的语法结构
➢　熟练掌握常见函数的功能
➢　熟练掌握函数的混合使用

任务描述

图 3-39 所示是某大学计算机系网络专业一班的成绩表，需要我们对该表进行数据统计，计算总分、平均分、名次和总评等项目。

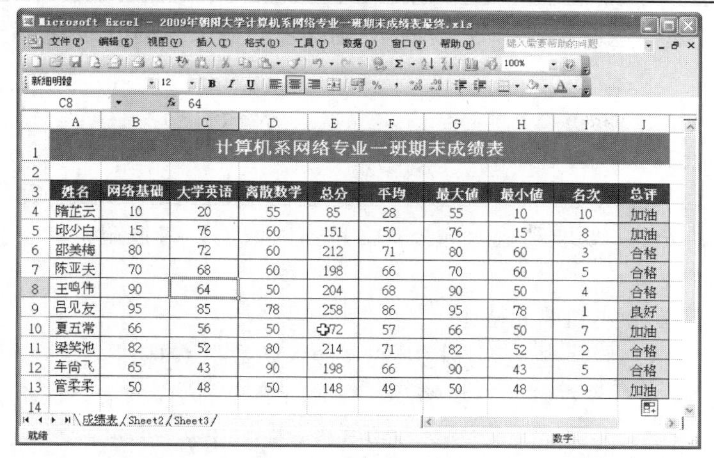

计算机系网络专业一班期末成绩表

姓名	网络基础	大学英语	离散数学	总分	平均	最大值	最小值	名次	总评
隋芷云	10	20	55	85	28	55	10	10	加油
邱少白	15	76	60	151	50	76	15	8	加油
邵美梅	80	72	60	212	71	80	60	3	合格
陈亚夫	70	68	60	198	66	70	60	5	合格
王鸣伟	90	64	50	204	68	90	50	4	合格
吕见友	95	85	78	258	86	95	78	1	良好
夏五常	66	56	50	172	57	66	50	7	加油
梁笑池	82	52	80	214	71	82	52	2	合格
车尚飞	65	43	90	198	66	90	43	5	合格
管柔柔	50	48	50	148	49	50	48	9	加油

图 3-39　任务效果图

任务分析

在日常工作生活中，经常需要使用 Excel 提供的公式和函数对现有的资料进行统计或分析，比较常见的有求和、求平均值、求最大值、求最小值以及逻辑函数的使用等。

通过对本节内容的学习，可以对 Excel 中常用的公式函数有较深地了解，同时也为读者自行使用 Excel 中的公式和函数提供了思路和方法。

相关知识

1．Excel2003 中常见的概念

（1）单元格命名。

对单元格命名，便于理解公式，可以缩短和简化公式（如姓名=朝阳公司 2008 年 8 月工资表!$A$2:$A$100）。

（2）逻辑函数。

用来判断真假值，或者进行复合检验的 Excel 函数，称为逻辑函数。在 Excel 中提供了 6 种逻辑函数，即 AND、OR、NOT、FALSE、IF 以及 TRUE 函数。

（3）相对引用与绝对引用。

相对引用，当把公式复制到其他单元格中时，行或列的引用会改变。所谓行或列的引用会改变，是指代表行的数字和代表列的字母会根据实际的偏移量相应改变。

绝对引用，当把公式复制到其他单元格中时，行和列的引用不会改变。

【知识链接】

在编辑栏中选择要更改的引用并按“F4”键，Excel 会在相对引用与绝对引用之间切换。

2．Excel 2003 的基本操作

（1）建立公式。

对数值的运算是 Excel 最强大的功能之一。Excel 中建立公式的方法有两种：一种为直接

在单元格内输入并建立运算公式；另一种是使用插入“函数”的方式。

操作说明。

① 直接输入公式。

a．单击需要建立公式的单元格。

b．直接输入运算公式“=B4+C4+D4”，公式建立完成，按“Enter”键，或者单击编辑栏左侧的“输入”✓按钮；要取消输入的公式，单击“取消”✕按钮。

② 使用函数。

a．单击需要建立公式的单元格。

b．在编辑栏中单击后，点击工具栏中的“插入函数”fx按钮。

c．单击 SUM 右侧的下拉箭头，选取所需要的函数（如 SUM），如图 3-40 所示。

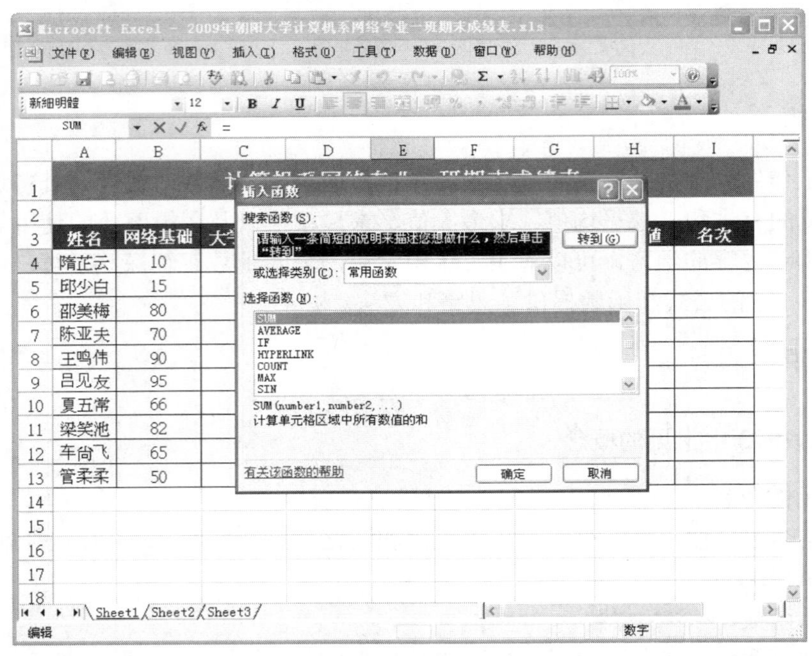

图 3-40 插入函数

d．选取公式的参数，单击“单元格选择”按钮，拖动鼠标选取范围，被选单元格会出现虚线框，选取完成后单击“返回对话框”按钮。

e．单击“确定”按钮，计算结果。

【知识链接】

公式一定要以“=”符号开头。

公式建立完毕后，记得要按一下“Enter”键。

如果要修改已经设定完成的公式，可在单元格对应的“编辑栏”中出现的内容上单击鼠标左键，然后进行修改。

（2）使用自动求和。

在 Excel 中，工具栏上提供了一个“自动求和”按钮，可以方便又快速地进行求和操作。

操作说明：

① 选中需要求和的单元格与存放计算结果的空白单元格，如图 3-41 所示；

② 单击常用工具栏上的“自动求和” Σ 按钮；

③ 计算结果出现在预先选中的空白单元格中。

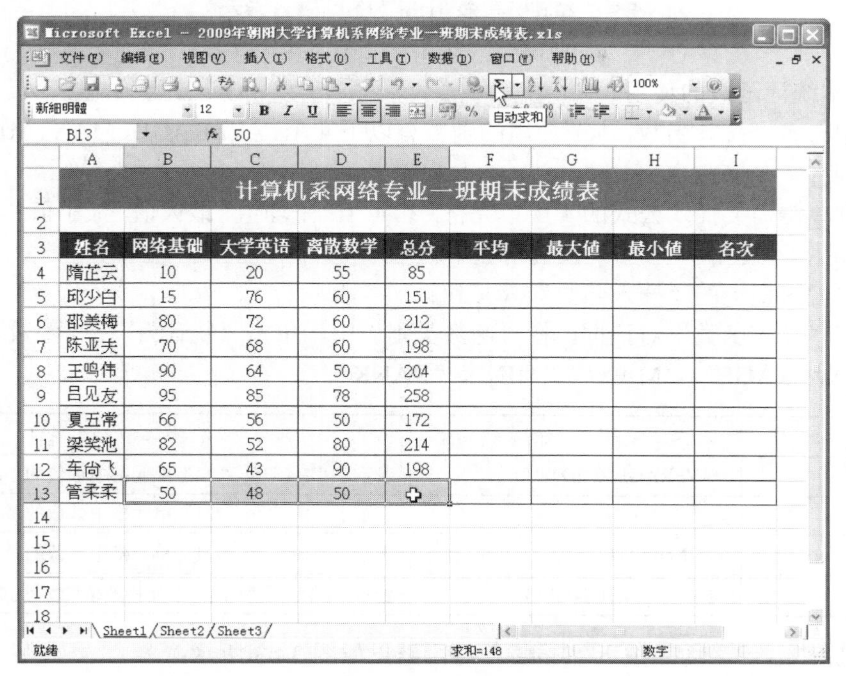

图 3-41　自动求和

（3）日期计算。

在 Excel 中，日期和时间有很多不同格式，日期和时间数据可以参与运算。

操作说明：

① 单击“E4”单元格；

② 输入公式“=D4-C4”，按下“Enter”键确认输入；

③“E4”中出现两个日期之差，如图 3-42 所示。

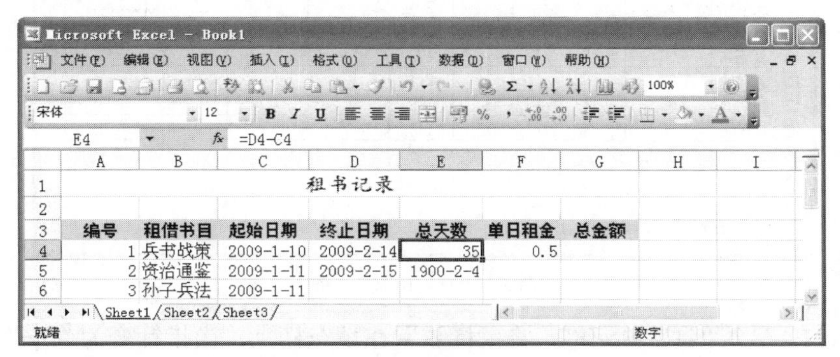

图 3-42　日期计算

【知识链接】

对日期数据进行计算时，存放结果的单元格中的格式必须为数字格式，否则 Excel 会以日期格式来表示结果。

编号	租借书目	起始日期	终止日期	总天数
1	兵书战策	2009-1-10	2009-2-14	35
2	资治通鉴	2009-1-11	2009-2-15	1900-2-4

（4）基本统计函数的使用。

Excel 中有多个统计函数，本节使用的函数有以下 4 个，AVERAGE、MAX、MIN、RANK。

操作说明：

① 分别单击需要插入公式的 4 个单元格（共 4 个：平均值、最大值、最小值、名次，“F4”至“I4”单元格区域）；

② 单击编辑栏上的“插入函数”*fx*按钮；

③ 出现“插入函数”对话框，在“函数类别”中，单击“统计”；在“函数名称”中，分别单击“AVERAGE”、“MAX”、“MIN”、“RANK”；

函　数	用　法	意　义
AVERAGE	=AVERAGE(B4:D4)	表示求“B4”至“D4”单元格中数值的平均值
MAX	=MAX(B4:D4)	表示求“B4”至“D4”单元格中数值的最大值
MIN	=MIN(B4:D4)	表示求“B4”至“D4”单元格中数值的最小值
RANK	=RANK(E4,$E$4:$E$13)	表示“E4”至“E13”单元格数值的大小排序

④设定完毕之后，均需按下“Enter”键，结果如图 3-43 所示；

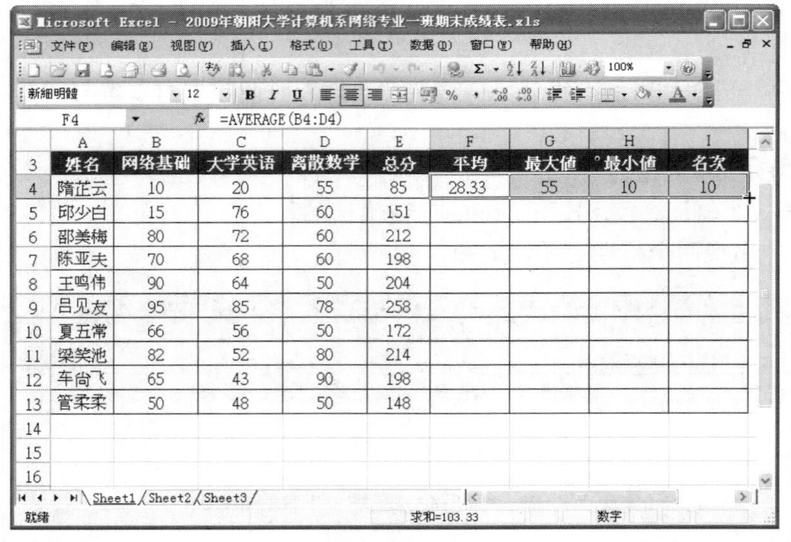

3	姓名	网络基础	大学英语	离散数学	总分	平均	最大值	最小值	名次
4	隋芷云	10	20	55	85	28.33	55	10	10
5	邱少白	15	76	60	151				
6	邵美梅	80	72	60	212				
7	陈亚夫	70	68	60	198				
8	王鸣伟	90	64	50	204				
9	吕见友	95	85	78	258				
10	夏五常	66	56	50	172				
11	梁笑池	82	52	80	214				
12	车尚飞	65	43	90	198				
13	管柔柔	50	48	50	148				

图 3-43　选取函数单元格

⑤ 选取“F4”至“I4”单元格，将鼠标放置在填充柄上，当指针变为“**＋**”时，拖动至其他要复制公式的单元格上；

⑥ 快速完成复制“F5”至“I13”的单元格公式操作，如图 3-44 所示。

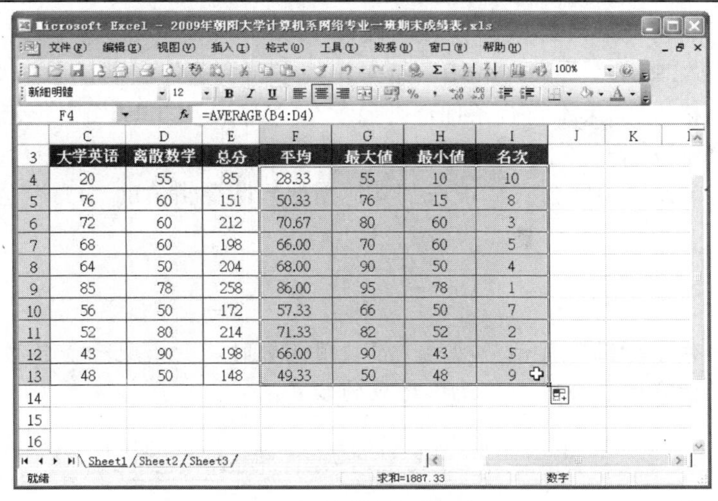

图 3-44 利用拖动复制公式

【知识链接】

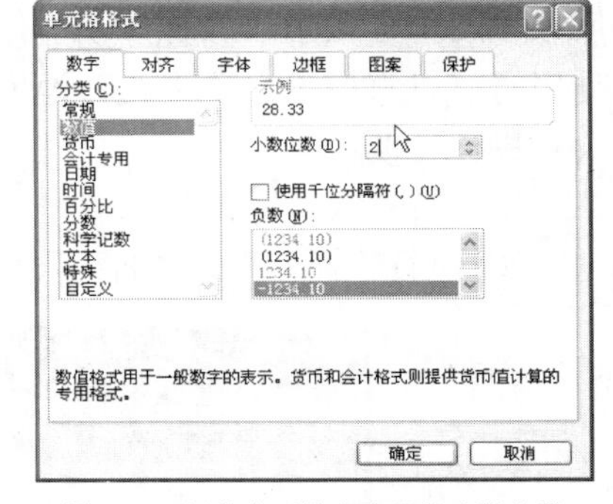

图 3-45　调整单元格中出现的小数位数

在平均值的单元格中，如果出现小数位数过多的情况，可以在单元格上单击鼠标右键，在出现的右键菜单中选择“单元格格式”，选择“数字”选项卡，调整小数位数后，单击“确定”按钮，如图 3-45 所示。

（5）使用逻辑函数。

操作说明：

① 单击“G2”单元格；

② 单击编辑栏上的“插入函数”*fx*按钮；

③ 出现“插入函数”对话框，在“函数类别”中，单击“逻辑”；在“选择函数”中，单击“IF”；

④ 单击“确定”按钮，出现“IF”函数使用对话框，如图 3-46 所示；

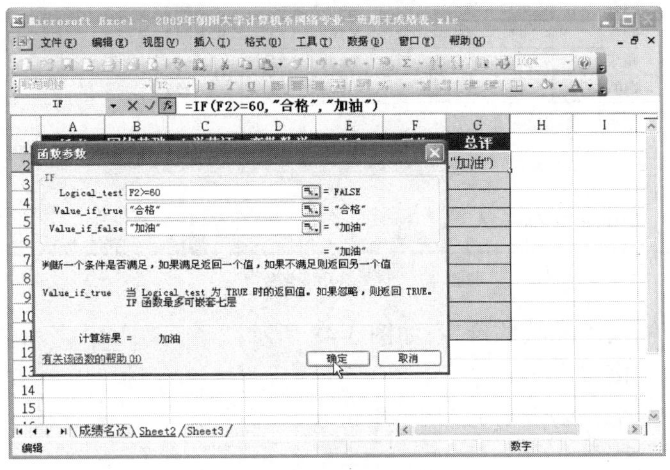

图 3-46　使用逻辑函数

⑤ 输入逻辑条件，如“F2>=60”，表示假设“F2”单元格中的数值大于等于 60；

⑥ 输入显示“TRUE”和“FALSE”结果，如果符合条件，则显示在“Value_if_true”中预先输入的“合格”，如果不符合条件，则显示在“Value_if_false”中预先输入的“加油”；

⑦ 单击“确定”按钮，完成函数设置；

⑧ 将“G2”单元格中的公式，填充到其他需要判断逻辑值的“G3”至“G11”单元格区域上。

【知识链接】

在 Excel 中提供了“函数提示”功能，当使用函数时，会出现一个自动提示标签，标出公式中变量对应的位置以及公式中单元格对应的位置。

fx =IF(F2>=60,"合格","加油")

IF(logical_test, **[value_if_true]**, [value_if_false])

（6）定义单元格名称。

Excel 中的单元格数量众多，只使用 Excel 提供的列标与行号作为地址，十分不方便 ，所以 Excel 提供了“名称”功能，单一单元格或区域单元格范围，都可以赋予一个名称，在使用时可以直使用名称来代替地址。

操作说明：

① 单击“C9”单元格；

② 执行“插入”→“名称”→“定义”命令，出现“定义名称”对话框，如图 3-47 所示；

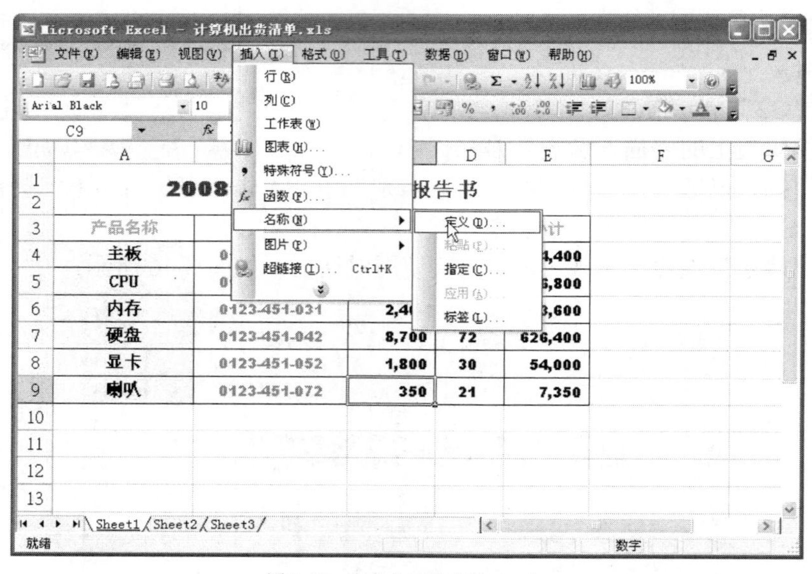

图 3-47　定义单元格名称（一）

③ 在名称栏中输入“喇叭单价”，如图 3-48 所示；

④ 单击“添加”按钮；

⑤“C9”单元格名称被定义为“喇叭单价”；

⑥ 单击“关闭”按钮；

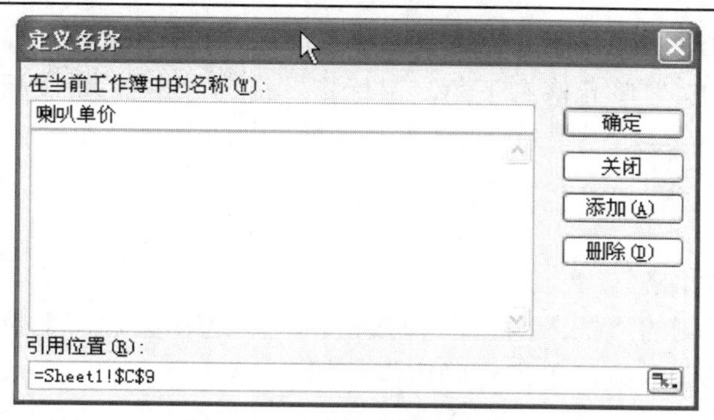

图 3-48　定义单元格名称（二）

⑦ 在“E9”单元格中输入公式“=喇叭单价*D9”，如图 3-49 所示，按“Enter”键，确认输入；

⑧“E9”中出现喇叭小计数据。

【知识链接】

选取要定义的单元格或单元格区域，在名称框中直接输入定义名称，然后按“Enter”键完成单元格或单元格区域的名称定义。

Microsoft Excel - 计算机出货清单.xls

IF　=喇叭单价*D9

	A	B	C	D	E
1	2008年9月份产品销售报告书				
2					
3	产品名称	产品编号	单价	数量	小计
4	主板	0123-451-011	4,200	32	134,400
5	CPU	0123-451-023	3,800	36	136,800
6	内存	0123-451-031	2,400	64	153,600
7	硬盘	0123-451-042	8,700	72	626,400
8	显卡	0123-451-052	1,800	30	54,000
9	喇叭	0123-451-072	350	21	=喇叭单价*D

图 3-49　定义单元格名称（三）

任务实施

利用以上学习的知识，鼠标左键双击打开“2009 年朝阳大学计算机系网络专业一班期末成绩表.xls”工作簿文件。

1. 计算总分

① 选定“E4”单元格。

② 在上方对应的编辑栏中输入“=SUM(B4:D4)”，如图 3-50 所示，按“Enter”键。

③ 将鼠标移至“E4”单元格右下角，鼠标指针变为“+”，拖动鼠标将公式复制到其他单元格。

2．计算平均值

① 选择“F4”单元格。

② 单击编辑栏左侧的“插入函数”*fx*按钮，在“选择类别”下拉列表中选择“常用函数”中的“AVERAGE”函数，单击“确定”按钮。

Microsoft Excel - 2009年朝阳大学计算机系网络专业一班期末成绩表最终.xls

IF =SUM(B4:D4)

计算机系网络专业一班期末成绩表

姓名	网络基础	大学英语	离散数学	总分	平均	最大值	最小值	名次	总评
隋芷云	10	20	55	=SUM(B4					
邱少白	15	76	60						
邵美梅	80	72	60						
陈亚夫	70	68	60						
王鸣伟	90	64	50						
吕见友	95	85	78						
夏五常	66	56	50						
梁笑池	82	52	80						
车尚飞	65	43	90						
管柔柔	50	48	50						

图 3-50 输入公式

③ 在“函数参数”对话框中，设定参数为“B4：D4”，如图 3-51 所示。

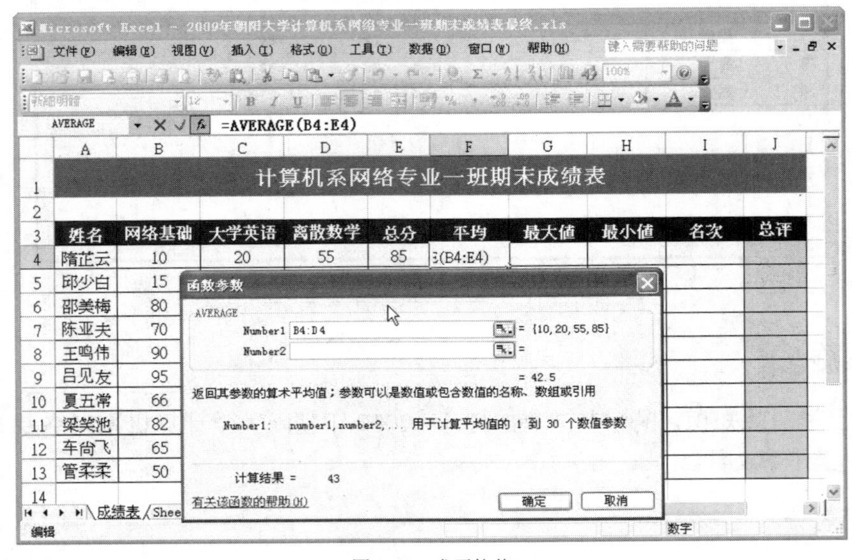

图 3-51 求平均值

④ 单击“确定”按钮，完成平均值计算。

⑤ 将鼠标移至“F4”单元格右下角，鼠标指针变为“+”，拖动鼠标将公式复制到其他单元格。

3．求最大、最小值

① 在“G4”、“H4”单元格中分别插入“统计”分类中的“MAX”、“MIN”函数。

② 分别设定函数参数为“B4:D4”，按“Enter”键确认输入。

③ 选中“G4”、“H4”单元格，将鼠标移至“H4”单元格右下角，鼠标指针变为“+”，拖动鼠标将公式复制到其他单元格。

4．计算名次

① 选中“I4”单元格。

② 单击编辑栏上的“插入函数”fx按钮。

③ 出现“插入函数”对话框，在“函数类别”中，单击“统计”；在“函数名称”中，选择“RANK”函数，单击“确认”按钮。

④ 在 “函数参数”对话框中，在“Number”中输入对应的总分“E4”，在“Ref”中输入比较的范围“$E$4:$E$13”，在“Order”输入数字“0”或者忽略，如图 3-52 所示，生成按照降序排列的名次值。

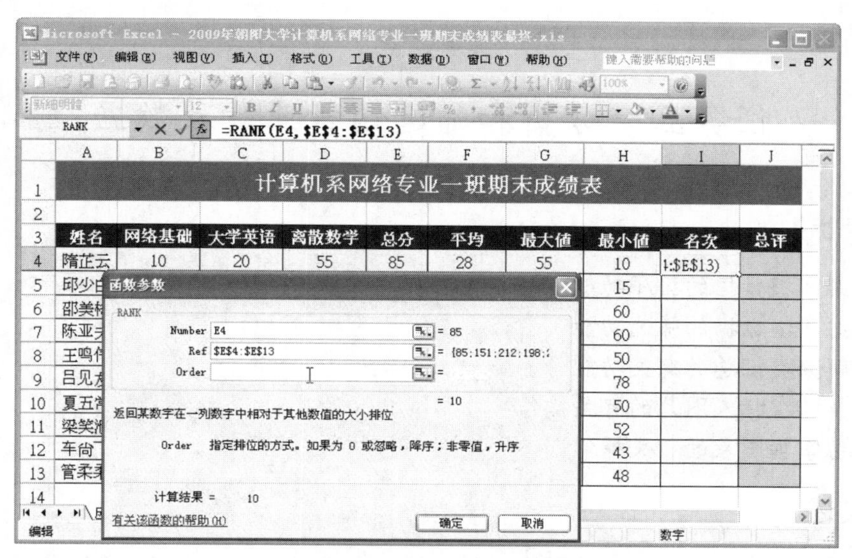

图 3-52　使用 RANK 函数

⑤ 单击“确认”按钮，“I4”中出现数值“10”。

⑥ 将鼠标移至“I4”单元格右下角，鼠标指针变为“+”，拖动鼠标将公式复制到其他单元格。

5．计算总评

① 单击“J4”单元格。

② 在单元格对应的编辑栏中输入“=IF(F4>=60,IF(F4>=75,"良好","合格"),"加油")”，如图 3-53 所示，按下“Enter”键。

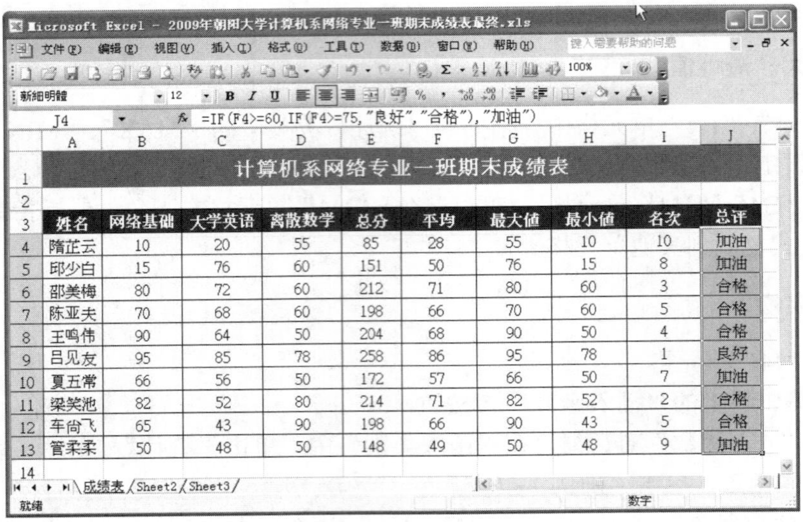

计算机系网络专业一班期末成绩表

姓名	网络基础	大学英语	离散数学	总分	平均	最大值	最小值	名次	总评
隋芷云	10	20	55	85	28	55	10	10	加油
邱少白	15	76	60	151	50	76	15	8	加油
邵美梅	80	72	60	212	71	80	60	3	合格
陈亚夫	70	68	60	198	66	70	60	5	合格
王鸣伟	90	64	50	204	68	90	50	4	合格
吕见友	95	85	78	258	86	95	78	1	良好
夏五常	66	56	50	172	57	66	50	7	加油
梁笑池	82	52	80	214	71	82	52	2	合格
车尚飞	65	43	90	198	66	90	43	5	合格
管柔柔	50	48	50	148	49	50	48	9	加油

图 3-53　使用逻辑函数求评价

③ 将鼠标移至“J4”单元格右下角，鼠标指针变为“**十**”，拖动鼠标将公式复制到其他单元格。

任务五　分析和筛选销售业绩表数据

【学习目标】

- 熟练掌握数据的排序功能
- 熟练掌握数据的筛选功能
- 了解分类汇总的有关功能
- 熟练掌握插入图片的有关操作
- 熟练掌握图表的相关操作

任务描述

部门经理要求对 1 月份销售业绩表进行分析，完成对业绩的排序；通过分析数据筛选出年轻能干的业务骨干进行培训；计算男女业务员的业绩总和；将刚刚参加实习的年轻员工的销售额制成表格准备上报。

图 3-54 为任务完成后的效果图。

任务分析

Excel 提供排序、筛选及分类汇总等数据分析功能，可以帮助用户进行数据分析，寻找存在其中的规律或变化趋势，为工作提供数据信息支持。

通过对本节内容的学习，我们能够初步掌握数据的分析，熟悉排序、筛选及分类汇总等操作。

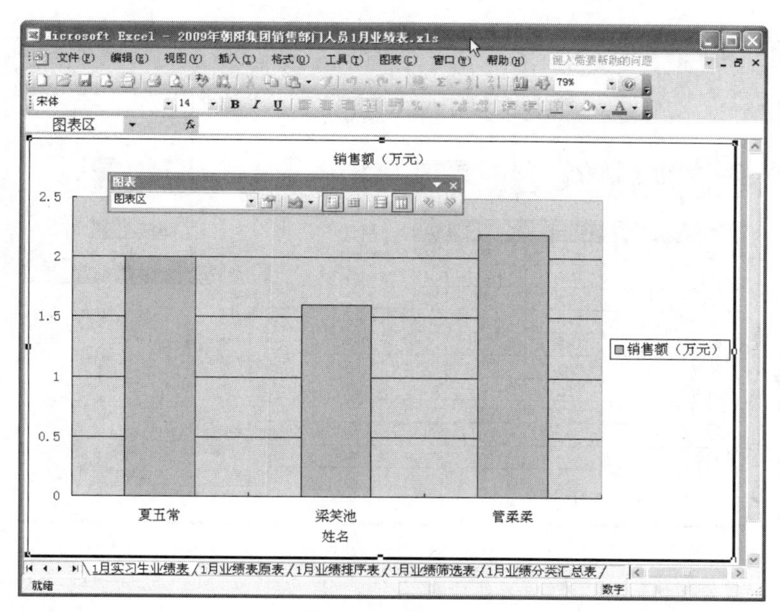

图 3-54　任务效果图

相关知识

1. 常见概念

（1）自动筛选。

使用 Excel 2003 提供的“自动筛选”功能，可以在数据清单中快速地查找数据，并且可以将不符合条件的数据隐藏。

（2）分类汇总。

分类汇总可以对数据表中的数据分门别类地进行求和、求平均值等操作。

2. Excel 2003 的基本操作

（1）使用排序功能。

Excel 提供了排序功能，它可以利用文字、数字的属性，将各项数据依照递增或递减的方式，显示在原来的资料范围里，如图 3-55 所示。

操作说明：

① 在需要排序的数据区域内的任意单元格上单击鼠标左键；

② 执行“数据”→“排序”命令，出现“排序”对话框；

③ 在“列表”项目中，选择“有标题行”；

④ 在“主要关键字”的下拉列表中，选择“总分”；

⑤ 选择“降序”选项；

⑥ 在“次要关键字”的下拉列表中，选择“网络基础”；

⑦ 选择“降序”选项；

⑧ 单击“确定”按钮，完成排序。

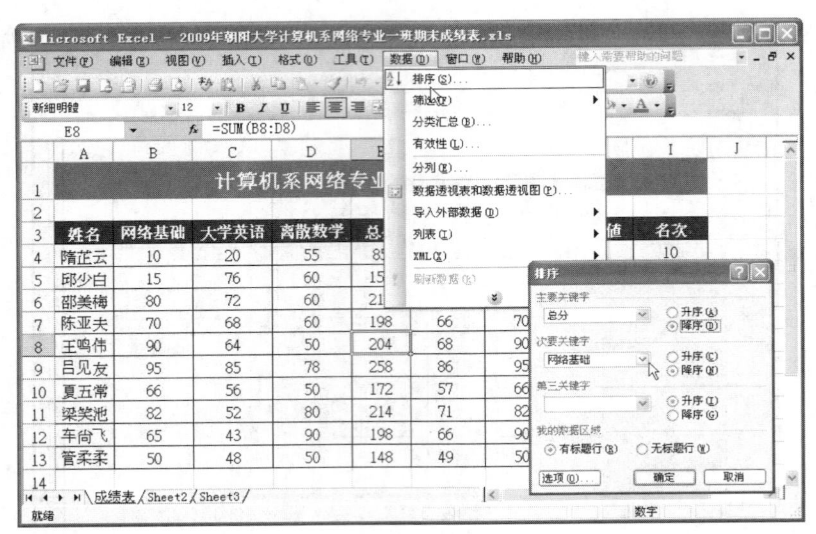

图 3-55　排序

【知识链接】

利用工具栏上的“升序排列”按钮与“降序排列”按钮也可以完成排序操作。

在“排序”对话框的下方单击“选项”按钮，出现“排序选项”对话框，如图 3-56 所示，可设定按行进行排列、自行设定排序的次序或者按照笔画来排列数据。

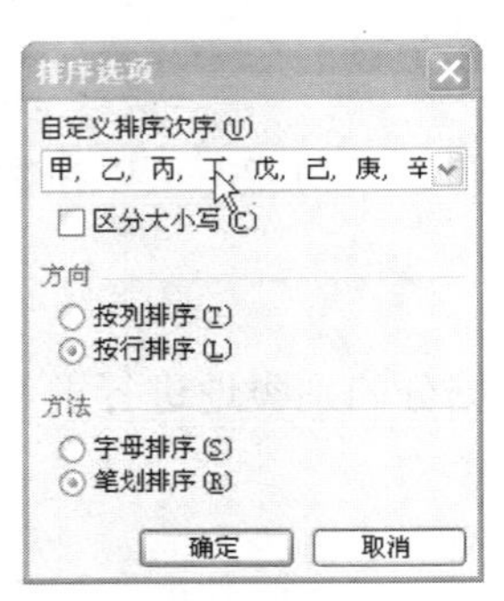

图 3-56 “排序选项”对话框

（2）自动筛选。

Excel 提供的筛选功能，可以让您快速寻找工作表中某些特定条件的数据，并且将不符合条件的数据隐藏起来，使工作表看起来整齐有条理。

操作说明：

① 执行“数据”→“筛选”→“自动筛选”命令；

② 在各列资料的第一行的单元格右方都会显示一个“自动筛选”按钮；

③ 单击位于“D2”单元格（性别列）中的自动筛选按钮，开启下拉列表，在下拉列表

中会显示"全部"、"前 10 个"、"自定义"以及该列所包含的各个单元格内容。

④ 选择"男"，显示"自动筛选"的结果，如图 3-57 所示。

图 3-57　自动筛选

【知识拓展】

执行"自动筛选"功能后，原来"自动筛选"按钮会由原来的黑色变为蓝色，行号也会随着某几列的隐藏而变得不连续，并且行号的颜色也由原来的黑色变为蓝色。

如果要取消"自动筛选"功能，只需再执行"数据"→"筛选"→"自动筛选"菜单命令。

在筛选后执行打印，只打印筛选后的结果，被隐藏的结果不会被打印。

（3）分类汇总。

Excel 提供的分类汇总功能可以对不同类别的数据进行汇总运算。在执行分类汇总前，要先对工作表中的需分类的字段进行排序，排序可将相同类别的数据归在一起，当执行分类汇总时，就可以分别对各个类别进行运算了。

操作说明：

① 利用"排序"功能，将"职称"列做排序；

② 执行"数据"→"分类汇总"菜单命令，出现"分类汇总"对话框；

③ 在"分类字段"下拉列表中，选择"职称"，分类汇总命令将以"职称"列来划分类别；

④ 在"汇总方式"下拉列表中，选择"平均值"函数，分类汇总命令将以"平均值"函数计算上一步骤中各个类别的内容；

⑤ 在"选定汇总项"中，勾选"年龄"项，分类汇总命令将计算各个"职称"类别中的"年龄"的平均值，并将结果放在各个类别的最后一个年龄数值下方；

⑥ 勾选"替换当前分类汇总"项；

⑦ 勾选"汇总结果显示在数据下方"项，则 Excel 会将"平均值"摘要信息放在最后一个汇总结果的下方；

⑧ 单击“确定”按钮，显示 Excel 分类汇总结果，如图 3-58、图 3-59 所示。

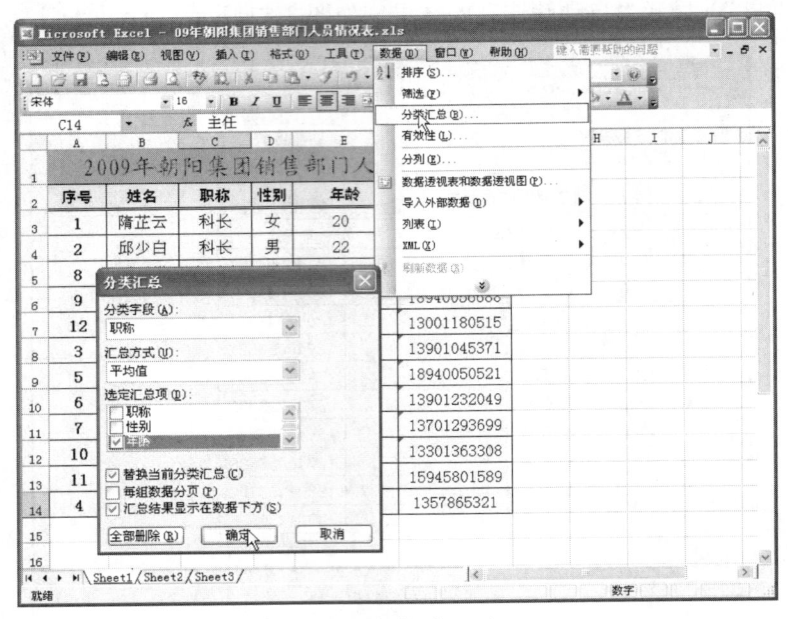

图 3-58 分类汇总（一）

2009年朝阳集团销售部门人员情况表

序号	姓名	职称	性别	年龄	联系电话
1	隋芷云	科长	女	20	18940054321
2	邱少白	科长	男	22	15954545411
		科长 平均值		21	
8	夏五常	实习生	男	23	18940055921
9	梁笑池	实习生	男	22	18940056688
12	管柔柔	实习生	女	22	13001180515
		实习生 平均值		22	
3	邵美梅	职员	女	23	13901045371
5	陈亚夫	职员	男	22	18940050521
6	王鸣伟	职员	男	23	13901232049
7	吕见友	职员	男	21	13701293699
10	车尚飞	职员	女	19	13301363308
11	姜晓谓	职员	男	22	15945801589
		职员 平均值		22	
4	由雨思	主任	女	28	1357865321
		主任 平均值		28	
		总计平均值		22	

图 3-59 分类汇总（二）

【知识链接】

在“分类汇总”对话框中，勾选“每组数据分页”项，则 Excel 会在各类别后加上分页线。

要取消分类汇总结果，可以重复执行“数据”→“分类汇总”命令，开启“分类汇总”对话框，单击“全部删除”按钮。

（4）建立图表。

Excel 除了具有强大的计算功能外，还能提供各式各样的图表，这使得工作表中的数据能以图表的方式呈现最佳的可读效果。

操作说明：

① 选取“A4”至“G9”单元格区域；

② 执行“插入”→“图表”菜单命令，如图 3-60 所示，出现“图表向导-4 步骤之 1-图表类型”对话框；

Microsoft Excel - 2008年12月物流费用清单.xls

文件(F)　编辑(E)　视图(V)　插入(I)　格式(O)　工具(T)　数据(D)　窗口(W)　帮助(H)

宋体　12　100%

A4

插入菜单：行(R)　列(C)　工作表(W)　图表(H)...　特殊符号(Y)...　函数(F)...　名称(N)　图片(P)　超链接(I)... Ctrl+K

	A	B	C	D	E	F	G
1							
2	2008年12月				运输费用		
3							
4	工厂	合计			东	深圳	江西
5	广东一厂	148			22	64	10
6	金关二厂	270			33	4	95
7	烟台三厂	157	66	3	67	13	8
8	义乌四厂	192	45	2	36	75	34
9	总计	767	230	76	158	156	147

运输费用　就绪　求和=3068　数字

图 3-60　建立图表（一）

③ 选择“标准类型”选项卡；

④ 在“图表类型”中，选择“柱形图”，在“子图表类型”中，选择“簇状柱形图”；

⑤ 单击“下一步”按钮，出现“图表向导-4 步骤之 2-图表数据源”对话框；

⑥ 选择“数据区域”选项卡，在“数列资料取自”勾选“列”；

⑦ 单击“下一步”按钮，出现“图表向导-4 步骤之 3-图表选项”对话框，如图 3-61 所示；

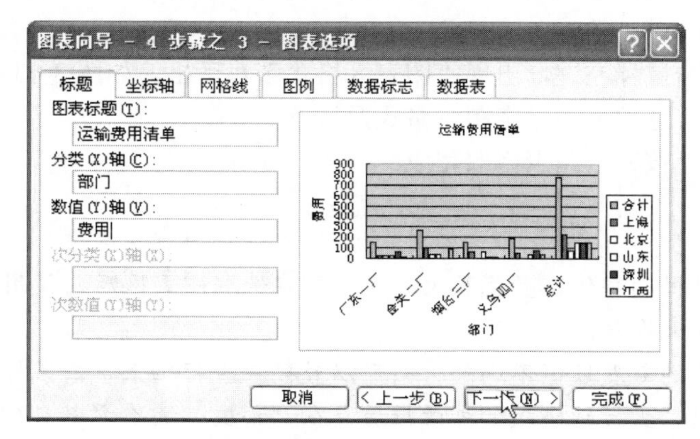

图 3-61　建立图表（二）

⑧ 选择“标题”选项卡，在“图表标题”中输入“运输费用清单”，在X轴标题输入“部门”，在Y轴标题输入“费用”；

⑨ 单击“下一步”按钮，出现“图表向导-4步骤之4-图表位置”对话框；

⑩ 单击“完成”按钮，完成图表的建立，如图3-62所示。

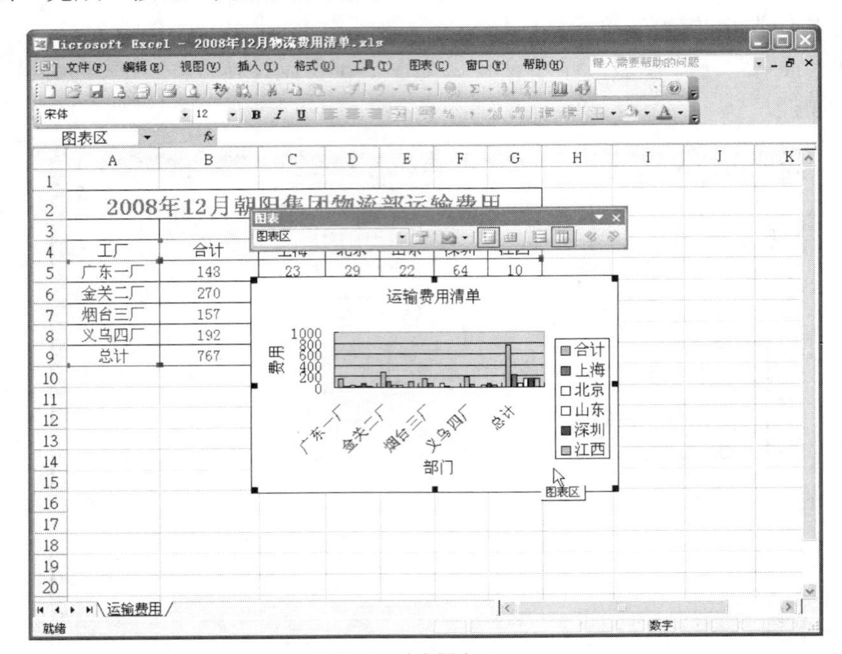

图3-62　建立图表（三）

（5）调整、移动图表。

图表建立完成后，可以对其进行修改或者调整大小及位置。

操作说明：

① 选取图表；

② 单击鼠标左键不放，在图表周围会出现8个黑色控点，拖动至适当位置放开鼠标左键，此时光标会变为“✣”形状；

③ 将光标移至图表黑色控点上，此时鼠标会变为“双箭号”形状，按住鼠标左键不放，拖动至适当大小放开鼠标左键；

④ 在图表上双击鼠标左键，出现“图表区格式”对话框，如图3-63所示；

⑤ 选择“图案”选项卡，设定图表格式及背景；

⑥ 单击“确定”按钮，图表修改完成。

【知识拓展】

要修改图表内数据的字体、颜色及大小等，可在选取图表区后，使用“图表区格式”对话框的字体相关按钮来设置。

当对坐标轴显示的刻度数值不满意时，可以直接在坐标轴上单击鼠标右键，选择“坐标轴格式”选项，出现“坐标轴格式”对话框后，在“刻度”选项卡中自行设定坐标轴刻度，如图3-64所示。

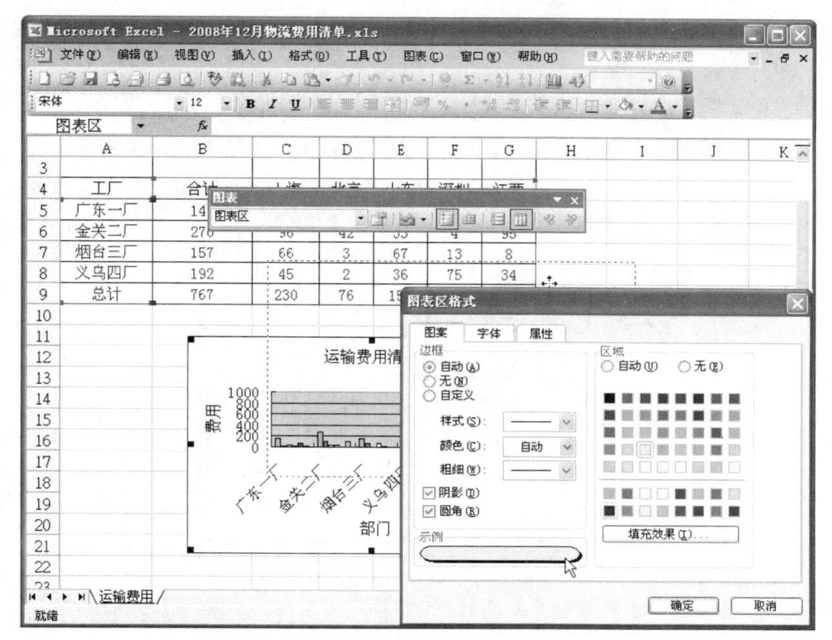

图 3-63　调整图表样式

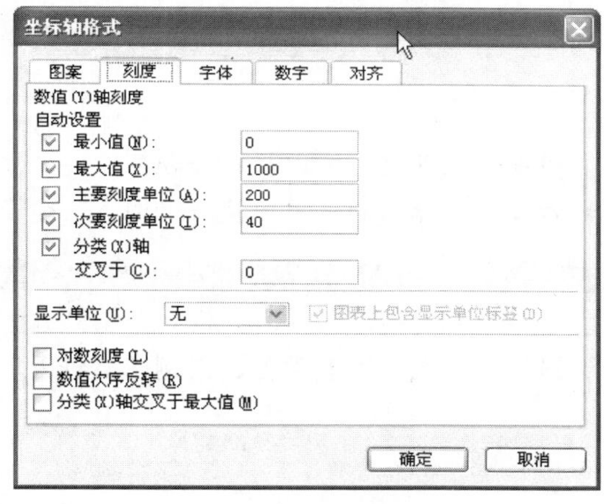

图 3-64　设定坐标轴刻度

（6）更改图表类型。

图表具有较好的视觉效果，每一种图表类型都有其代表意义，可以选用不同的图表类型来表现资料中数据的差异和趋势。

操作说明：

① 在图表空白处单击鼠标左键以选取图表，此时会出现“图表”工具栏；

② 在“图表”工具栏上，单击“图表类型”按钮旁的下拉列表，选择“折线图”，如图 3-65 所示；

③ 完成图表类型的更改。

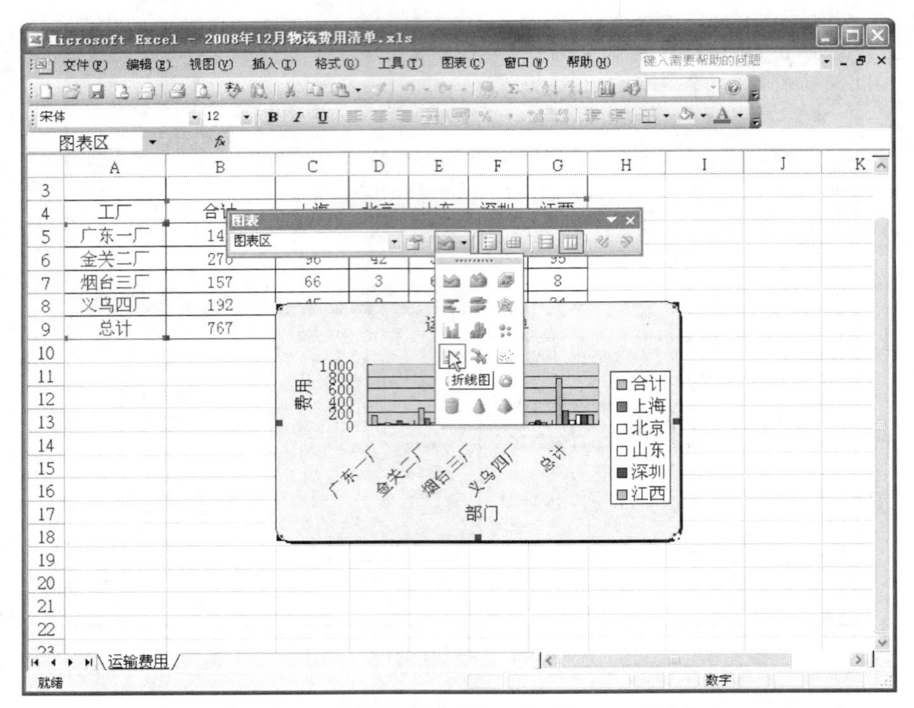

图 3-65　更改图表类型

【知识链接】

如果窗口中没有出现“图表”工具栏，可以执行“视图”→“工具栏”→“图表”菜单命令或在工具栏上单击鼠标右键，在弹出的菜单中执行“图表”命令。

以上依次为图表对象、图表区格式、图表类型、图例、数据表、按行、按列、顺时针斜排、逆时针斜排。

任务实施

利用以上学习的知识，打开“2009 年朝阳集团销售部门人员 1 月业绩表.xls”，进行操作如下。

1．排序

① 选取“1 月业绩排序表”。

② 选中含有数据的任意单元格，执行“数据”→“排序”命令。

③ 在“排序”对话框中，选取“主要关键字”为“销售额（万元）”、“降序”排列，选取“次要关键字”为“年龄”、“升序”排列，如图 3-66 所示。

④ 单击“确定”按钮。

Microsoft Excel - 2009年朝阳集团销售部门人员1月业绩表.xls

文件(F)　编辑(E)　视图(V)　插入(I)　格式(O)　工具(T)　数据(D)　窗口(W)　帮助(H)

A3　fx 1

	A	B	C	D	E	F
1	2009年朝阳集团销售部门人员1月业绩表					
2	序号	姓名	职称	性别	年龄	销售额（万元）
3	1	隋芷云	科长	女	20	4
4	2	邱				5
5	3	邵				3
6	4	由				12
7	5	陈				2
8	6	王				2.5
9	7	吕				1.8
10	8	夏				2
11	9	梁				1.6
12	10	车尚飞	职员	女	19	0.8
13	11	姜晓谓	职员	男	22	0.6

排序
主要关键字：销售额（万元）　○升序(A)　⊙降序(D)
次要关键字：年龄　⊙升序(C)　○降序(N)
第三关键字：　⊙升序(I)　○降序(G)
我的数据区域：⊙有标题行(R)　○无标题行(W)
选项(O)...　确定　取消

1月业绩表原表　1月业绩排序表　1月业绩筛选表　1月业绩分类汇总
就绪　数字

图 3-66　对工作表排序

【知识拓展】

如果需要按照“主任”、“科长”、“职员”、“实习生”这样的自定义序列来进行排序，可以提前将此序列定义为“自定义序列”。

单击“工具”→“选项”菜单中的“自定义序列”选项卡，在新序列中输入上述序列，单击“添加”按钮。

单击“排序”对话框中的“选项”按钮，从“自定义排序次序”下拉列表中选择刚刚定义的序列，进行排序，如图 3-67 所示。

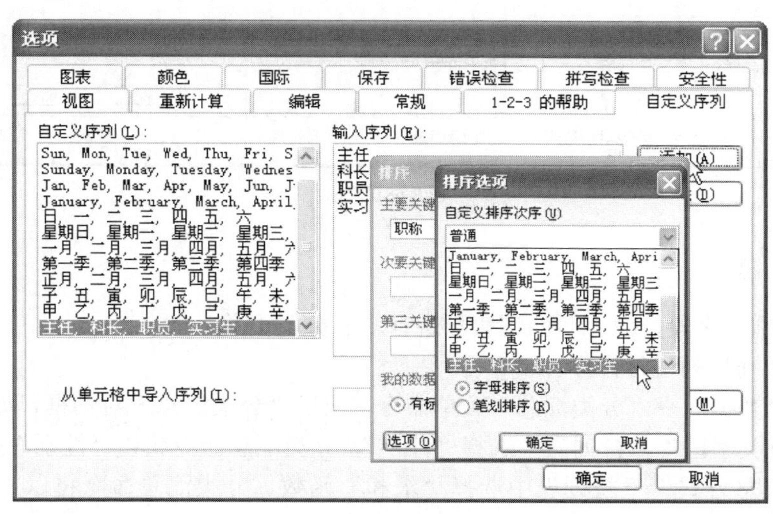

图 3-67　按照自定义排序序列来排序

2．筛选

筛选出“年龄大于 21 岁且小于 25 岁”并且“销售额（万元）大于 2.5”的个人。

① 选中“1 月业绩筛选表”。

② 执行“数据”→“筛选”→“自动筛选”命令。

③ 单击标题“年龄”旁的下拉列表，选择“自定义”。

④ 在“自定义自动筛选方式”对话框中选择输入“年龄”“大于”“21”，“与”“小于”“25”，如图 3-68 所示。

⑤ 单击标题“销售额（万元）”旁的下拉列表，选择“自定义”。

⑥ 在出现的“自定义自动筛选方式”对话框中选择输入“销售额（万元）”“大于”“2.5”。

⑦ 单击“确定”按钮，设定完毕。

在原有资料区域显示了满足“年龄大于 21 岁且小于 25 岁”并且“销售额（万元）大于 2.5”的个人。

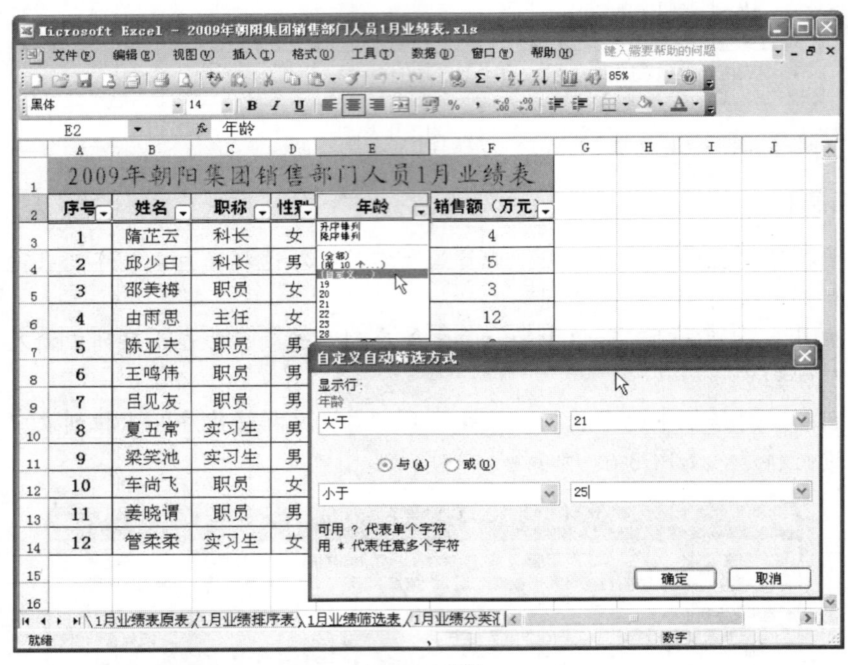

图 3-68 筛选

3．分类汇总

根据“性别”字段，对 1 月的销售额进行求和分类汇总。

① 对“性别”列进行排序。

② 执行“数据”→“分类汇总”菜单命令，出现“分类汇总”对话框，如图 3-69 所示。

③ 在“分类字段”下拉列表中选择“性别”，分类汇总命令将以“性别”列来划分类别。

④ 在“汇总方式”下拉列表中选择“求和”函数，分类汇总命令将以“求和”函数计算上一步骤中各个类别的内容。

⑤ 在“选定汇总项”中，勾选“销售额（万元)”项，分类汇总命令将计算各个“性别”类别中的“销售额(万元)”的平均值，并将结果放在各个类别的最后一个销售额数值的下方。

⑥ 勾选“替换当前分类汇总”项。

⑦ 勾选“汇总结果显示在数据下方”项，则 Excel 会将“求和”摘要信息放在最后一个汇总结果的下方。

⑧ 单击“确定”按钮，显示 Excel 分类汇总结果。

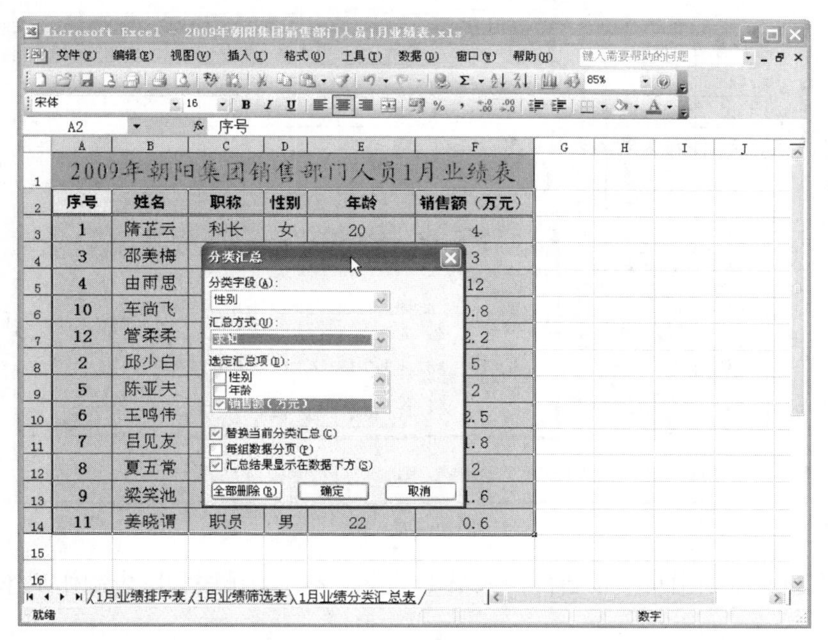

图 3-69　分类汇总

4．建立图表

使用“1 月业绩表原表”，选择职称为“实习生”行中的“姓名”与“销售额”建立簇状柱形图，以“1 月实习生销售额”为独立工作表插入工作簿。

① 选取“1 月业绩表原表”。

② 选取“B2”、“B10”、“B11”、“B14”与“F2”、“F10”、“F11”、“F14”单元格。

③ 执行“插入”→“图表”菜单命令，出现“图表向导-4 步骤之 1-图表类型”对话框。

④ 选择“标准类型”选项卡。

⑤ 在“图表类型”中选择“柱形图”。

⑥ 在“子图表类型”中选择“簇状柱形图”。

⑦ 单击“下一步”按钮，出现“图表向导-4 步骤之 2-图表数据源”对话框。

⑧ 选择“数据区域”选项卡。

⑨ 在“数列资料取自”勾选“列”。

⑩ 单击“下一步”按钮，出现“图表向导-4 步骤之 3-图表选项”对话框。

⑪ 选择“标题”选项卡，在“图表标题”中输入“1 月实习生销售额”，在 X 轴标题输入“姓名”。

⑫ 单击“下一步”按钮，出现“图表向导-4 步骤之 4-图表位置”对话框，如图 3-70 所示。

⑬ 点选“作为新工作表插入”，在右侧的文本框中输入“1 月实习生业绩表”。

⑭ 单击“确定”按钮，在“1 月业绩表原表”左侧插入新图表，完成图表的建立。

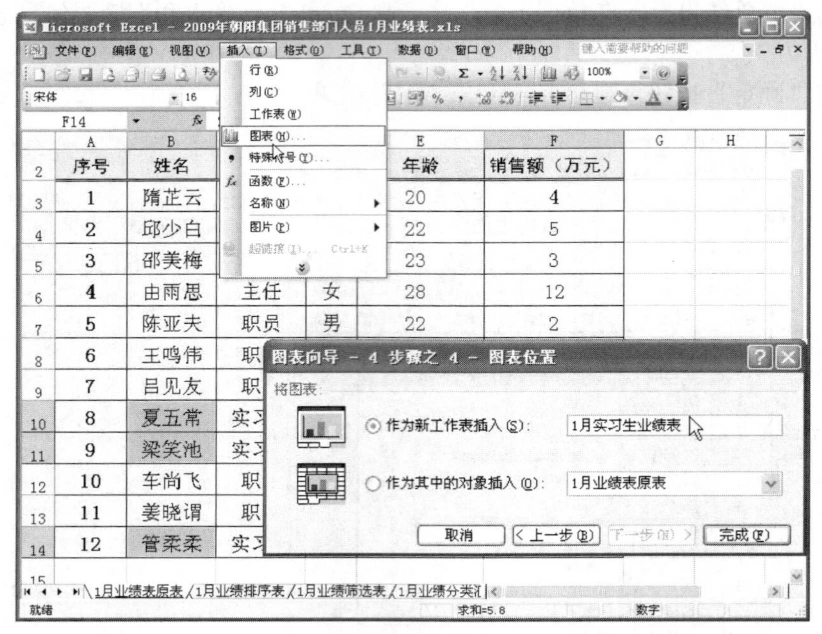

图 3-70　插入图表

至此，“2009 年朝阳集团销售部门人员 1 月业绩表”的排序和图表制作工作全部完毕。

项目四 PowerPoint 2003的使用

任务一 制作“母亲节”诗歌朗诵演示文稿

【学习目标】

- 了解 PowerPoint 2003 的组成
- 掌握演示文稿的创建、打开、保存、关闭等操作
- 掌握幻灯片的基本操作
- 熟悉幻灯片外观的修饰和内容的编辑
- 掌握幻灯片的动画效果和幻灯片的切换效果的制作方法

任务描述

小王同学准备参加学校举办的“母亲节”诗歌朗诵比赛，她打算制作一个配合自己诗朗诵的演示文稿，包含感人的文字、抒情的音乐和精美的图片，用来增加气氛和突出效果。

任务分析

PowerPoint 是一个功能强大的、制作演示文稿的应用程序，使用它可以创建包含文本、图像、声音、视频以及其他各种多媒体效果的演示文稿。小王要朗诵的诗歌根据内容可分为两部分，一部分表达对母亲的感激之情，另一部分对母亲进行深情地祝福。我们可以使用 PowerPoint 2003 将这两部分内容制作成 6 张幻灯片，把小王前期准备的文字、图片和音乐通过这 6 张幻灯片配合诗歌朗诵播放。

相关知识

1．PowerPoint 2003 中常见的概念

（1）幻灯片。

简单地说，幻灯片是为了更加直观地表述演讲者的观点，在播放演示文稿时让观众看到的一幅幅图文并茂的图片。幻灯片可以包括标题、详细的说明文字、形象的数字和图表、生动的图片图像以及动感的多媒体组件等元素。

（2）演示文稿。

演示文稿是由一系列组合在一起的幻灯片组成的，它是 PowerPoint 环境中用于存放信息的文件，扩展名为“ppt”。

2．PowerPoint 2003 的基本操作

（1）启动 PowerPoint 2003 的方法。

启动 PowerPoint 2003 的方法有 3 种：一是通过“开始”菜单，二是通过桌面快捷方式，三是通过打开已有的 PowerPoint 演示文稿。

通过“开始”菜单启动：单击屏幕左下角的“开始”菜单按钮，在弹出的菜单中选择“程序”→“Microsoft Office”→“Microsoft PowerPoint”选项，即可启动。PowerPoint 启动后，屏幕上将显示 PowerPoint 2003 的工作界面，如图 4-1 所示。

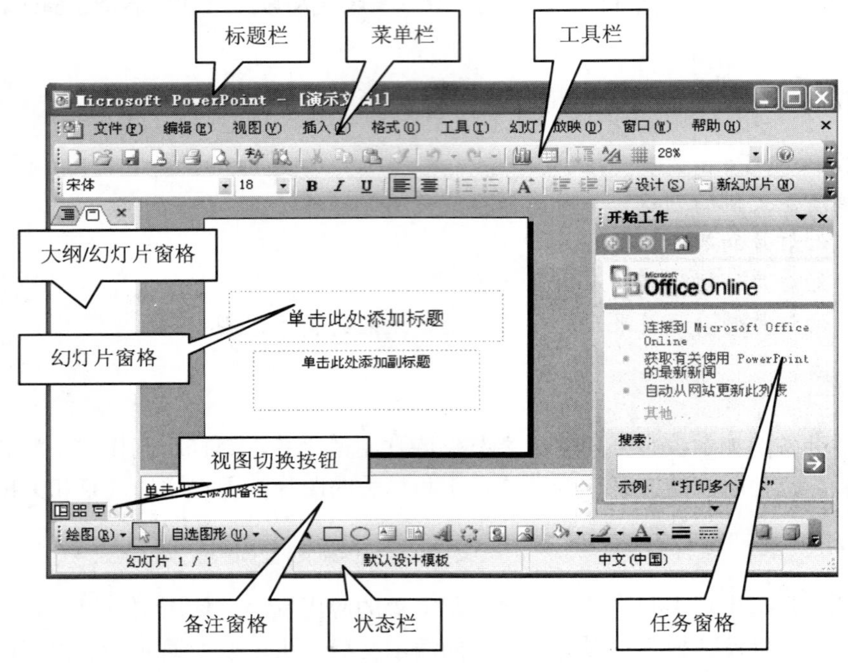

图 4-1　PowerPoint 2003 工作界面

PowerPoint 2003 的工作界面主要由以下几部分组成。

① 标题栏、菜单栏、工具栏和任务窗格，这些在 Word 和 Excel 中都有介绍，这里不再赘述。

② 大纲/幻灯片切换窗格：用来显示演示文稿的大纲或幻灯片缩略图。单击窗格上方的“大纲”标签，此窗格仅显示演示文稿的大纲内容，用户可以方便地查看输入演示文稿的一系列主题，系统将根据这些主题自动生成相应的幻灯片；单击窗格上方的“幻灯片”标签，此窗格将以缩略图的形式显示演示文稿中的幻灯片，以便观看幻灯片的设计效果，可以通过拖动幻灯片来重新排列幻灯片的次序，以及实现添加、删除幻灯片。

③ 幻灯片窗格：显示当前设计的幻灯片，用于编辑每张幻灯片中的文本外观，添加图形、影片和声音，创建超链接以及向其中添加动画。

④ 备注窗格：用于添加与观众共享的演说者备注或信息。

⑤ 视图切换按钮：位于水平滚动条的左侧，用于快速切换到不同的视图模式。

⑥ 状态栏：位于窗口的底部，显示演示文稿的幻灯片页数和使用的设计模板等。

（2）新建演示文稿。

根据不同主题的文本内容及风格，PowerPoint 提供了多种新建演示文稿的方法。常用的有“空演示文稿”、“内容提示向导”和“设计模板”。

① 利用“空演示文稿”创建演示文稿。

在“新建演示文稿”任务窗格中单击“空演示文稿”选项，“新建演示文稿”任务窗格转换为“幻灯片版式”任务窗格，单击即可。

② 根据内容提示向导创建演示文稿。

内容提示向导中包含有不同主题的演示文稿示例，用户可以在根据要表达的内容选择合适的主题后，在“内容提示向导”的引导下一步步地建立文稿。

a．在“新建演示文稿”任务窗格中选择“根据内容提示向导”选项，弹出如图 4-2 所示的“内容提示向导”对话框。

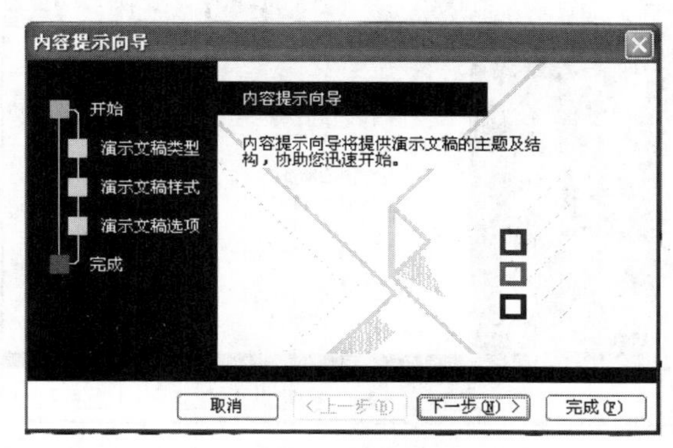

图 4-2 “内容提示向导”对话框 1

b．单击“下一步”按钮，出现如图 4-3 所示的对话框，选择要创建演示文稿的类型，如“常规”中的“培训”类型。

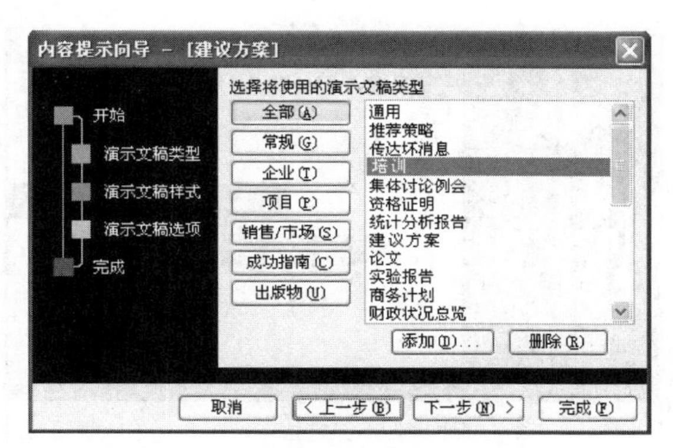

图 4-3 “内容提示向导”对话框 2

c．单击“下一步”按钮，出现如图 4-4 所示的对话框，选择输出的类型，本例选择“屏幕演示文稿”选项。

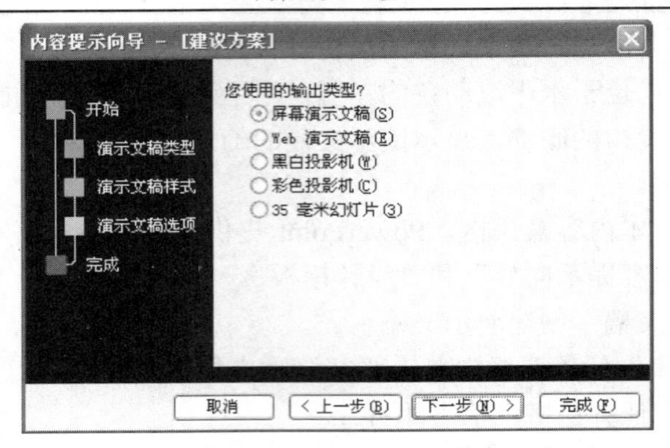

图 4-4 “内容提示向导”对话框 3

d．单击“下一步”按钮，出现如图 4-5 所示的对话框，在此可以对演示文稿的有关内容进行预先设置，在“演示文稿标题”文本框中输入“完善班级管理制度”，选中“上次更新日期”、“幻灯片编号”复选框。

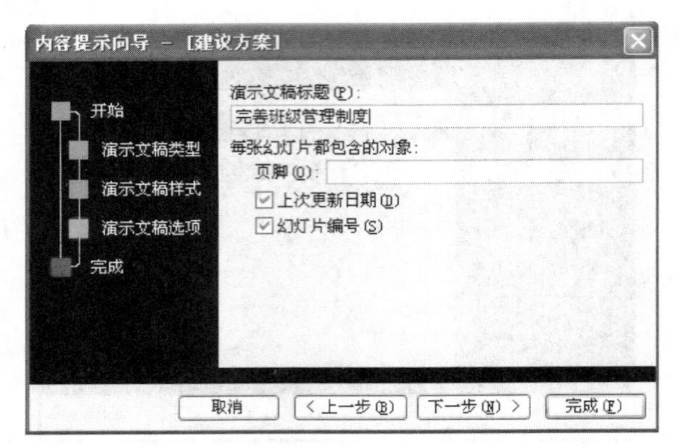

图 4-5 “内容提示向导”对话框 4

e．单击“下一步”按钮，出现如图 4-6 所示的对话框，单击“完成”按钮，演示文稿创建成功。

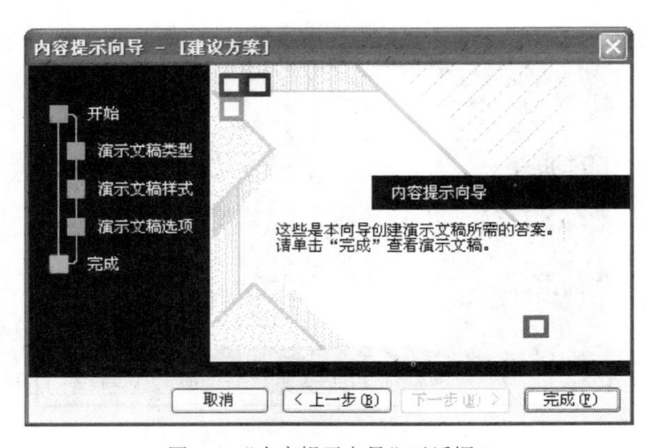

图 4-6 “内容提示向导”对话框 5

③ 使用模板创建演示文稿。

a．在“新建演示文稿”任务窗格中单击“本机上的模板”选项，出现“新建演示文稿”对话框，如图 4-7 所示。

b．选择“演示文稿”选项卡，在列表中选择一种模板，在右边的预览框中显示相应的版式；选择需要的演示文稿类型，系统自动完成一份包含多张幻灯片的演示文稿。

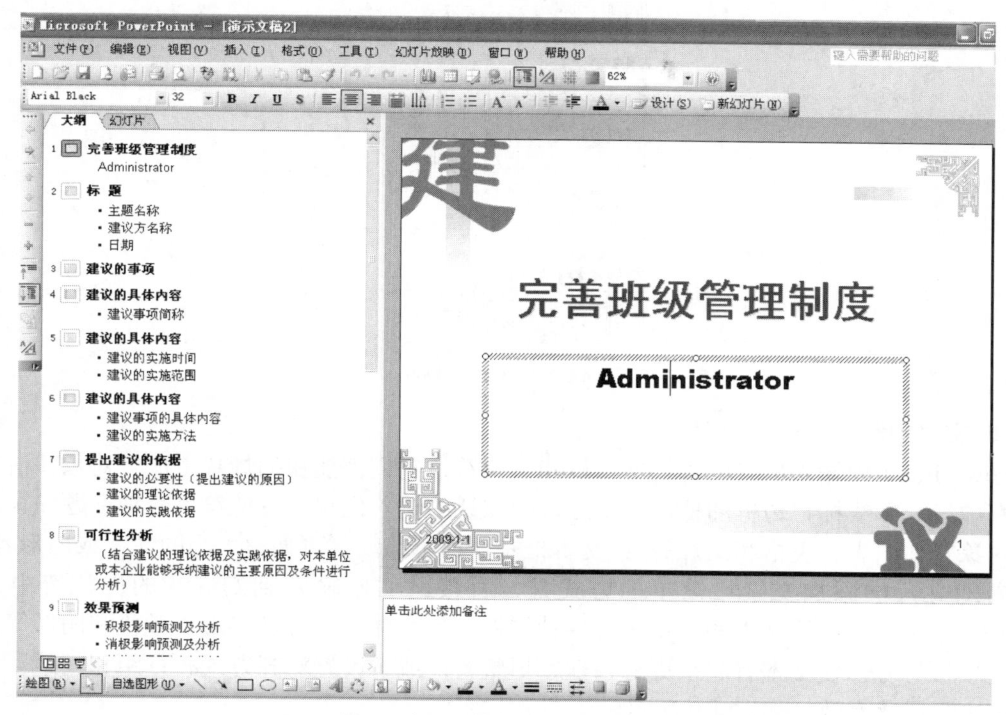

图 4-7　打开“新建演示文稿”对话框

【知识链接】

将鼠标指向任务窗格中“应用幻灯片版式”列表中的一种版式，在该版式的右侧出现一个下拉箭头，单击下拉箭头出现一个下拉列表，如图 4-8 所示。在列表中选择“应用于选定幻灯片”，则将该版式应用于选定的幻灯片上；如果选择“插入新幻灯片”，则将插入一张新幻灯片，此幻灯片将应用该版式。第一张幻灯片一般选择“标题幻灯片”。

（3）创建幻灯片。

① 添加新幻灯片。

选择一张幻灯片，单击工具栏上的“新幻灯片”按钮，从“幻灯片版式”任务窗格中选择一种版式，可在当前幻灯片后创建一张新的幻灯片。

【知识链接】

要将已有演示文稿的幻灯片复制到当前演示文稿，可打开目标演示文稿，选中一张幻灯片，选择“插入”菜单的“幻灯片（从文件）”命令。在“搜索演示文稿”选项卡中选定要复制的幻灯片，单击“插入”按钮或者单击“全部插入”按钮。

图 4-8　幻灯片版式设置

② 文字的输入与格式设置。

PowerPoint 中输入框有两种：文本框和占位符，它们都能在幻灯片上放置对象。占位符是带有虚线或影线标记边框的框，是幻灯片中默认的输入位置。占位符可容纳标题和正文，以及对象（如图表、表格和图片等）；文本框是一种可移动、可调整大小的文字或图形容器。

向幻灯片中添加文字最简单的方式是，直接将文本输入到幻灯片的占位符中。在 PowerPoint 中，可以给文本的文字设置各种属性，如字体、字号、字形、颜色和阴影等；或者设置项目符号，使文本看起来更有条理、更整齐；或者设置对齐方式、行距和间距，使文本看起来更错落有致，如图 4-9 所示。

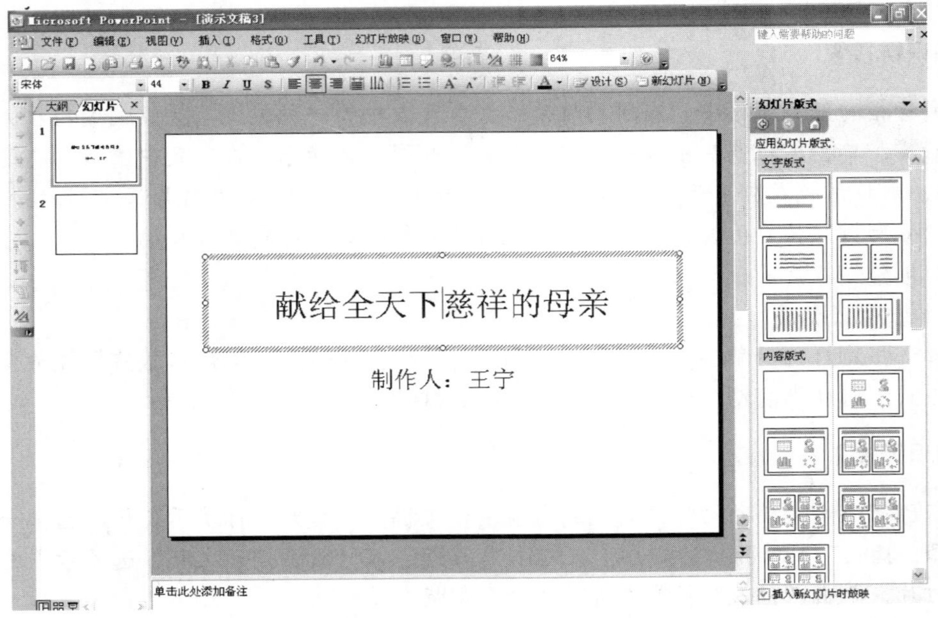

图 4-9　幻灯片编辑窗口

③ 艺术字、图片、表格、图表的插入与编辑。

在 PowerPoint 中，艺术字、图片、表格、图表的插入与编辑和在 Word 或 Excel 中的方法基本上是一样的，可参考 Word 或 Excel 中的相关操作。

④ 声音和影片的插入。

为了使幻灯片更加活泼、生动，可以在幻灯片中插入影片和声音。在幻灯片视图中选择幻灯片，选择“插入”菜单中的“影片和声音”命令，打开相应的级联菜单，选择“剪辑管理器中的声音”选项，出现“插入剪贴画”任务窗格。用户可以使用“剪辑库”中的声音、音乐或已有的声音文件；也可以使用录制的自己的声音或 CD 乐曲。声音插入完成后，可根据需要选择是自动播放还是单击时播放。

插入影片的方法和插入声音类似，在幻灯片视图中选择幻灯片，单击“插入”→“影片和声音”命令中相应的级联菜单。用户可以使用“剪辑库”中的影片或文件中的影片。插入视频文件后，将会出现相应的图标，用户可根据需要选择是自动播放还是单击时播放。

（4）编辑幻灯片。

① 选择幻灯片。

要选择单张幻灯片，用鼠标单击它即可。要选择多张连续的幻灯片，可先单击第一张幻灯片，然后按住“Shift”键，再单击要选择的最后一张幻灯片。要选择不连续的多张幻灯片，可按住“Ctrl”键，再单击要选择的幻灯片。

② 删除幻灯片。

选择要删除的幻灯片，按下键盘上的“Del”键，或单击“编辑”→“删除幻灯片”命令。

③ 复制幻灯片。

复制幻灯片的方式有两种：一种是使用幻灯片副本，另一种是使用“复制”和“粘贴”命令。

使用幻灯片副本复制时，选择需要复制的幻灯片，然后单击“插入”→“幻灯片副本”命令。使用“复制”和“粘贴”命令时，选择需要复制的幻灯片，单击“编辑”→“复制”命令（或单击工具栏上的“复制”按钮），再将指针移到要粘贴的位置，然后单击“编辑”→“粘贴”命令（或单击工具栏上的“粘贴”按钮）。

④ 移动幻灯片。

移动幻灯片可以用“剪切”和“粘贴”命令来改变顺序，其操作步骤与使用“复制”和“粘贴”命令相似，只不过是用“剪切”命令代替了“复制”命令。

另一种快速移动幻灯片的方法是，切换到幻灯片浏览视图，选择要移动的幻灯片后，按住鼠标左键，拖动幻灯片到需要的位置，然后松开鼠标左键，即将幻灯片移到新位置。

（5）PowerPoint 2003 的视图方式。

PowerPoint 2003 提供了 3 种主要视图：普通视图、幻灯片浏览视图和幻灯片放映视图。视图切换方法是单击“视图”菜单或使用屏幕左下角的视图按钮。

① 普通视图。

普通视图是一种三合一的视图方式，可以将幻灯片、大纲和备注页视图集成到一个视图中，如图 4-10 所示。

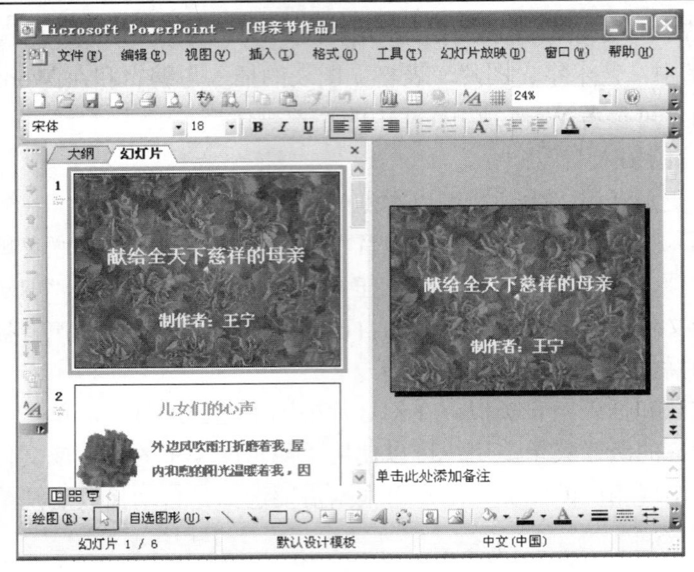

图 4-10　幻灯片普通视图

② 幻灯片浏览视图。

幻灯片浏览视图是一种能够看到整个演示文稿外观的视图方式，在“浏览视图”下幻灯片都以缩略图的形式显示，用户可以很容易地调整幻灯片的顺序、添加或删除幻灯片、复制幻灯片，也可以预览幻灯片上的动画，如图 4-11 所示。

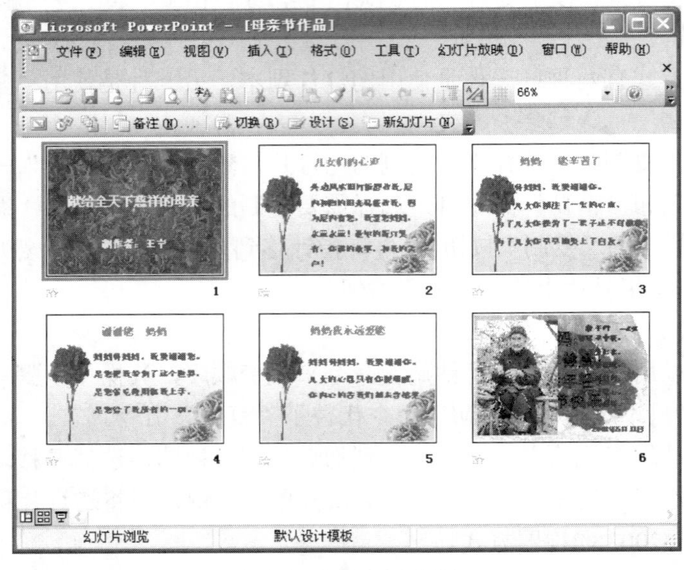

图 4-11　幻灯片大纲视图

③ 幻灯片放映视图。

幻灯片放映视图是一种用于查看幻灯片播放效果的视图方式。在创建演示文稿的任何时候，用户都可以通过单击水平滚动条左侧的“幻灯片放映视图”按钮或者“幻灯片放映”命令切换到幻灯片放映视图。幻灯片的放映将占据整个计算机屏幕。

（6）使用背景修饰幻灯片页面外观。

幻灯片的背景既可以是单色，也可以是渐变过渡色、线条、暗纹、简单图案或图片，应根据演示文稿的内容和主题选定背景。

打开演示文稿，单击“文件”→“背景”命令，弹出“背景”对话框，如图 4-12 所示，单击“背景”对话框中的下拉列表，可以选择颜色或者填充效果，根据自己的需要来设计，单击“确定”按钮，返回“背景”对话框，在“背景填充”区会出现选择的颜色或效果。单击“应用”按钮，则将选定的颜色应用为当前幻灯片背景；单击“全部应用”按钮，则将选定的颜色应用为演示文稿中所有幻灯片的背景。

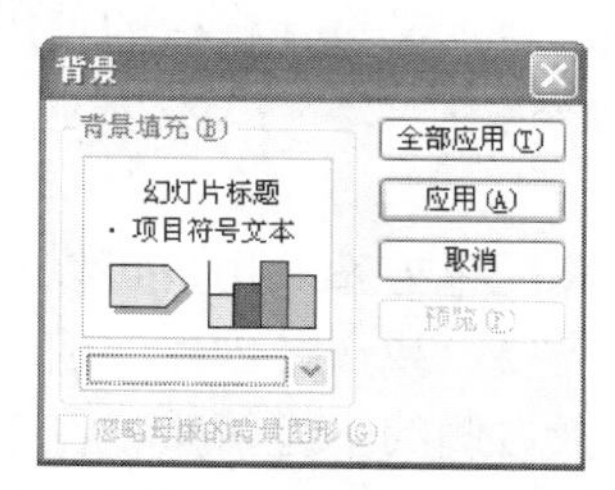

图 4-12 “背景”对话框

（7）幻灯片母版和使用幻灯片母版。

母版用于设置文稿中每张幻灯片的预设格式，这些格式包括每张幻灯片标题及正文文字的位置和大小、项目符号的样式、背景图案等。母版分为三类：幻灯片母版、讲义母版和备注母版。

最常用的母版是幻灯片母版。选择“视图”→“母版”→“幻灯片母版”命令，就进入幻灯片母版视图，如图 4-13 所示。在此幻灯片母版上有五个占位符，用来确定幻灯片母版的版式。

标题母版控制的是具有“标题幻灯片”版式的幻灯片。单击“幻灯片母版视图”工具栏中的“插入新标题母版”按钮，即出现“标题母版”，如图 4-13 所示的第二张，然后进行所需要的格式设置。

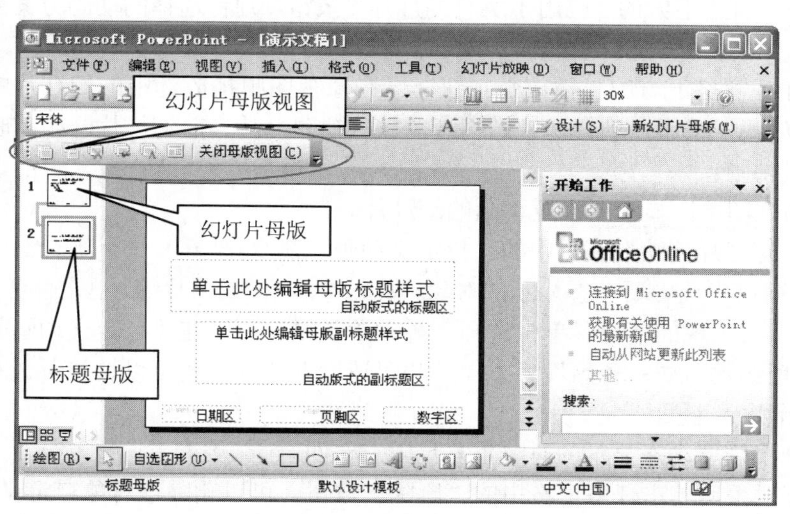

图 4-13 幻灯片母版的编辑窗口

（8）幻灯片模板。

① 自定义模板。

在 PowerPoint 2003 中，用户可以利用系统提供的模板创建演示文稿，同时也允许用户自定义设计模板，创建方法如下：打开现有的演示文稿或使用设计模板创建作为新设计模板的演示文稿，对演示文稿的幻灯片母版进行必要地修改之后，选择“文件”→“保存”或“另存为”命令，打开“另存为”对话框，如图 4-14 所示，在对话框中，将当前的驱动器或文件夹更改为要保存演示文稿的驱动器或文件夹，在“保存类型”下拉列表中选择“演示文稿设计模板”选项，在“文件名”文本框中键入所需要的文件名（可以不输入扩展名，PowerPoint 2003 自动为文件加上.ppt 扩展名）。自定义设计模板的使用方法和系统里提供的模板的使用方法是一样的。

② 应用模板。

设计模板包含了预定义的格式和配色方案，用户可以将其应用到演示文稿中，以创建独特的外观，也可以修改模板以满足需要，或在已创建的演示文稿的基础上建立新模板。方法是：先选择幻灯片，然后单击某模板右侧的下拉箭头，在下拉菜单中选择“应用于选定幻灯片”；如果是应用自定义模板，就单击任务窗格下方的“浏览”命令，打开“应用设计模板”对话框，在“查找范围”框中确定自己设计模板的存放位置，在列表框中选定设计模板文件，然后单击“应用”按钮，选定的设计模板就会应用到当前演示文稿中。

（9）设置幻灯片动画效果。

① 使用预设动画。

预设动画是指系统自带的动画方案，打开相应的对话框，单击即可应用，具体操作步如下：

a．在幻灯片浏览视图中选择一张或多张幻灯片，打开“幻灯片放映”菜单，执行“动画方案”命令，弹出“幻灯片设计”窗格；

b．在“应用于所选幻灯片”下方显示了系统自带的动画方案，单击选择一种方案，就会在所选幻灯片的左下方出现预设动画标志，单击此标志，可预览动画效果；

c．单击任务窗格下方的“应用于所有幻灯片”按钮，则将选择的动画方案应用于整个演示文稿中；

d．单击任务窗格下方的“播放”按钮，则在原视图中播放选中的幻灯片的动画效果；单击“幻灯片放映”按钮，则会切换到幻灯片放映视图，从当前幻灯片开始放映。

② 自定义动画。

a．在普通视图下，显示要设置动画的幻灯片。

b．单击“幻灯片放映”菜单中的“自定义动画”命令。

c．在文稿窗口中选中要动态显示的对象，如文本、表格或图片等，单击任务窗格中的“添加效果”按钮，在出现的下拉菜单中选择一种动画效果，可以在“自定义动画”任务窗格中进一步设置各项参数，如“开始”、“方向”和“速度”选项，还可以调整所选对象内各个二级对象的动画顺序及参数。

d．对每一个需要动态显示的对象重复步骤三～四。

e．选中某对象后单击任务窗格中的“删除”按钮，可以删除该对象自定义的动画。

（10）设置幻灯片切换效果。

幻灯片的切换效果是指前后两张幻灯片进行切换的方式，如“水平百叶窗”、“盒状展开”等方式。设置切换效果的步骤如下：

① 在幻灯片浏览视图或普通视图中选择一张或多张幻灯片；

② 单击“幻灯片放映”菜单下的“幻灯片切换”命令；

③ 在“幻灯片切换”任务窗格下的“应用于所选幻灯片”中选择切换效果，在“速度”区中选择切换速度；

④ 在“换片方式”区中，如果选择“单击鼠标时”复选框，则用鼠标单击幻灯片切换到下一张幻灯片；如果选择了“每隔”复选框，则幻灯片按设定的时间自动切换到下一张；当两个复选框都选中时，既可以利用设定的时间进行幻灯片地切换，又可以利用鼠标单击进行切换；

⑤ 在“声音”列表中选择所需的声音，如果需要在幻灯片演示过程中始终播放声音，则选择“循环播放，到下一声音开始时”复选框；

⑥ 单击“应用于所有幻灯片”按钮，将切换效果应用到所有的幻灯片。

（11）保存演示文稿。

制作完成文稿之后，应将其保存到指定的磁盘中。如果要保存新建的演示文稿，可以选择“文件”→“保存”或“另存为”命令，打开“另存为”对话框，如图 4-14 所示，在对话框中，可将当前的驱动器或文件夹改为要保存演示文稿的驱动器或文件夹，在“文件名”文本框中键入所需要的文件名。如果只保存对已有演示文稿的修改，而不更改路径的话，可以使用“文件”→“保存”命令，或者单击工具栏上的“保存”按钮。

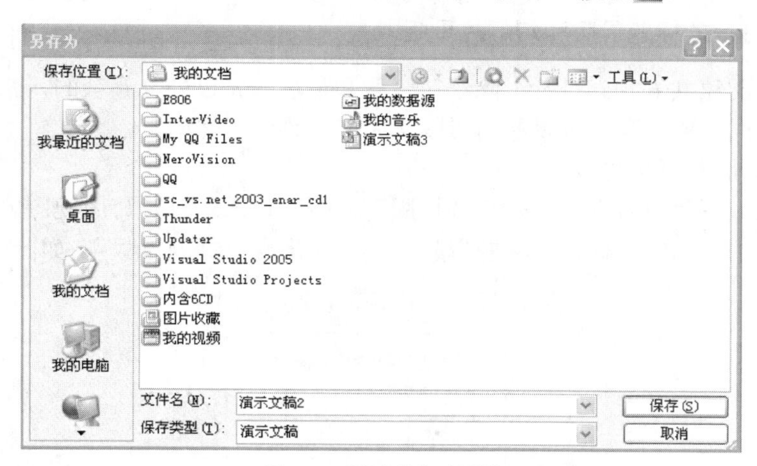

图 4-14 “另存为”对话框

（12）退出 PowerPoint 2003。

退出 PowerPoint 2003 应用程序的方法，一般有以下 3 种方式：

- 单击“文件”菜单中的“退出”命令；
- 按“Alt+F4”组合键；
- 单击标题栏中右侧的“关闭”按钮。

如果在退出 PowerPoint 2003 应用程序之前，演示文稿的改动没有保存，则程序会提示是否保存更改内容，选择“是”，先保存后退出；选择“否”，不保存退出。

任务实施

1. 新建一个空白演示文稿

打开 PowerPoint 2003，系统自动新建一个空白演示文稿，如图 4-15 所示。

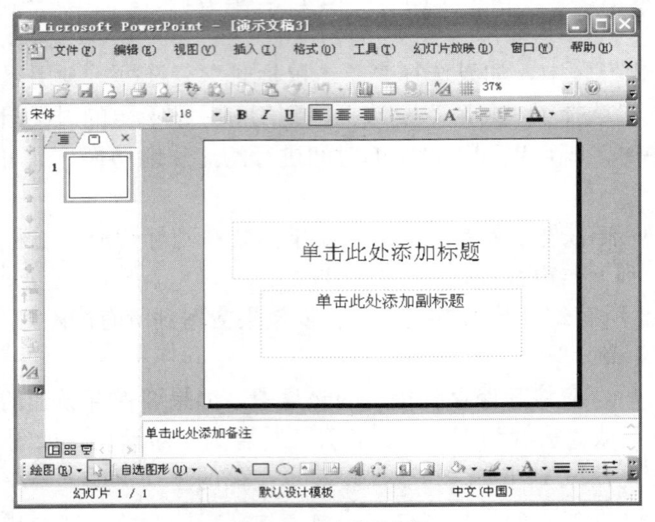

图 4-15 空白演示文稿

2. 设计幻灯片的标题母版和幻灯片母版

因为该演示文稿共 6 张幻灯片，除了第一张和最后一张以外，其余的 4 张幻灯片的背景和文本格式都相同，所以我们可以利用母版来完成，具体步骤如下。

① 幻灯片母版和标题母版。

选择“视图”→“母版”→“幻灯片母版”命令，进入幻灯片母版视图。在“幻灯片母版视图”工具栏中，单击“插入新标题母版”按钮，出现“标题母版”，如图 4-16 所示。

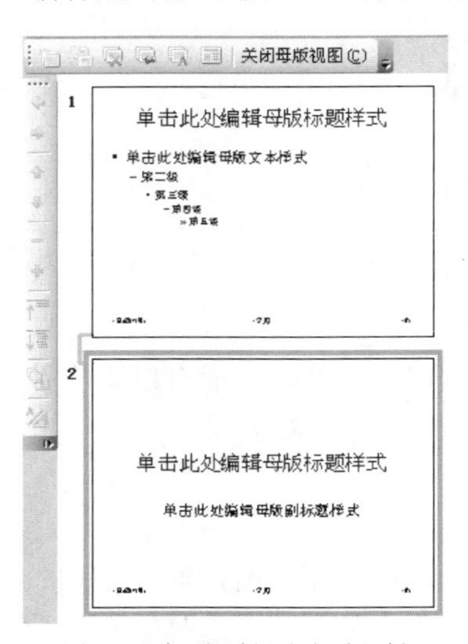

图 4-16 标题母版和幻灯片母版

② 修饰标题母版。

选中“标题母版”，单击鼠标右键，选择“背景”→“填充效果”→“图片”，单击“选择图片”按钮，把素材中的“第四章素材”中的“背景 1”图片按要求导入，如图 4-17 所示。

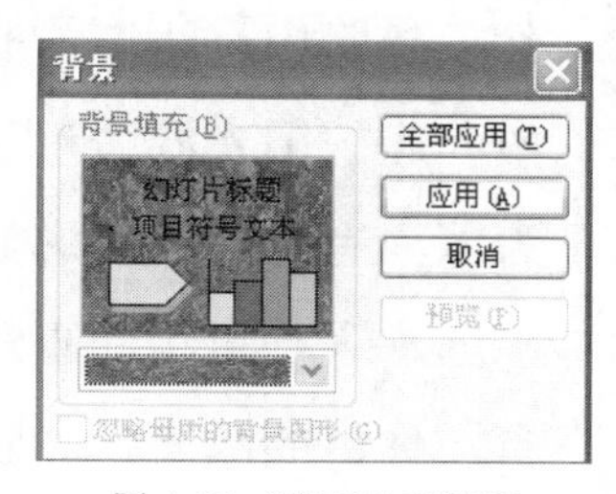

图 4-17 “背景”对话框

单击“应用”按钮。鼠标选中“单击此处编辑母版标题样式”占位符，右键单击“字体”，字体名选“方正舒体”、字号选“54”、字形选“加粗”、颜色选“黄色”。鼠标选中“单击此处编辑母版副标题样式”占位符，操作过程与前面相同，只是字号选择“44”。

③ 修饰幻灯片母版。

选中“幻灯片母版”，用同样的方法导入素材中的“第四章素材”中的“背景 2”图片。鼠标选中“单击此处编辑母版标题样式”占位符，操作过程与上一步一样，只是字体名选“隶书”、字号选“44”、颜色选“红色”。

④ 利用标题母版制作演示文稿的首页。

单击“关闭母版视图”按钮，进入幻灯片的普通视图环境。在“幻灯片版式”窗格中，为第一张幻灯片选择如图 4-18 所示的“标题幻灯片”版式。在该幻灯片的标题处输入“献给全天下慈祥的母亲”，在副标题处输入“制作者：王宁”，效果如图 4-18 所示。

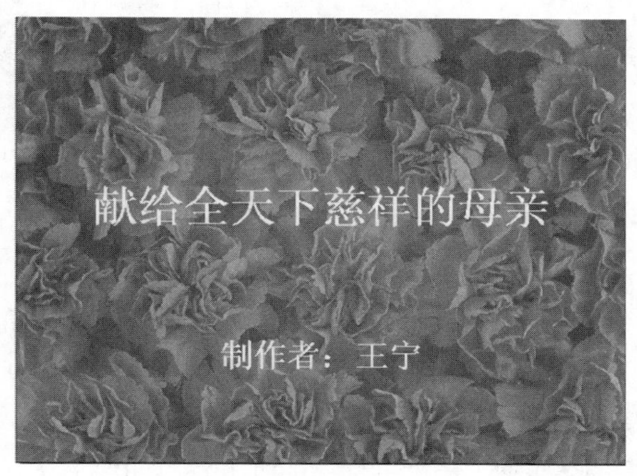

图 4-18 标题幻灯片

3. 利用幻灯片母版设计内容幻灯片

单击“插入”→“新幻灯片”，在“幻灯片版式”窗口中选择如图 4-19 所示的版式。在标题处添加“儿女们的心声”，在内容处添加相关的内容。该幻灯片的标题或内容的格式在字体对话框中可进行修改，操作过程与前面相同。

图 4-19　内容幻灯片一

下面的操作与前面相同，添加 3 张幻灯片，标题分别是“妈妈 您辛苦了”、“谢谢您 妈妈”和“妈妈我永远爱您”，相关的内容也添加到相应的位置上，如图 4-20～图 4-22 所示。

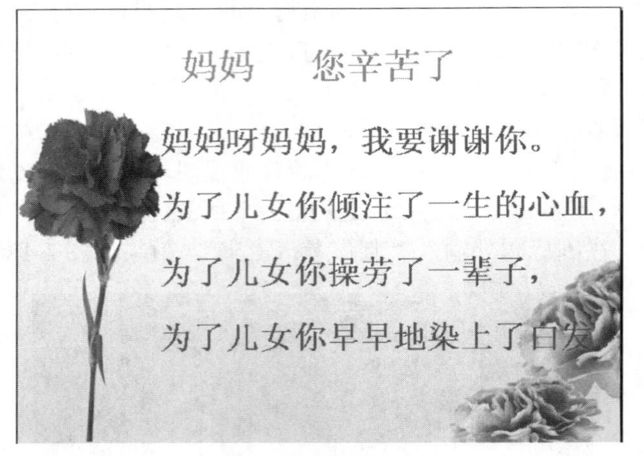

图 4-20 内容幻灯片二

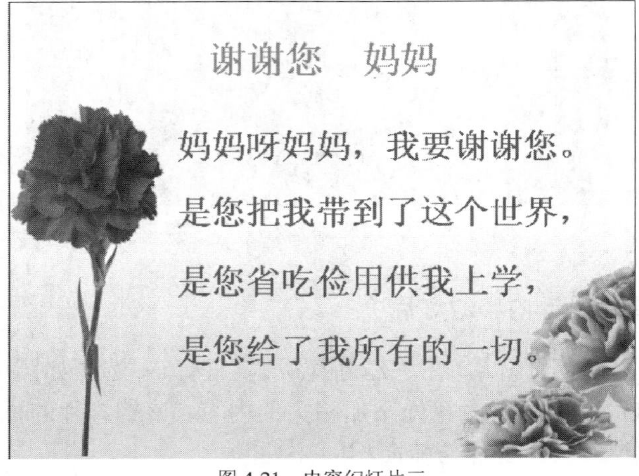

图 4-21　内容幻灯片三

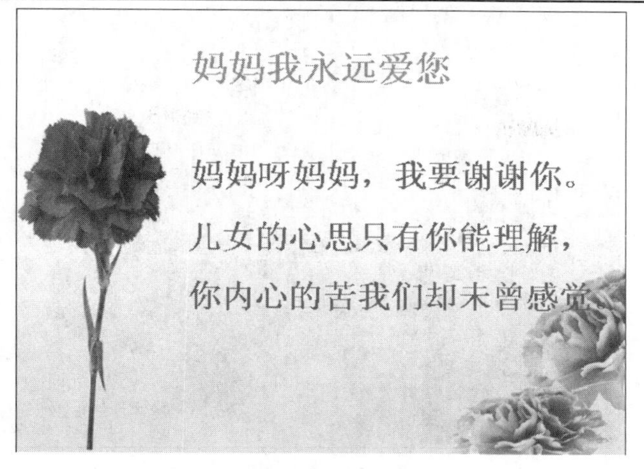

图 4-22　内容幻灯片四

4．设计结尾幻灯片

① 更换结尾幻灯片的背景图片。

单击"插入"→"新幻灯片"，在"幻灯片版式"窗口中选择"空白"。鼠标右键单击该幻灯片，单击"背景"，重复步骤二相同的操作，将"背景 3"图片导入，如图 4-23 所示。

图 4-23　结尾幻灯片的背景

② 添加结尾幻灯片的内容。

单击"插入"→"图片"→"来自文件"→"插入图片"对话框，将素材中的"母亲"图片导入，适当地调整其大小，并将其拖放在左边。单击"插入"→"文本框"→"水平"，在其中输入《游子吟》这首诗，用同样的方法，添加另外两个文本框，分别输入祝福母亲的话语和制作日期，对图片和文本框进行调整，效果如图 4-24 所示。

5．添加音乐

① 插入"母亲.mp3"。

图 4-24　结尾幻灯片

为演示文稿添加背景音乐。选择第一张幻灯片，单击“插入”→“影片和声音”→“文件中的声音”，在出现的“插入声音”对话框中选中素材中的“母亲.mp3”作为背景音乐，然后单击“确定”按钮，在弹出的对话框中单击“自动”按钮插入音乐对象，如图 4-25 所示。

图 4-25　开始播放声音对话框

② 设计背景音乐的播放效果。

鼠标右键单击插入的声音对象（喇叭图标），在弹出的快捷菜单中选择“自定义动画”，在出现的“自定义动画”任务窗格中，单击刚插入的音乐选项右侧的下拉箭头，在出现的菜单中单击“效果选项”。最后，在弹出的“播放声音”对话框中单击“效果”选项卡，在“停止播放”项下面选中“在（F）:XX 张幻灯片后”（中间的 XX 为数字），在中间的数字增减框中输入“20”，如图 4-26 所示。

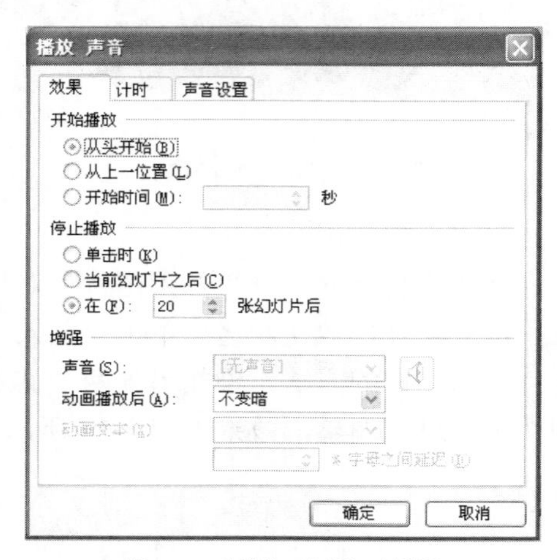

图 4-26　“播放 声音”对话框

【知识链接】

为避免出现音乐播放结束，而幻灯片却没有播放完的情况，可通过在弹出的“播放声音”→“效果”→“停止播放”→“在（F）:XX 张幻灯片之后”（.中间 XX 为数字），设置数字比幻灯片的总张数大一些来实现。如果希望在放映的时候小喇叭图标不显现，可以换到“声音设置”标签，勾选“幻灯片放映时隐藏声音图标”项。

6．为幻灯片中的元素添加相应的动画效果

① 为前 5 张幻灯片添加动画效果。

前 5 张幻灯片的动画效果相似，以第二张幻灯片为例介绍。选中“儿女的心声”，在任务窗格的下拉菜单里选择“自定义动画”，单击“添加动画效果”按钮，选择“进入”→“其他效果”→“扇形展开”→“确定”，在“开始”和“速度”选项中，设定参数分别为“单击时”和“中速”。用同样的方法为幻灯片的其他内容添加“自定义动画”效果，如图 4-27 所示。

② 为结尾幻灯片添加动画效果。

最后一张幻灯片中“母亲”图片除了有进入的效果，还有退出的效果。“进入”效果的设定与前面相同，“退出”效果的设定步骤如下：选中“母亲”图片，在“自定义动画”窗口中，“添加效果”→“退出”→“圆形扩展”，在“开始”、“方向”和“速度”选项中，设定参数分别为“之后”、“内”和“中速”。其他内容的退出效果与其相似，如图 4-28 所示。

图 4-27 “自定义动画”窗口界面

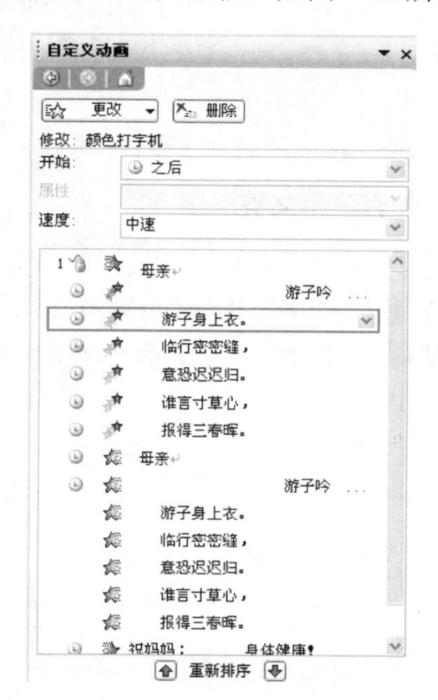

图 4-28 第六张幻灯片的“自定义动画”窗口

7．添加幻灯片的切换效果

选择第一张幻灯片，在任务窗格的下拉菜单里选择“幻灯片切换”，在“应用于所选幻

灯片”中选择“水平百叶窗”，在“修改切换效果”的“速度”中选择“中速”，“换片方式”中选择“单击鼠标时”。单击“应用于所有幻灯片”按钮将切换效果应用到所有的幻灯片，如图 4-29 所示。

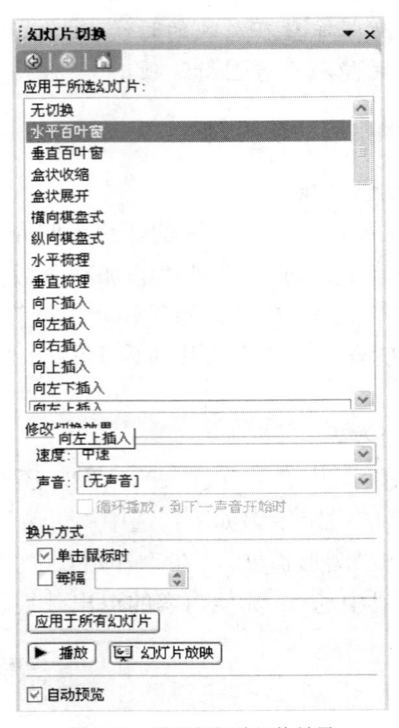

图 4-29 设置幻灯片切换效果

8．保存演示文稿

单击“文件”→“保存”或“另存为”命令，打开“另存为”对话框，将该文件保存在指定的路径下，并取名为“母亲节”，单击“确定”按钮。

最后，按“F5”键播放演示文稿，观看其效果。

项目五　网络基础应用

任务一　构建小型局域网

【学习目标】

- 了解计算机网络的基本知识
- 了解计算机网络的分类
- 了解网络连接设备和网络传输介质
- 熟悉组建局域网的基本设置

任务描述

小王同事的计算机硬盘上存储了好多的音乐、电影和游戏，这些资源小王都很喜欢，可是自己计算机的硬盘空间却所剩无几，如何能在自己的计算机上使用这些资源又不占用自己计算机的空间是目前小王迫切要解决的问题。

任务分析

随着计算机网络技术的发展和提高，搭建局域网变得更加简单和方便。局域网是目前最常见、应用最广的一种网络。对于小王的问题，就可以通过构建一个局域网以实现资源共享来解决。

相关知识

1. 网络中常见的概念

（1）计算机网络。

计算机网络是指由两台或两台以上具有独立功能的计算机通过传输介质、网络设备及软件相互连接在一起，利用一定的通信协议进行通信的计算机集合体。

（2）网络协议。

网络协议是计算机在网络中实现通信时必须遵守的约定，也就是通信协议。通俗地讲，网络协议就是网络之间沟通、交流的桥梁，只有相同网络协议的计算机才能进行信息的沟通与交流。这就好比人与人之间交流所使用的各种语言一样，只有使用相同语言才能正常、顺利地交流。

【知识拓展】

TCP/IP 协议是目前无论局域网，还是广域网都广泛使用的一种最重要的网络通信协议。如我们进行因特网连接，就必须知道对方的 IP 地址或域名，这里的 IP 地址和域名，其实就是 TCP/IP 协议规定的。TCP/IP 协议包括两个子协议：TCP 协议（Transmission Control Protocol，传输控制协议）和 IP 协议（Internet Protocol，因特网协议），在这两个子协议中又包括许多应用型的协议和服务，使得 TCP/IP 协议的功能非常强大。在最新版的 Windows 操作系统中，几乎都要安装 TCP/IP 协议，才可以与以前版本的 Windows 操作系统实现网络互联。

2．计算机网络的分类

计算机网络的分类标准有很多，其中能较好反映出网络的本质特征的方法是按网络所覆盖的地理范围来划分，依照这种方法可以将计算机网络划分为以下几种。

① 局域网（LAN，Local Area Network）。在局部地区范围内的网络，所覆盖的地区范围较小（从几百米到几公里），如一个公司、一个家庭等。这是最常见、应用最广的一种网络。

② 城域网（MAN，Metropolitan Area Network）。在一座城市、不在同一小区地理范围内的计算机互联，它主要应用于政府机构和商业机构。这种网络的连接距离可以是10km-100km，在地理范围上是局域网的延伸。

③ 广域网（WAN，Wide Area Network）。又叫远程网，一般用于不同城市之间的 LAN 或者 MAN 网络互联，地理范围从几百千米到几千千米。

④ 因特网（Internet）。因特网可以说是最大的广域网，它将世界各地的广域网、局域网等互联起来，形成一个整体，实现全球范围内的数据通信和资源共享。

3．计算机网络的传输介质

传输介质是网络中发送方与接收方之间的物理通路。常用的有线传输介质有：双绞线、同轴电缆、光纤。

（1）双绞线。

双绞线由两根绝缘导线相互缠绕而成，将一对或多对双绞线放置在一个保护套内便成了双绞线电缆。绞合的次数越多，抵消干扰的能力就越强。由于价格低廉，因此在局域网中被广泛采用。

（2）同轴电缆。

同轴电缆是由一根空心的外圆柱导体和一根位于中心轴线的内导线组成的。内导线和圆柱导体及外界之间用绝缘材料隔开。同轴电缆具有抗干扰能力强、连接简单等特点，信息传输速率可达每秒几百兆 Bit，通常用于传送基带信号。

（3）光纤。

光纤又称为光缆或光导纤维，由光导纤维纤芯、玻璃网层和能吸收光线的外壳组成。光纤具有不受外界电磁场的影响、无限制的带宽等特点，可以实现每秒几十兆 Bit 的数据传送速率，尺寸小、重量轻，数据可传送几百千米，但成本较高。

【知识拓展】

蓝牙（Bluetooth）是目前比较流行的一种短距离无线通讯技术，与红外通信技术不同的是，红外通信通过红外光线传输数据，而蓝牙是通过频率为 2.4GHz 的微波来传输数据，微波传输的特性决定了蓝牙技术的特点，其通讯距离可达数十米甚至百米（手机与蓝牙耳机 6~8m、手机与手机之间 8~10m、一些蓝牙网关和适配器 100m 左右），可以绕过障碍物甚至穿透障碍物传输，而且还可以同时连接多个通信对象。

蓝牙能在包括移动电话、PDA、无线耳机、笔记本电脑、相关外设等众多设备之间进行无线信息交换。

4．网络连接设备

（1）网卡。

网卡也叫网络适配卡（Network Interface Card，NIC），属于网络连接设备，用于将通信电缆和计算机连接起来，以便于经电缆在计算机之间进行高速数据传输，因此每台连接到局域网的计算机都需要安装网卡。

（2）交换机。

交换机（Switch）是集线器的换代产品，用来连接网络中的各个节点设备，它的功能是在通信系统中完成信息的交换。

（3）路由器。

路由器（Router）属于网际互联设备，它能够在复杂的网络环境中完成数据包的传送工作，把数据包按照一条最优先的路径发送至目的地的网路。

任务实施

构建小型局域网可以按以下步骤进行。

（1）准备工作。

检查联网用的设备：网线、网钳、RJ-45 接头、网卡、交换机、路由器（连接外网）。

（2）布线。

采用如图 5-1 所示结构。

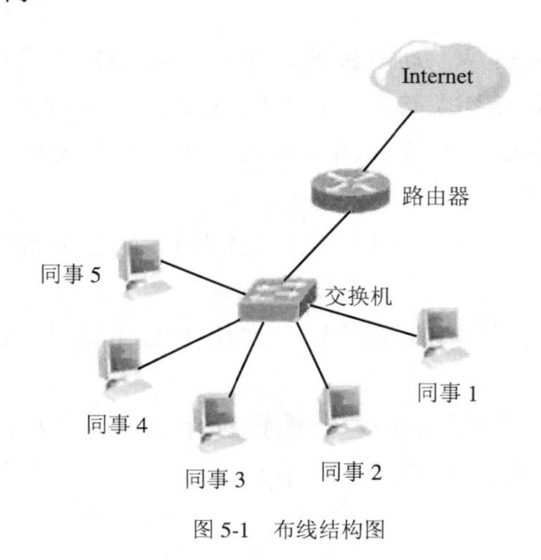

图 5-1　布线结构图

（3）双绞线网线的制作。

双绞线两端连接 RJ-45 接头，连接方法可以遵循两种标准：EIA/TIA 568A 标准和 EIA/TIA 568B 标准。两种标准中双绞线的颜色、连接 RJ-45 的引脚号的情况见表 5-1。

表 5-1　双绞线的颜色及连接 RJ-45 的引脚号

RJ-45 的引脚号		1	2	3	4	5	6	7	8
EIA/TIA 568A	颜色	绿白	绿	橙白	蓝	蓝白	橙	棕白	棕
EIA/TIA 568B	颜色	橙白	橙	绿白	蓝	蓝白	绿	棕白	棕

双绞线网线的制作是把双绞线的 4 对 8 芯网线按一定规则插入到水晶头中，用专用压线钳压紧即可。

直通网线如图 5-2 所示，网线的两头采用相同的线序，我们两端都采用 B 线序。该网线通常用于通过交换机连接各台计算机。

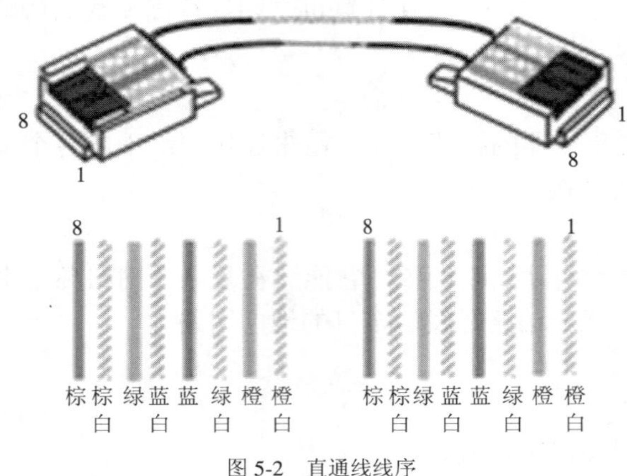

图 5-2　直通线线序

【知识拓展】

交叉网线即一端采用 A 线序，另一端采用 B 线序。它一般用在交换机之间的级连或两台计算机直接连接等情况。

事实上，还有一种反转线线序，即双绞线其中一端按 1-8 顺序颠倒线序。这种接法的网线主要用于计算机直接连接交换机或路由器的 CONSOLE 口进行配置的场合，并不多见。需要注意的是，接线的线序也要注意设备的端口形式，比如是普通端口还是级联端口。

（4）安装网卡和驱动程序。

打开计算机安装并固定网卡；启动计算机，安装网卡的驱动程序。

（5）设置计算机网络标识。

Windows XP 操作系统利用网络标识来区分网络上的计算机，包括计算机名和工作组两项内容。设置如下。

① 在“我的电脑”图标上单击鼠标右键选择属性选项或者在控制面板中双击“系统”图标，打开“系统属性”对话框，如图 5-3 所示。

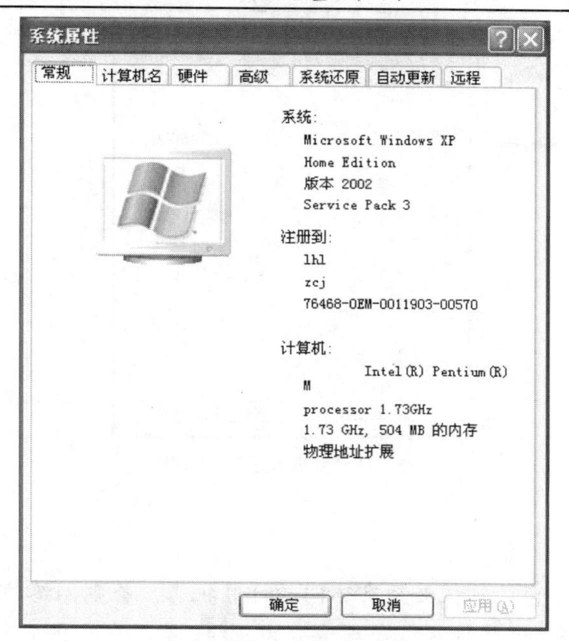

图 5-3 “系统属性”对话框

② 单击对话框中的“计算机名”标签，进入“计算机名”选项卡，如图 5-4 所示。

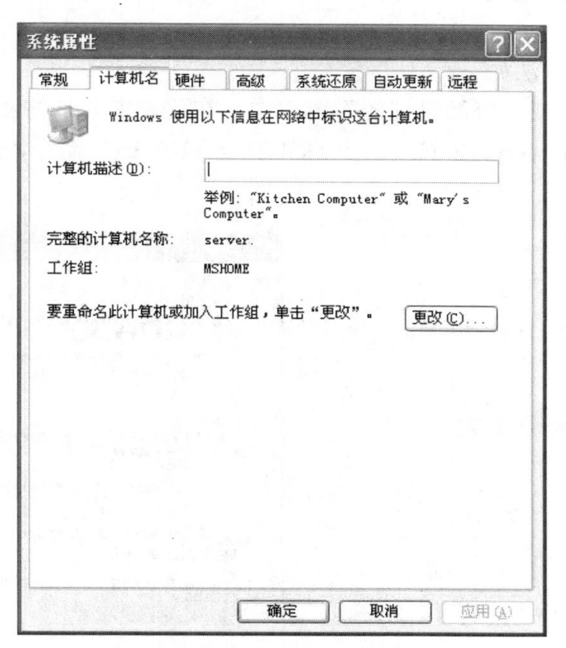

图 5-4 “计算机名”选项卡

③ 在“计算机名”选项卡中显示了当前的网络上表示该计算机的名称和所在的工作组，单击“更改”按钮，弹出计算机名称更改对话框，如图 5-5 所示。

④ 在“计算机名更改”对话框中输入用户为计算机定义的新名称以及用户希望加入的工作组的名称。

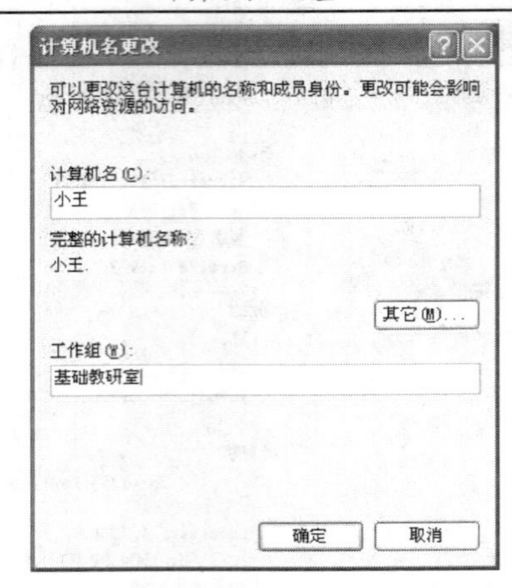

图 5-5 “计算机名更改”对话框

【知识链接】

在同一工作组中，每台计算机必须有不同的计算机名，否则网络将无法正确识别计算机。如果网络中的计算机较多，可将计算机合理地分为几组，使用户能更加方便地访问其他计算机。

（6）共享设置资源。

如需要向网络中的其他成员提供共享服务，让其他成员访问本地资源，还必须设置资源共享。

设置共享文件夹的方法如下。

① 在“我的电脑”或“资源管理器”窗口中，在要设置共享的文件夹上单击鼠标右键，在弹出的快捷菜单（见图 5-6）中选择“共享和安全（H）…”命令，弹出共享属性对话框，如图 5-7 所示。

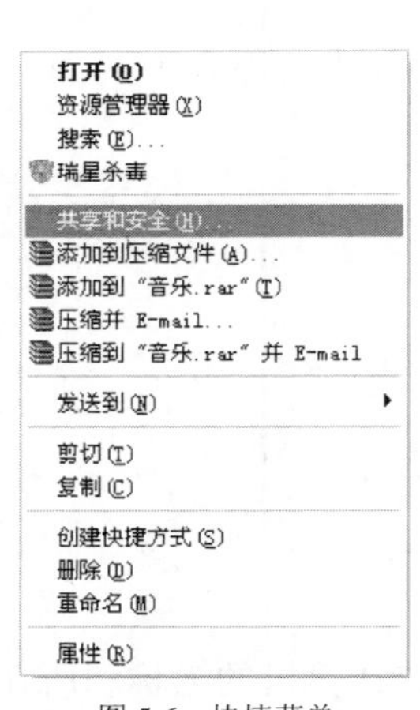

图 5-6 快捷菜单

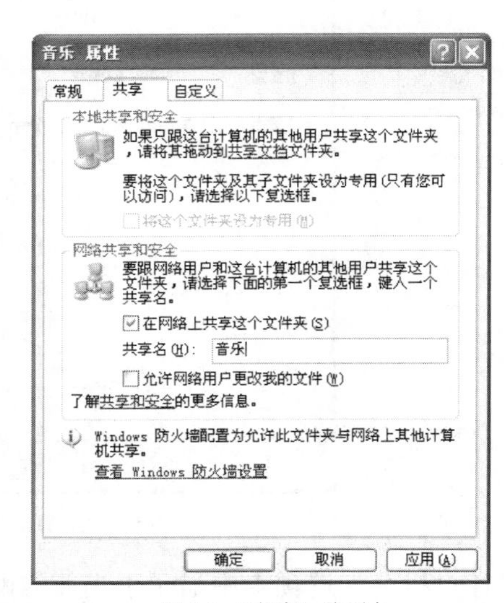

图 5-7 “共享”选项卡

如果在弹出的快捷菜单中没有“共享和安全（H）...”命令，则需要在本地连接属性对话框中安装网络文件和打印机共享。

② 选中“共享该文件夹”，并输入共享名“音乐”，单击“确定”按钮完成共享设置。设置完成后如图 5-8 所示。

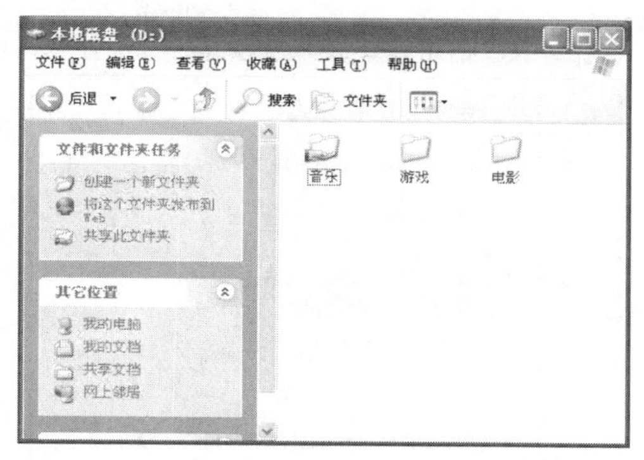

图 5-8　共享设置完成后的 D 盘窗口

当该计算机与某个网络连接后，在该网络中的其他计算机可以通过“网上邻居”来查看或使用该共享文件夹中的文件。

对于驱动器的共享设置与文件夹的共享设置相似。

【知识链接】

工作中，可以为某个共享文件夹分配一个驱动器号，该驱动器称为映射网络驱动器。使用映射网络驱动器会让用户感觉就像操作本机的磁盘一样方便地操作网络上的共享文件夹。要将共享文件夹映射为网络驱动器可以按如下操作：通过网上邻居找到要映射为网络驱动器的共享文件夹，在文件夹图标上单击鼠标右键，选择“映射网络驱动器”选项，打开“映射网络驱动器”对话框，依次进行操作即可。

（7）设置 IP 地址。

使用 TCP/IP 协议组网，网络中的每台计算机都要安装 TCP/IP 协议。如果要与互联网连接，需要每台计算机拥有唯一的 IP 地址。

IP 地址的设置如下所述。

① 在“网上邻居”上单击鼠标右键，在弹出的快捷菜单中选择“属性”命令，弹出网络连接窗口，如图 5-9 所示。

图 5-9　“网络连接”窗口

② 在本地连接上单击鼠标右键，在弹出的对话框中单击“属性”选项，弹出本地连接属性对话框，如图 5-10 所示。

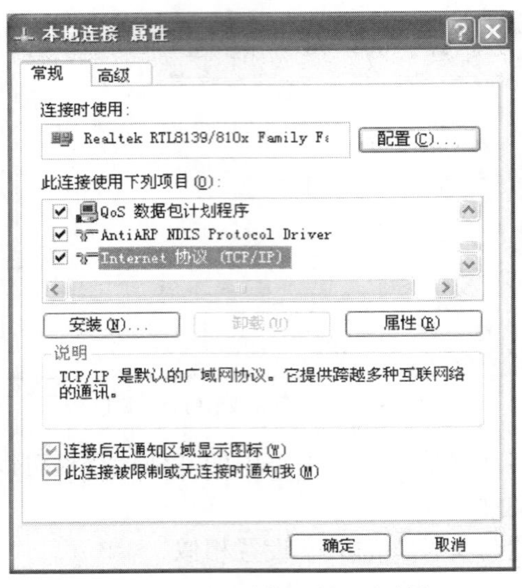

图 5-10 “本地连接 属性”对话框

③ 在图 5-10 中选择“Internet 协议（TCP/IP）”，单击属性按钮，弹出“Internet 协议（TCP/IP）属性”对话框。在该对话框的“常规”选项卡中有“自动获得 IP 地址”和“使用下面的 IP 地址”两个选项，选择“使用下面的 IP 地址”，这里以“192.168.3.20”作为本机的 IP 地址，子网掩码为“255.255.255.0”。

若要连接 Internet，需设置“默认网关”地址（如 192.168.3.1）和“首选 DNS 服务器”地址（如 202.102.152.3），设置完成后如图 5-11 所示。

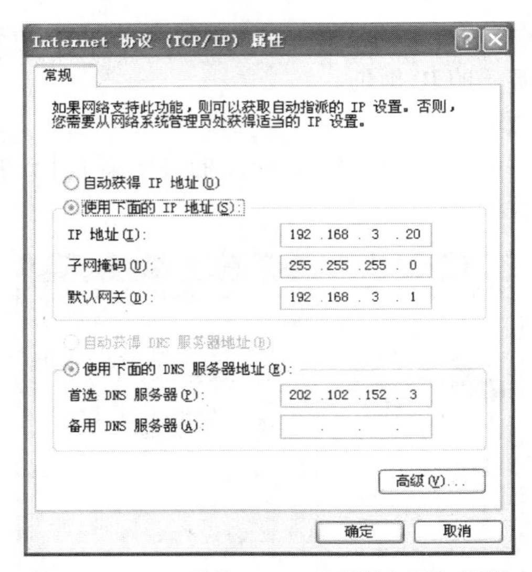

图 5-11 “Internet 协议（TCP/IP）属性”设置对话框

【知识链接】

如果网络中的服务器启动了 DHCP 服务，可选择“自动获得 IP 地址”选项。如果没有 DHCP 服务器，或者需要固定的 IP 地址，可选择“使用下面的 IP 地址”选项，并在“IP 地址”和“子网掩码”文本框中输入相应的 IP 地址、子网掩码（用于划分子网）。

网关又称协议转换器，是软件和硬件的结合产品。它的作用是对两个网络段中使用不同传输协议的数据进行互相地翻译转换。

DNS（Domain Name System）是“域名系统”的英文缩写，它用于 TCP/IP 网络，主要用来通过用户亲切而友好的名称代替枯燥而难记的 IP 地址以定位相应的计算机和服务。要想让亲切而友好的名称能被网络所认识，就需要在名称和 IP 地址之间有一位“翻译官”，它能将相关的域名翻译成网络能接受的相应 IP 地址，DNS 就是这样一位翻译官。

任务二　利用 Internet 搜索与下载资料

【学习目标】

- 了解网络浏览器的设置
- 熟悉网络浏览器的使用
- 掌握搜索引擎的使用
- 掌握下载软件的使用

任务描述

小王要在小明生日到来之际举办生日 Party，给他一个惊喜。在生日 Party 所需材料的清单上，小王列出了一些比较特别的内容：电子生日贺卡一张（具备生日贺词、生肖图片）、生日 Party 主持词电子版、生日 Party 背景音乐以及播放音乐的“千千静听”软件等。

任务分析

Internet 为我们提供了丰富的信息资源和多姿多彩的生活方式。Internet 的价值不在于其庞大的规模或所应用的技术含量，而在于其所蕴涵的海量的信息资源和方便快捷的通信方式。使用 Internet 可以解决文本、图片和多媒体文件的搜索与下载问题。

相关知识

（1）WWW 服务器。

WWW 是英文词组 World Wide Web 的简称，也称 3W、Web，中文译为万维网。

万维网信息服务是采用客户机/服务器模式进行的，这是因特网上很多网络服务所采用的工作模式。在用 Web 浏览网页时，作为客户机的本地机首先与远程的一台 WWW 服务器建立连接，并向该服务器发出申请，请求发送过来一个网页文件。WWW 服务器负责存放和管理大量的网页文件信息，并负责监听和查看是否有从客户端过来的连接，一旦建立连接，客户机发出一个请求，服务器就发回一个应答，然后断开连接。程序运行在服务器上，管理着提供浏览的文档。

（2）网络浏览器。

网络浏览器（以下简称浏览器）是对 Internet 信息进行浏览时所使用的客户端工具软件，它可以向服务器发出请求，并对服务器传送来的信息进行显示和播放。常见的浏览器有 Internet Explorer（IE 浏览器）、Maxthon（傲游浏览器）和 Firefox（火狐浏览器）等。

（3）网址。

在使用浏览器浏览信息时，我们必须先指定要浏览的 WWW 服务器的地址，即网址，又称统一资源定位器（URL），它的一般格式为：

协议://主机名/路径/文件名

协议通常不用输入，由系统自动添加，一般用 HTTP 作为默认协议。

任务实施

网上搜索与下载资料的操作步骤如下所述。

1．打开相关网站

① 启动浏览器。双击桌面上的 IE 图标，打开 IE 工作窗口，如图 5-12 所示。

图 5-12　IE 工作窗口

② 输入要访问的网址。在 IE 地址栏中输入“http://www.baidu.com”，按回车键或单击地址栏后面的“转到”按钮，打开百度首页，如图 5-13 所示。

【知识链接】

在 Internet 上，有一些专门为用户提供信息检索的网站，这些专业网站提供的搜索工具称为“搜索引擎”。常用的搜索引擎有百度（全球最大的中文搜索引擎）、谷歌（全球最大的搜索引擎）等。

在众多的搜索工具中，百度是一个检索内容丰富、访问速度快、功能齐全的中文搜索引擎。百度为用户提供了几种不同类型数据的搜索页面，包括新闻、网页、MP3 和图片等。

图 5-13　百度首页

2．搜索并保存文本

① 在百度首页的功能列表中选择“网页”，在下面的文本框中输入要查找的内容的关键词“生日晚会主持词”，按回车键或单击“百度一下”按钮开始网页搜索，得到的结果是包含了指定关键词的网页地址，如图 5-14 所示。

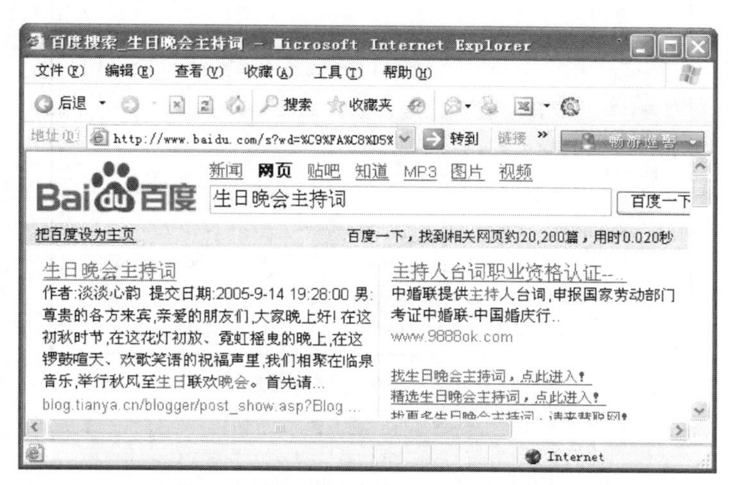

图 5-14　“生日晚会主持词”搜索结果网页

② 单击搜索结果页面的链接标题，打开搜索的网页，查看有关主持词的信息，找到合适的资料，如图 5-15 所示。

③ 保存主持词。网页中文本的保存可以采用将网页内容中所需的部分“复制”后“粘贴”到 Word 文档中，并进行整理的方法；也可以直接利用 IE 的保存命令将整个网页保存下来。在这里，我们以保存网页的方式保存主持词，具体操作如下：

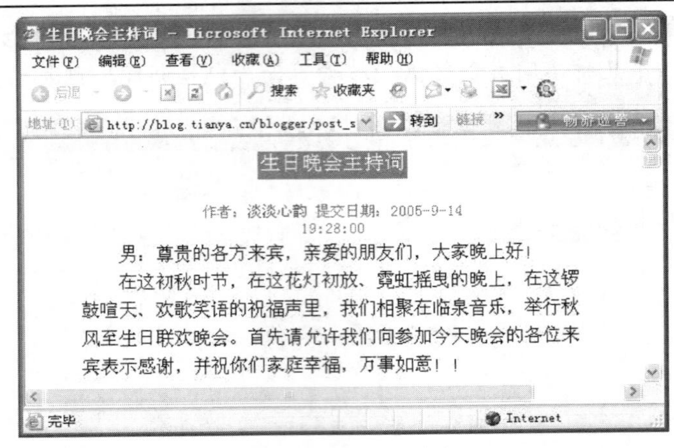

图 5-15　搜索的具体内容

单击所选网页“文件”→“另存为...”，弹出“保存网页”对话框，如图 5-16 所示，在“保存在”下拉列表框中选择保存位置——F 盘下的“生日晚会准备资料”文件夹，在“文件名称”文本框中输入网页的保存名称“生日晚会主持词”，在“保存类型”的下拉列表框中选择“网页，全部”，以网页的形式保存，最后单击“保存”按钮。

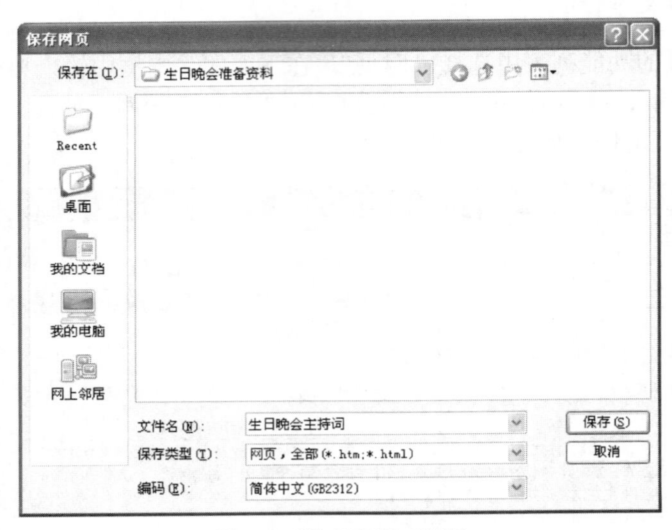

图 5-16　“保存网页”对话框

【知识链接】

保存网页时，可以在对话框中选择文件的各种保存类型：选择“Web 页，仅 HTML”，则网页保存成 HTML 文件，没有图像、声音等文件；选择“文本文件”，则只保存网页上的文字信息，其他格式和图片等多媒体信息不被保留；选择“Web 电子邮件档案”，则保留了当前网页中的全部内容，并将这些信息保存在 MIME 编码的文件中，该选项必须在安装了 Outlook Express 6.0 后才能使用。可以根据保存内容的需要，选择不同的保存类型。

准备再次浏览保存网页中的内容时，双击保存的网页文件，即可启动 IE，并显示网页全部内容。

除了以上网页保存方法，其实也可以在要保存的网页窗口中，选择收藏夹中的“保存到收藏夹”命令，在弹出的对话框中输入保存该网页的名字，下次想重新打开网页的时候，直接在收藏夹中查找即可。

3．搜索“牛”的相关图片并保存

① 在百度首页（见图 5-13）的功能列表中选择“图片”，然后在下面的文本框中输入要查找内容的关键词“牛”，按回车键开始网页搜索，得到搜索结果的网页如图 5-17 所示。

图 5-17　“牛”图片搜索结果网页

② 在搜索结果网页中单击合适的“牛”图片链接，在弹出的网页中可以看到原始尺寸的图片。

③ 保存图片。找到符合要求的图片保存在硬盘，鼠标右键单击所选的“牛”图片，在弹出的快捷菜单中选择“图片另存为”命令，如图 5-18 所示。在弹出的“保存图片”对话框中，选择合适的保存位置，输入文件名“牛”，“保存类型”选择“JPEG”，单击“保存”按钮。

图 5-18　“图片另存为”命令

4. 搜索并直接下载音乐文件

① 搜索“生日快乐歌”。在百度首页的功能列表中选择“MP3”，在下面的文本框中输入歌曲名称“生日快乐歌”，按回车键开始网页搜索，得到的搜索结果网页如图 5-19 所示，试听，如图 5-20 所示。

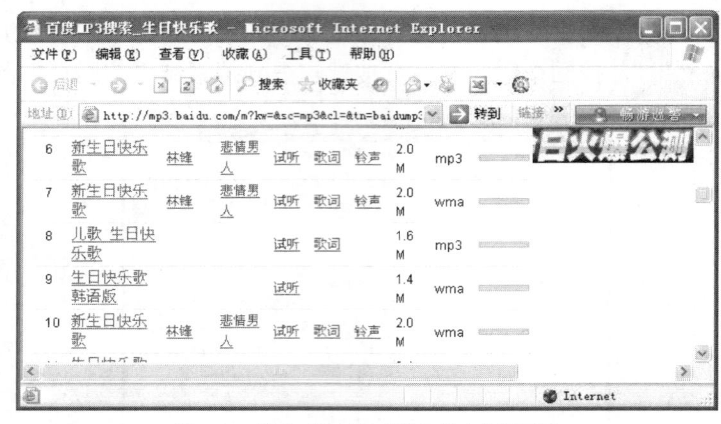

图 5-19 歌曲“生日快乐歌”搜索结果网页

图 5-20 播放音乐的网页

② 下载歌曲“生日快乐歌”。

可以直接保存下载，也可以使用下载软件下载。在这里，我们采用直接下载的方式下载歌曲，操作如下：

单击已验证的正确歌曲的链接，弹出具有下载链接的网页，如图 5-21 所示，直接鼠标右键单击下载链接，在弹出的快捷菜单中选择“目标另存为…”命令，进行保存。

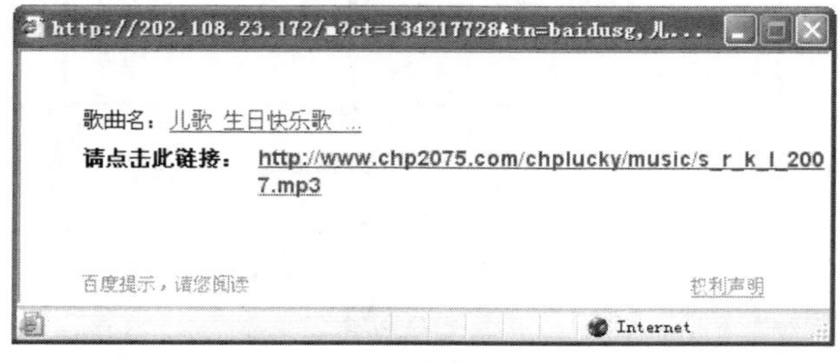

图 5-21 下载链接网页

5. 搜索并使用下载工具进行工具软件下载

① 搜索软件"千千静听"。

弹出如图 5-22 所示搜索结果网页（搜索具体操作和前面的搜索类似，不再赘述）。

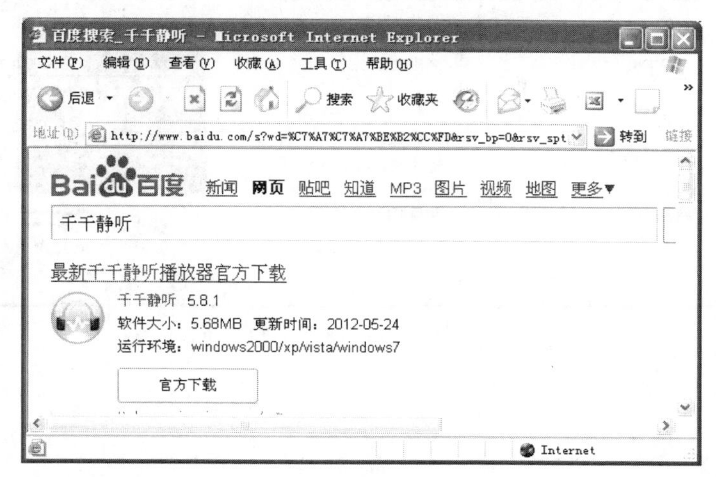

图 5-22　软件"千千静听"搜索结果网页

单击搜索结果网页中的链接标题，打开搜索的网页，找到能够下载的网页，如图 5-23 所示。

② 下载软件"千千静听"。

我们使用"迅雷"下载工具下载"千千静听"，操作如下：

单击如图 5-23 所示的下载网页中的"立即下载试用"按钮，进入此网页下方的下载专区，选择"迅雷高速下载通道"，如图 5-24 所示。

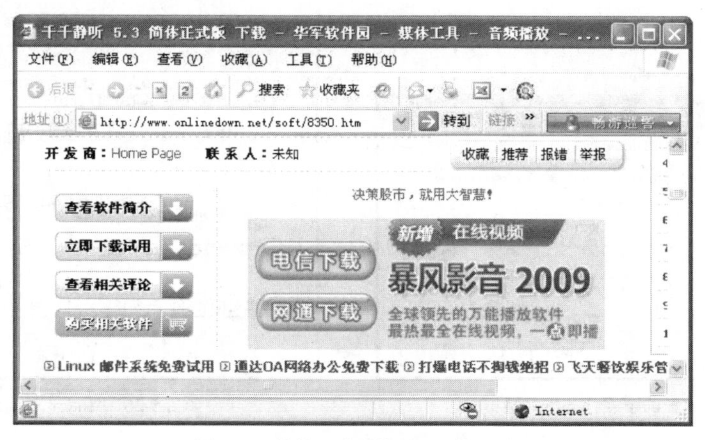

图 5-23　软件"千千静听"下载网页

弹出"建立新的下载任务"对话框，如图 5-25 所示。"网址"右边的文本框中是要下载资源的网址；在"存储分类"下拉列表框中选择"软件"；单击"浏览"按钮，在弹出的对话框中选择保存下载文件的位置；在"另存名称"文本框中输入下载保存时的文件名"千千静听"。依次设置完成后，单击"确定"按钮。

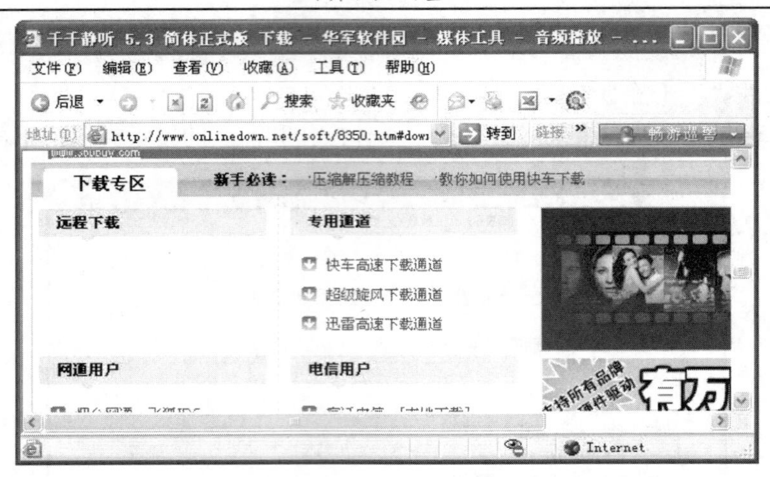

图 5-24　使用“迅雷高速下载通道”下载

【知识拓展】

IE 的属性设置

在 IE 浏览器上单击鼠标右键，选择“属性”选项或者选择 IE 窗口中“工具”→“Internet 选项”，弹出“Internet 属性”对话框，如图 5-26 所示。利用对话框，可以对 IE 的属性进行设置。

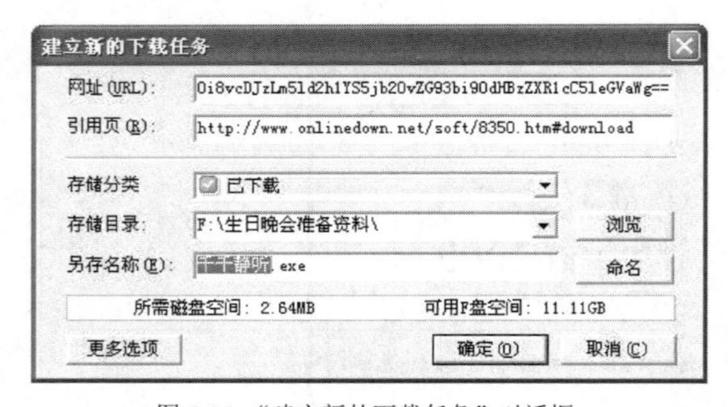

图 5-25　“建立新的下载任务”对话框

图 5-26　“Internet 属性”对话框

在享受 Internet 带来的种种方便的时候，也应该意识到 Internet 会带来潜在的危险，如通过 Internet 下载的文件可能会破坏存储在本地计算机上的数据或引入病毒。安全区域设置就是用来抵御来自网上不良影响的方法。

单击“Internet 属性”对话框中“安全”选项卡，弹出如图 5-27 所示的对话框，用户可以分别对不同的区域设置不同的安全级别。安全级别分为高、中、中低和低 4 个级别，安全级别越高，系统会得到越多的保护。其他设置与以上设置方法基本相同，可根据实际需要对IE进行设置。

图 5-27　“Internet 属性”“安全”选项卡

随着互联网的发展，越来越多的广告转移到了网上，使得我们在上网时经常受到网站广告的骚扰。在时间就是金钱的网络上，当使用IE上网时，时不时弹出的广告窗口会阻挡视线，降低上网速度，让人甚是烦恼。其实，可以通过修改IE选项相关设置来拒绝弹出式广告的出现。

在“Internet属性”对话框中，选择“安全”选项卡，单击“自定义级别”按钮，系统弹出“安全设置”对话框。在“设置”列表框中，找到“脚本”项，在“活动脚本”下，选中“禁用”复选钮，如图5-28所示，单击“确定”按钮之后网络中的弹出式广告就再不会无端地打扰你了。

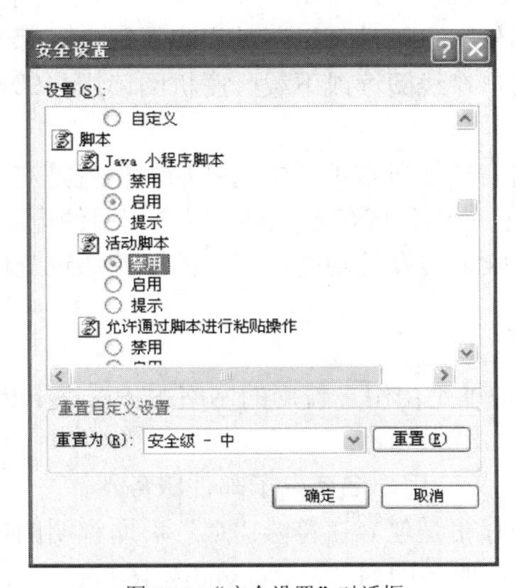

图 5-28　“安全设置”对话框

任务三 使用电子邮件

【学习目标】

- ➢ 了解电子邮件的格式
- ➢ 掌握如何获取电子邮箱
- ➢ 熟悉电子邮件的发送与接收
- ➢ 了解邮件客户端软件（Outlook Express）的使用方法

任务描述

小明使用 Internet 把有关晚会的资料下载到计算机硬盘后，需要把这些资料发送到几个好朋友的邮箱里，等他们收到资料后，再进一步商讨晚会的准备工作。

任务分析

Internet 在拥有丰富的信息资源的同时，也提供各种各样的服务功能，如电子邮件（E-mail）、文件传输（FTP）、远程登录（Telnet）等。其中电子邮件服务（E-mail）是目前使用最广泛的应用，每天都有几千万封信件飞往世界各地，有家信、朋友问候，以及商务公函等。电子邮件使用起来很方便，无论何时何地，只要能上网，就可以通过 Internet 来收发。

相关知识

1．常见的概念

（1）客户端。

Internet 上的客户端是 E-mail 使用者用来收、发、创建和浏览电子邮件的工具。在电子邮件客户端上运行的电子邮件客户软件可以帮助用户撰写电子邮件，并将电子邮件发送给相应的服务器端；可以协助用户在线阅读或下载、脱机阅读用户邮箱内的电子邮件。

（2）电子邮件服务器。

电子邮件服务器的作用相当于日常生活中的邮局，也就是在 Internet 上充当“邮局”的计算机。在邮件服务器上运行着邮件服务器软件。用户使用的电子邮箱建立在邮件服务器上，借助它提供的邮件发送、接收、转发等功能，用户的邮件通过 Internet 被送到目的地。

2．电子邮件地址的格式

电子邮件（E-mail）的地址是由用户使用的网络服务器在 Internet 上的域名地址决定的。Internet 的电子邮箱的地址组成如下：

用户名@电子邮件服务器

它表示以用户名命名的邮箱是建立在符号“@”后面说明的电子邮件服务器上的，该服务器就是向用户提供电子邮政服务的“邮局”，如 yudi@163.com。每一个 E-mail 地址在 Internet 上都是唯一的。

任务实施

要利用电子邮箱收发信息就必须有一个电子邮箱，目前许多网站都提供免费的邮件服务功能，用户可以通过这些网站申请、接收和发送邮件。以“163”电子邮箱的操作来具体说明，具体操作分成以下几个步骤。

1．申请邮箱

① 在IE地址栏中输入“mail.163.com”，按回车键，进入网易电子邮箱的首页，如图5-29所示。

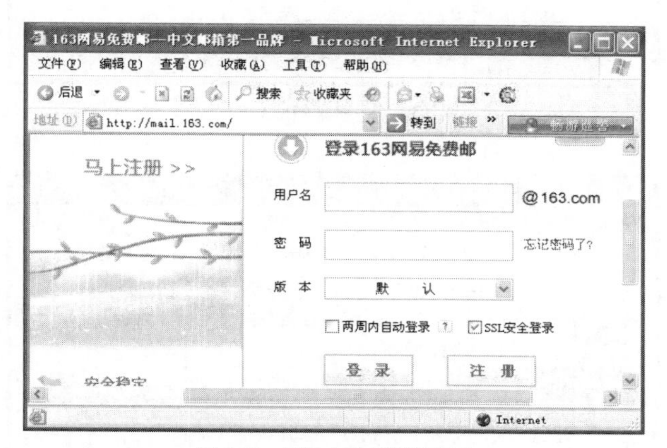

图5-29　网易电子邮箱的首页

② 单击图5-29中的“注册”，进入如图5-30所示的界面，输入相关的信息。

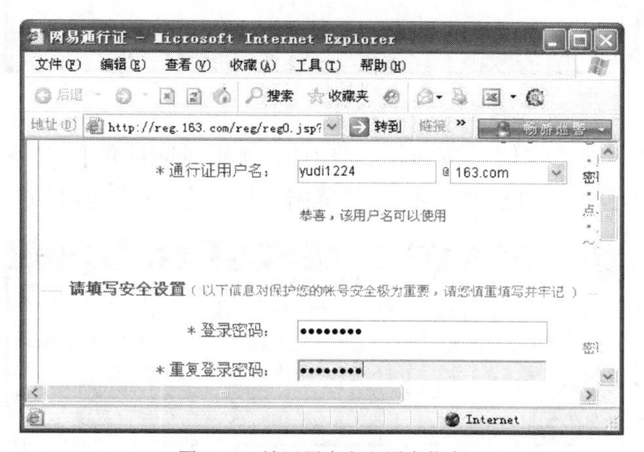

图5-30　填写用户名和用户信息

③ 根据提示，输入相关信息，申请成功，如图5-31所示。

2．收发电子邮件

（1）采用Web方式进行邮件的管理，以“163”邮箱为例介绍。

① 邮箱申请成功后就可以登录进入以收发电子邮件了。打开网易邮箱首页，输入用户名和密码，单击“登录”按钮进入163电子邮箱网页，如图5-32所示。

图 5-31 注册邮箱成功网页

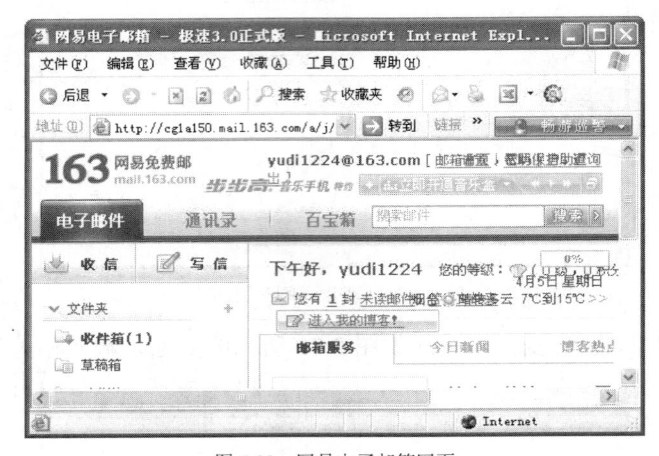

图 5-32 网易电子邮箱网页

② 在图 5-32 中单击“收信”按钮，在图中主题相对应的信件上单击，便打开相应的邮件内容，如图 5-33 所示，如果想直接回复，单击“回复”按钮即可。

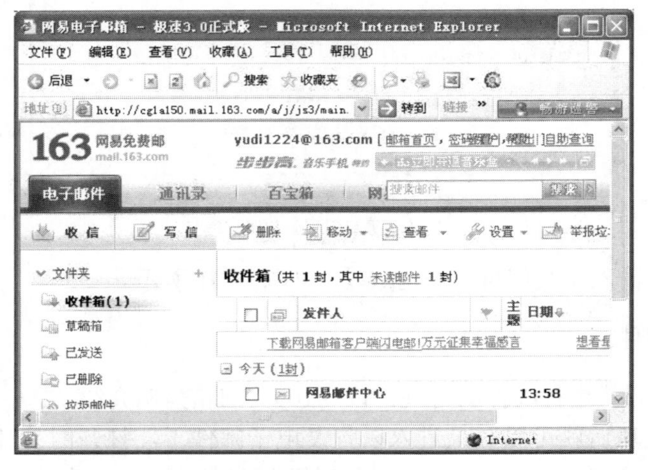

图 5-33 读取邮件网页

③ 如果需要写信，应单击“写信”按钮，即打开如图 5-34 所示的网页。

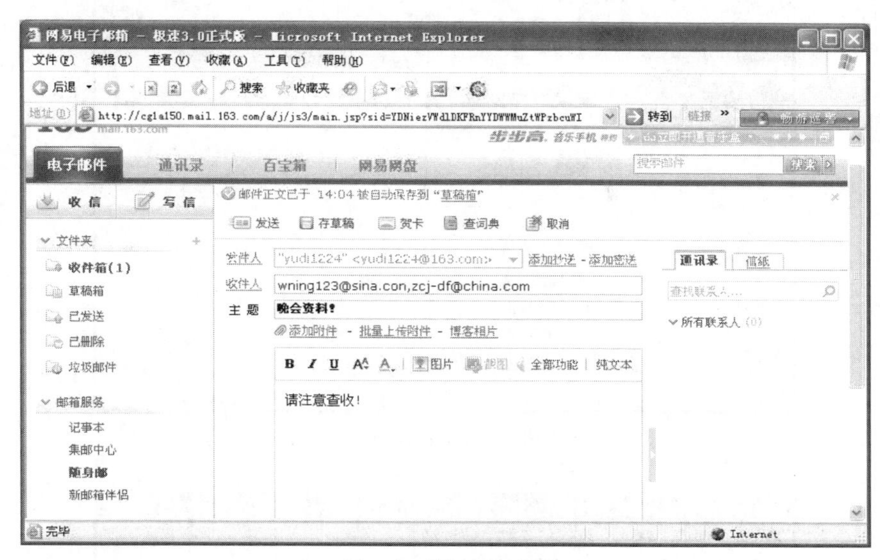

图 5-34　编写邮件网页

④ 在图中分别输入收件人的邮箱地址，主题和信件的正文内容，如果需要添加附件，应单击主题下面的“添加附件”，会弹出如图 5-35 所示的对话框，选择具体的文件。添加附件后的网页界面如图 5-36 所示。

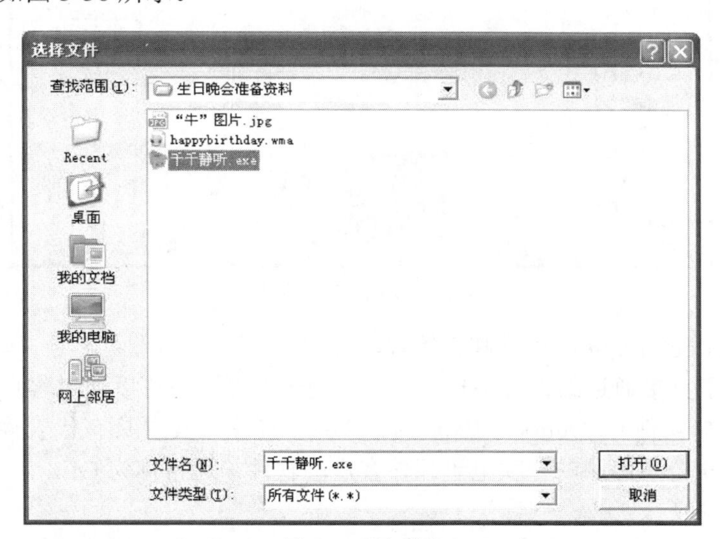

图 5-35　添加附件

⑤ 如果需要存草稿，单击“存草稿”，之后单击发送。

⑥ 邮件发送成功，如图 5-37 所示。

【知识链接】

如果需要发送多个附件，为方便操作，可以将几个文件放到一个文件夹中，压缩以后以一个压缩文件发送。

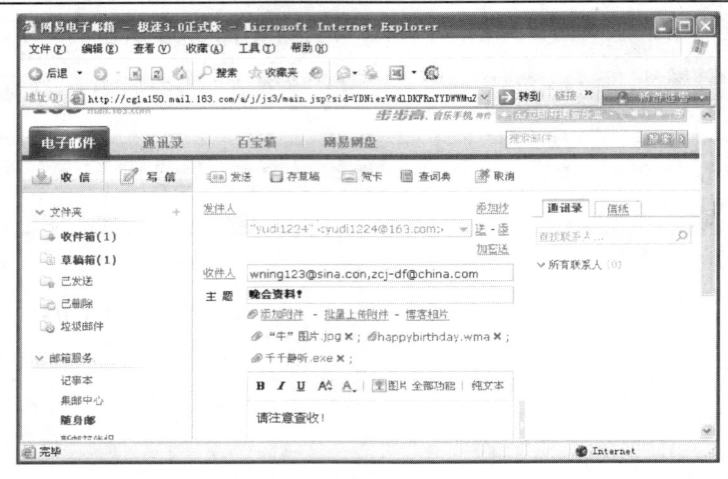

图 5-36　添加附件后的电子邮件

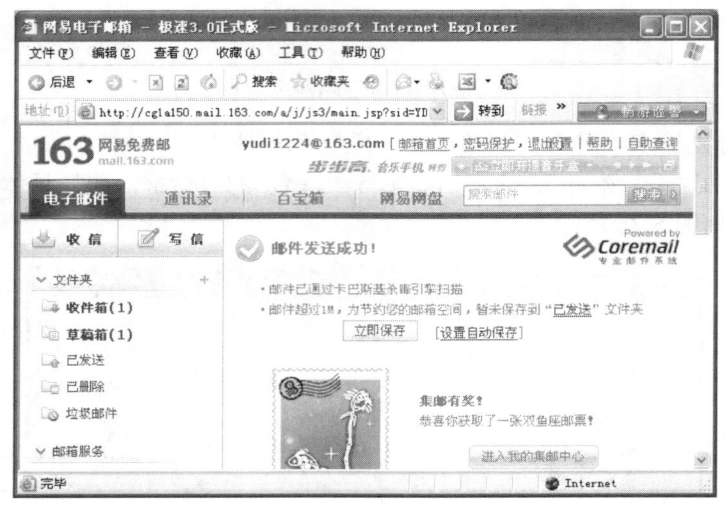

图 5-37　邮件发送成功网页

（2）使用 Outlook Express 进行邮件管理。

电子邮件除了直接通过邮件服务器（Web）发送之外，还可以通过客户端软件来发送。目前常用的客户端软件有 Outlook Express、Foxmail 等，其中具有代表性的就是 Outlook Express，这是微软公司出品的一款电子邮件客户端软件，通常称为 OE。

① 添加邮件账户。

邮件账户一般是由 ISP（网络服务提供商）提供的，配置邮件账户前，用户必须从 ISP 那里获得电子邮件的账户和密码、接收邮件服务器（POP3 服务器）的类型和地址、外发邮件服务器（SMTP 服务器）的地址。只有配置好了邮件账户，Outlook Express 才能为这些账户收发邮件。

操作步骤如下：

a．单击“开始”→“程序”→“Outlook Express”打开软件，如图 5-38 所示；

b．单击“工具”→“账户”命令，打开“Internet 账户”对话框，如图 5-39 所示；

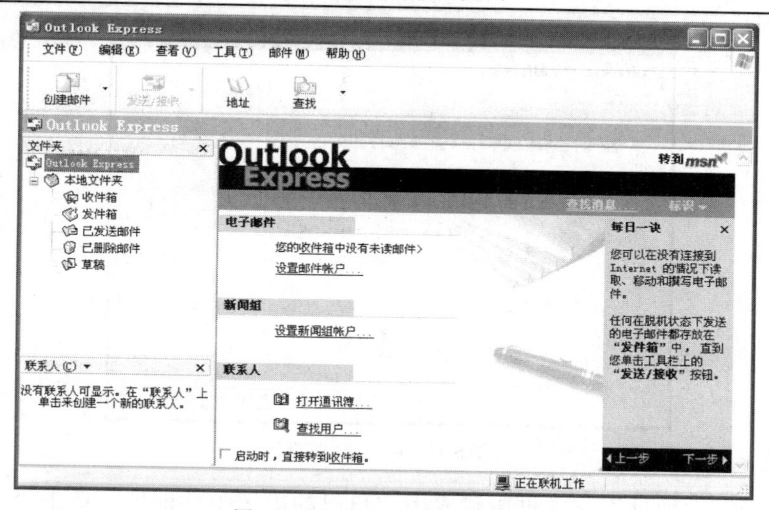

图 5-38　Outlook Express 窗口界面

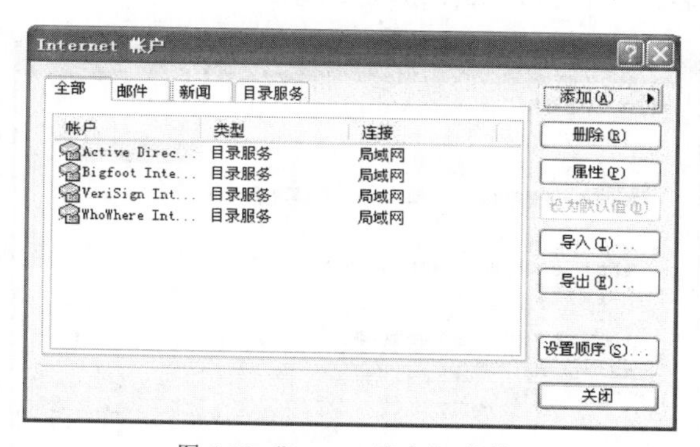

图 5-39　"Internet 账户"对话框

c. 单击图 5-39 所示中的"添加"→"邮件"选项，弹出"Internet 连接向导"对话框，如图 5-40 所示，在"显示名"文本框内输入用户姓名；

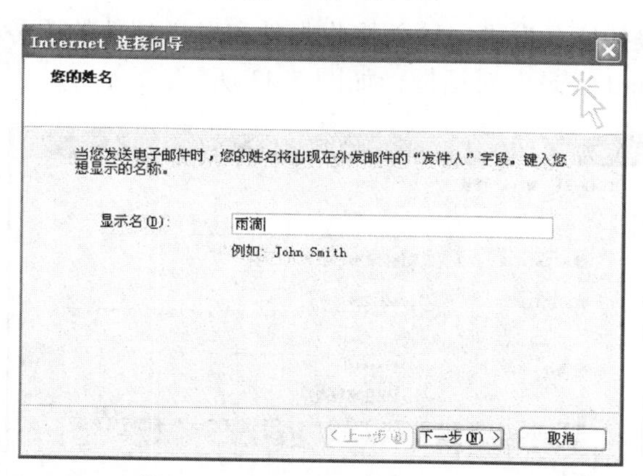

图 5-40　"Internet 连接向导"对话框

d. 在图 5-40 所示中单击"下一步"按钮，弹出"Internet 电子邮件地址"对话框，如图 5-41 所示；

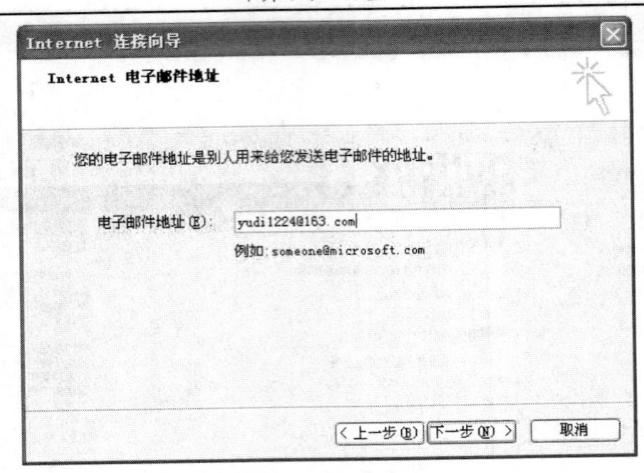

图 5-41　输入电子邮箱

e．在“电子邮件地址”文本框中输入用户自己的电子邮件地址，单击“下一步”按钮，弹出“电子邮件服务器名”对话框，如图 5-42 所示；

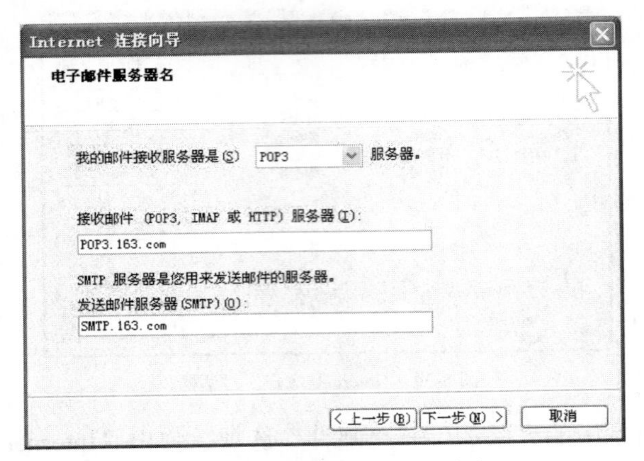

图 5-42　输入电子邮件服务器地址

f．在“电子邮件服务器名”中，输入接收邮件和发送邮件的服务器后，单击“下一步”按钮，弹出“Internet Mail 登录”对话框，如图 5-43 所示；

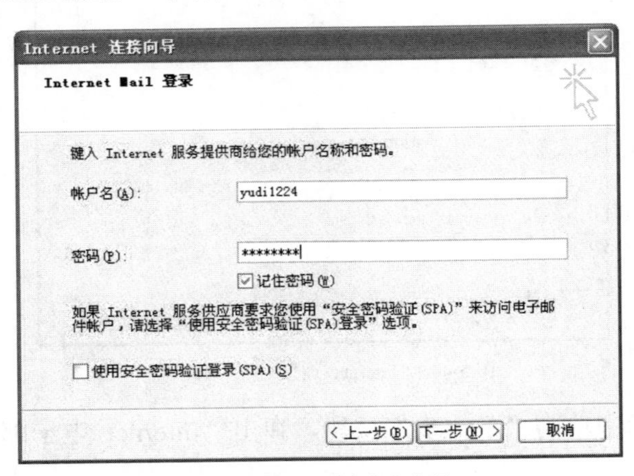

图 5-43　输入用户名和密码

g．在“Internet Mail 登录”中输入所申请邮箱的用户名和密码，这样 Outlook Express 就可以自动连接到服务器发送和接收邮件，而不需要每次都输入用户名和密码了，单击“下一步”按钮，弹出“成功设置账户”对话框，如图 5-44 所示；

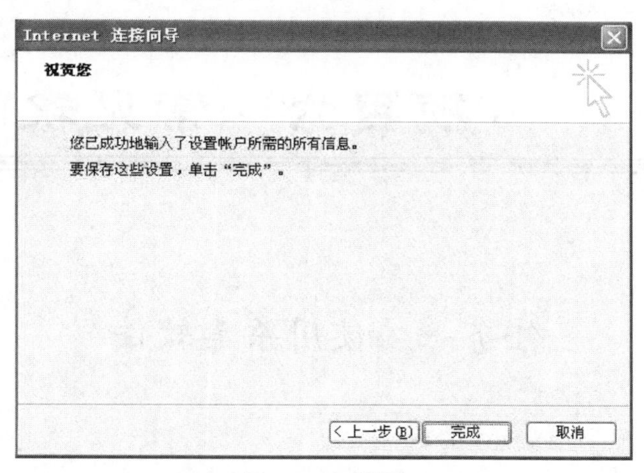

图 5-44　完成设置

h．单击“完成”按钮，完成账户的添加。

② 新建和发送电子邮件，邮件的接收和阅读。

使用 Outlook Express 新建邮件、发送邮件和使用邮件服务器新建、发送类似，这里不再赘述。

Outlook Express 接收邮件通常是自动完成的。单击“工具”菜单中的“选项”命令，在弹出的“选项”对话框中选择“常规”选项卡，如图 5-45 所示，设置自动检查新邮件的时间间隔以及启动 Outlook Express 时发送和接收邮件。设置了这两个选项后，接收邮件的工作就能自动完成了。

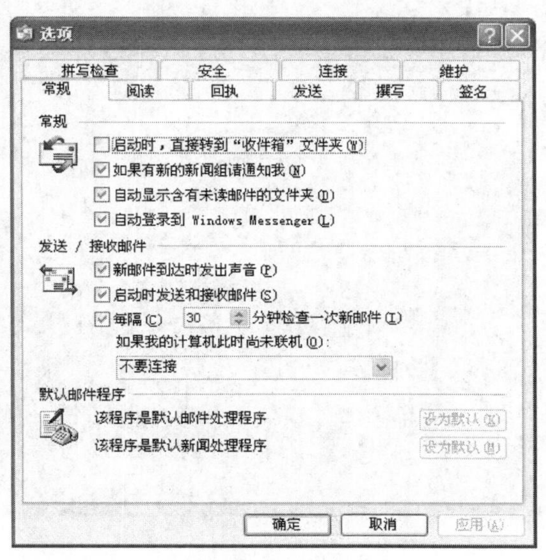

图 5-45　“选项”对话框

项目六　常见软件的使用

任务一　使用杀毒软件

【学习目标】

- 了解防火墙及反病毒软件的概念
- 知道常用的防火墙及反病毒软件的名称
- 熟练掌握下载、安装防火墙及反病毒软件的方法
- 熟悉防火墙及反病毒软件的一般设置

任务描述

最近，小明的计算机出现了问题，经常莫名其妙地蓝屏死机（见图 6-1），或是无故自动重启，已经无法正常使用了，小明为此苦恼不已，只得求助好朋友——电脑高手小强。

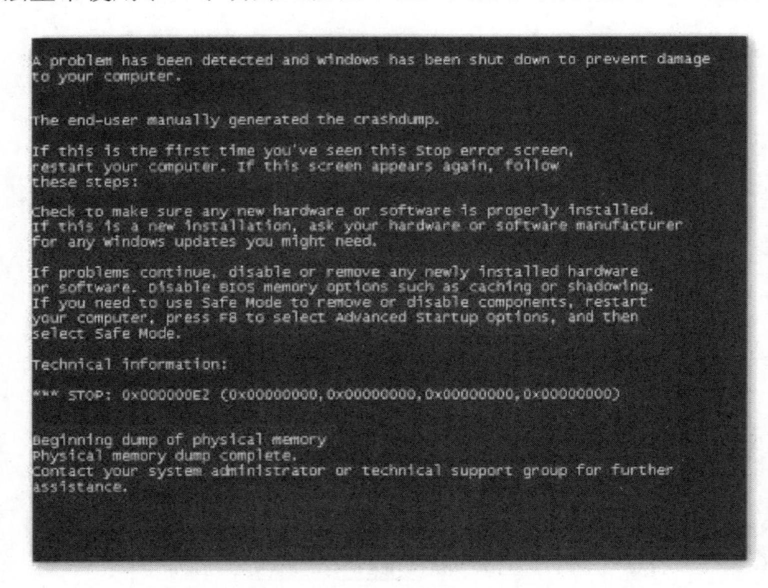

图 6-1　蓝屏死机

任务分析

小强的检查分析后，得出的结论是小明的计算机感染了计算机病毒。在实际生活中我们经常会因为计算机感染病毒而造成系统瘫痪或是数据丢失，要防止计算机病毒的入侵和破坏，特别是对普通计算机用户来说，为自己的计算机安装一套防毒杀毒软件是非常必要的。

相关知识

1．计算机病毒

计算机病毒（Computer Virus）在《中华人民共和国计算机信息系统安全保护条例》中被明确定义，是指“编制或者在计算机程序中插入的破坏计算机功能或者破坏数据，影响计算机使用并且能够自我复制的一组计算机指令或者程序代码”。

2．计算机病毒的特征

（1）破坏性。

计算机感染病毒后，可能会导致正常的程序无法运行，计算机内的文件会被删除或受到不同程度的损坏。

（2）传染性。

计算机病毒不但具有破坏性，而且具有传染性，它可以利用各种途径感染其他计算机，速度之快令人难以预防。

（3）可执行性。

计算机病毒可以直接或间接地运行，可以隐藏在可执行程序或数据文件中运行而不易被察觉。病毒在运行时与合法程序争夺系统的控制权和资源，从而降低计算机的工作效率。

（4）潜伏性。

病毒感染计算机系统后，病毒的触发是由病毒表现及破坏部分的判断条件来确定的。病毒在触发条件被满足前没有明显的表现症状，不影响系统正常运行，一旦触发条件具备就会发作，给计算机系统带来不良影响。

3．计算机中病毒后的常见状况

计算机病毒的种类很多，感染了不同种类的病毒表现出来的症状也不尽相同，我们可以通过以下状况初步判断计算机是否感染了病毒。

计算机系统运行速度减慢，计算机系统经常无故出现死机现象，计算机系统中的文件长度发生变化，计算机存储的容量异常减少，系统引导速度减慢，丢失文件或文件损坏，计算机屏幕上出现异常显示，文件的日期、时间、属性等发生变化，文件无法正确读取、复制或打开；操作系统无故频繁重启或出现错误等。

4．防火墙

防火墙是位于计算机和它所连接的网络之间的软件或硬件（硬件防火墙价格较高，主要用于大型网络）。计算机流入流出的所有网络通信均要经过防火墙，防火墙对流经它的网络通信进行扫描，这样能够过滤掉一些攻击，以免其在目标计算机上被执行。防火墙还可以关闭不使用的端口，而且它还能禁止特定端口的流出通信，封锁木马病毒。防火墙还可以禁止来自特殊站点的访问，从而防止来自不明入侵者的所有通信。

5．杀毒软件

杀毒软件是用来防护、清除电脑病毒和恶意软件的一类软件，也称“反病毒软件（Anti-virus Software）”或“安全防护软件（Safe-defend Software）”。常见的杀毒软件有江民、瑞星、金山、卡巴斯基、赛门铁克等。目前的反病毒软件通常集成监控识别、病毒扫描、清除和自动升级等功能，有的反病毒软件还带有数据恢复、入侵检测、网络流量控制等功能。

任务实施

小强首先给小明介绍了有关计算机病毒的知识，然后就一步一步教小明怎样安装、使用杀毒软件。

1．下载安装瑞星卡卡上网安全助手

利用百度或 Google 搜索到“瑞星卡卡”的主页（见图 6-2），到该页下载最新的瑞星卡卡上网安全助手，安装后在计算机桌面的右下角的任务栏会出现瑞星卡卡上网安全助手的图标。图 6-3 所示为瑞星卡卡上网安全助手的工作界面。

图 6-2 “瑞星卡卡”的主页

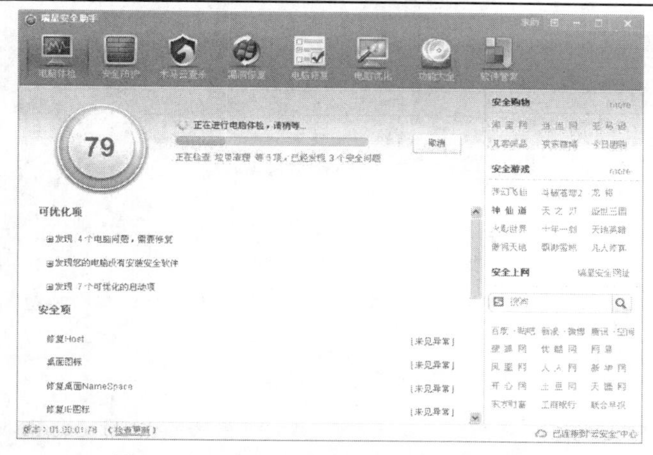

图 6-3　安装后的瑞星卡卡上网安全助手工作界面

【知识链接】

“瑞星卡卡上网安全助手”是一款基于互联网设计的全新反木马软件，拥有“木马下载拦截”、“木马行为判断和拦截”、“自动在线诊断”三大反木马功能，可有效拦截、防御、查杀各种木马病毒，并能帮助用户自动扫描并修补系统和第三方软件漏洞、优化电脑系统，是广大网民必备的安全软件。

如果计算机中毒情况特别严重，应该重新安装操作系统后再安装杀毒软件。

2．下载安装杀毒软件

在瑞星卡卡上网安全助手工作界面上单击“杀毒软件”按钮，将会出现“您尚未安装安全防护软件”的提示，这里会出现“瑞星全功能杀毒”和“瑞星杀毒软件”两个防护软件，由于瑞星卡卡上网安全助手已经集成了防火墙功能，因此我们选择下载安装“瑞星全功能杀毒”，单击“瑞星全功能杀毒”图标即可下载免费的“瑞星全功能安全软件”（见图 6-4）。下载完毕后，按照提示一步一步进行安装。安装后按提示重启计算机，即完成了安装，图 6-5 所示为安装完成的瑞星全功能安全软件。

图 6-4　选择下载瑞星全功能杀毒软件

图 6-5 安装完成的瑞星全功能安全软件

3．瑞星全功能安全软件的一般设置

安装完毕的软件可以通过选择主界面上的“设置”，进行一般的设置，如最重要的升级设置，一般设置为“即时升级”（见图 6-6）。其他可以选择默认设置或根据自己的需要修改。

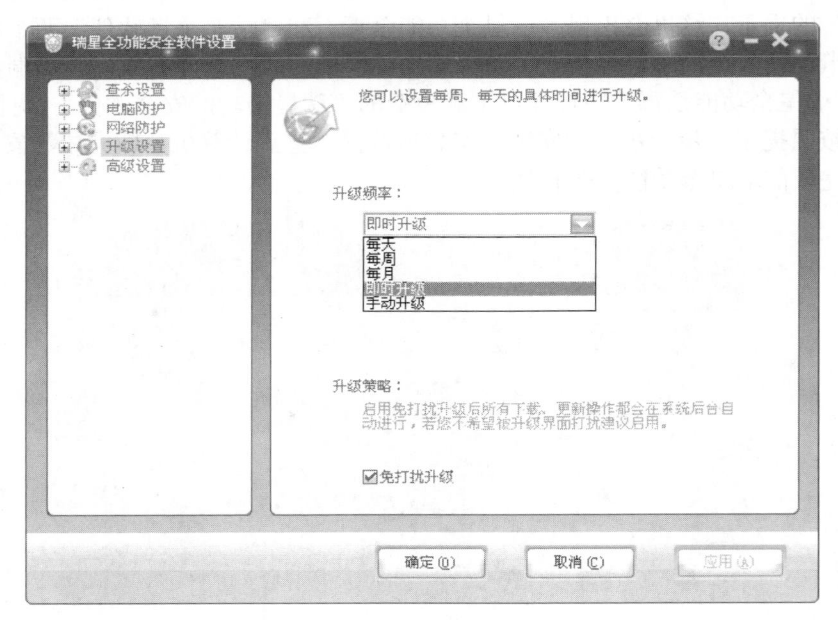

图 6-6 瑞星全功能安全软件设置界面

4．进行全面杀毒

到此，杀毒软件已经安装完毕了，下一步选择“杀毒”页面，进行全面杀毒，设置如图 6-7 所示。完成了病毒的查杀，我们的任务就完成了。

图 6-7　杀毒页面及其设置

任务二　使用网络视频软件

【学习目标】

- 了解网络视频的概念
- 知道常用的几款网络视频软件的名称
- 熟练掌握网络视频软件 PPLive 的下载、安装及使用方法

任务描述

小明刚买了台新计算机，除了用来学习之外，还经常用它上网下载电影看，可是下载速度太慢并且还占用硬盘空间，能不能直接在线观看呢？电视节目能不能在网上看呢？小明请来了从事 IT 工作的邻居王强，教自己怎样在线看电影和电视。

任务分析

现在有许多基于 P2P 技术的网络视频软件，该类软件对网速的要求不是太高，而且提供的电影和电视资源比较丰富。通过本次任务，我们学会如何通过安装网络视频软件来在线观看电影和电视。

相关知识

1．网络视频

网络视频是指视频网站提供的在线视频播放服务，通俗而言，就是在网上观看视频。这种观看方式不需要等待漫长的下载过程。

【知识拓展】

严格来讲，网络视频也是下载后才观看的，但由于其采用的是边下载边观看的流媒体方式，用户感觉不到下载过程。而传统下载是必须完全下载好视频文件才可以播放的。

2．网络视频软件

网络视频软件，也称网络电视软件，它们常包含了丰富的电视节目，现在一般也包括电影等其他视频。常见的网络视频软件有 PPLive、PPStream 等，这些全是基于 P2P 技术的。

【知识拓展】

P2P（Peer to Peer）是点对点的意思，是下载术语，意思是在你自己下载的同时，自己的计算机还要继续做主机上传，这种下载方式，参与下载的人越多下载速度越快。

任务实施

王强向小明介绍了常用的网络视频软件PPLive，下面就一步一步来学习如何安装使用PPLive。

1．下载安装网络视频软件 PPLive

打开网页浏览器 IE，输入网址“http://www.pplive.com”，进入 PPLive 的主页（如图 6-8）。单击主页上的“客户端下载”，进入下载页面（见图 6-9），下载最新客户端 PPLive 正式版。

图 6-8　PPLive 网络电视的主页

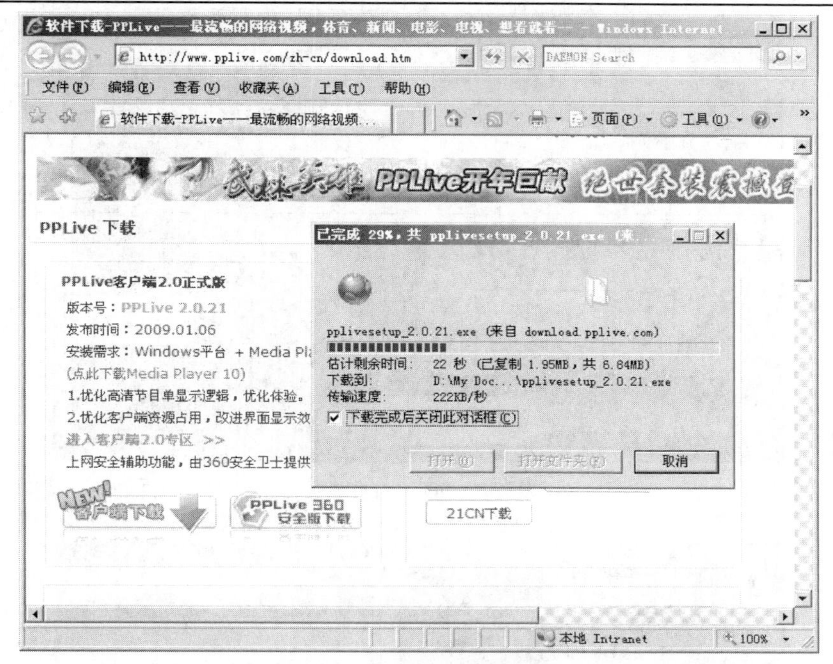

图 6-9　下载最新版的 PPLive 软件

待下载完毕后，双击下载后的软件文件，进行 PPLive 软件的安装。安装一步一步按照提示进行，所有选项默认即可，如图 6-10 所示。

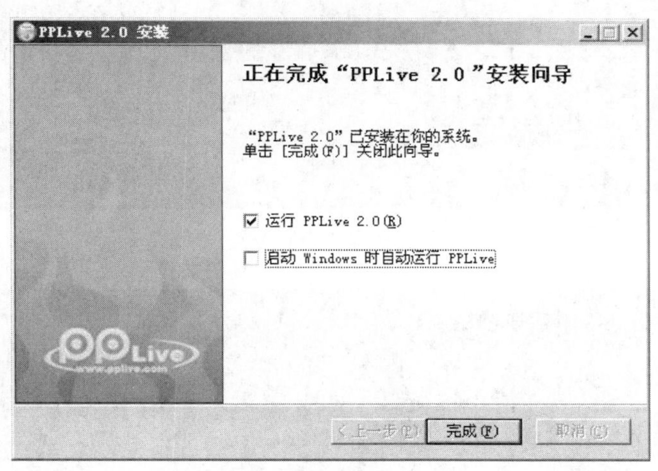

图 6-10　安装 PPLive 2.0

2. PPLive 的使用方法

PPLive 的工作界面如图 6-11 所示，主要由菜单栏、播放区、频道区、播放控制区组成。一般使用时只需要在频道区找到相应的节目，双击播放即可；此外还可以在频道区上的搜索栏内搜索需要的节目，如我们想观看有关功夫明星李小龙的电影电视节目，只需要在搜索栏中输入“李小龙”，则频道区会出现相应的节目，双击播放即可，如图 6-12、图 6-13 所示。

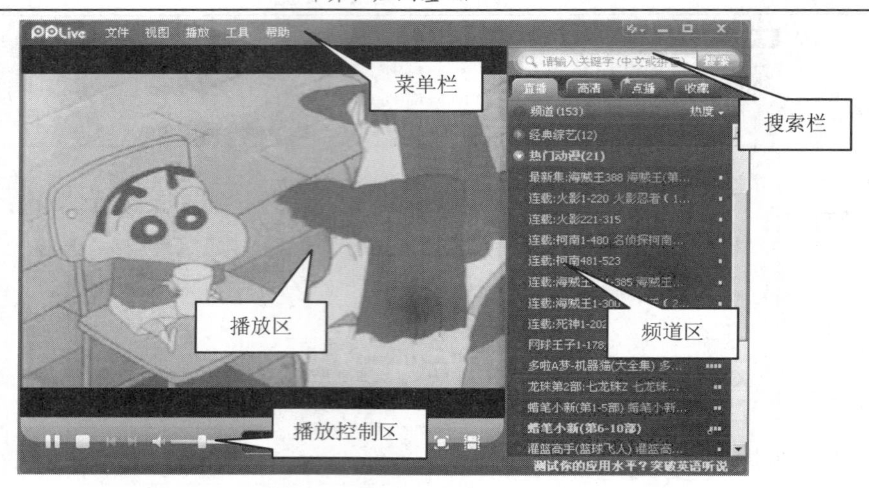

图 6-11　PPLive 工作界面

图 6-12　输入“李小龙”

图 6-13　节目播放中

任务三　使用文件压缩软件

【学习目标】

➢ 了解文件压缩的概念与意义
➢ 熟悉文件压缩软件 WINRAR 的安装与使用
➢ 熟悉文件压缩及解压缩操作

任务描述

学生会在周六举办了一次演讲比赛，聘请了团委的郑老师负责摄影工作。比赛后，郑老师将拍摄的所有照片压缩后用电子邮件发给了学生会宣传部长小明，让他挑选出需要冲洗的照片重新压缩后发回。可是小明发现郑老师只发过来 4 个文件，并且无法打开显示，如图 6-14 所示。

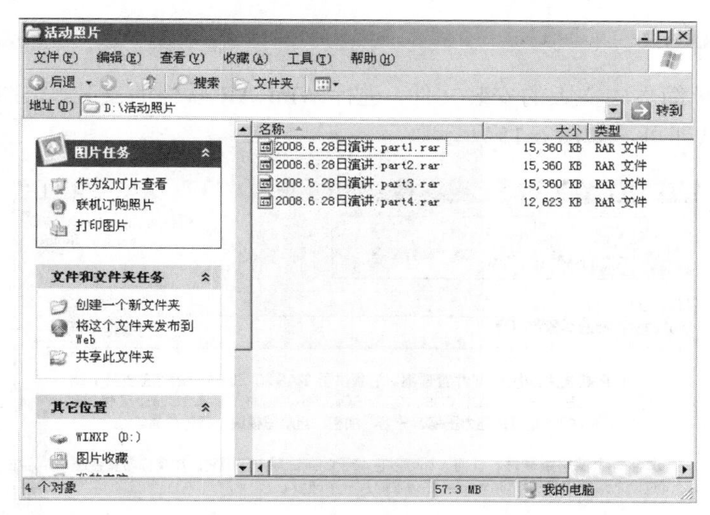

图 6-14　无法打开的照片文件

任务分析

文件压缩软件是一种常用的工具软件，它可以通过特殊的算法减小文件的存储空间，也可以将多个文件压缩成一个文件，以提高操作效率（如备份、下载、用电子邮件发送等）。小明同学遇到的问题，是因为郑老师把照片文件压缩了，只需要安装一个常用的压缩软件，就可以打开郑老师发来的文件并进行解压缩或重新压缩了。

相关知识

1．压缩与解压缩

压缩是指利用算法将文件有损或无损地处理，以达到保留最多文件信息、而令文件大小变小的目的。解压缩是相对压缩而言的，是压缩的反过程，即将压缩文件还原成原来的文件。

2．常用的压缩软件

目前常用的压缩软件主要有WinRAR、WinZip等。WinRAR功能强大、界面友好、使用方便，在压缩率和速度方面都有很好的表现，同时支持“RAR”、“ZIP”和其他格式的压缩文件。用WinRAR压缩后生成的文件的扩展名为“RAR”，用WinZIP压缩后生成的文件的扩展名为“ZIP”，“RAR”文件通常比“ZIP”文件压缩比高，但是压缩速度相对较慢。

【知识拓展】

“7z”是一种新的压缩文件格式，它拥有当前最高的压缩比。目前WinRAR可以解压缩“7z”格式的压缩文件，但是要把文件或文件夹压缩成“7z”格式，必须使用专用的工具软件，如7-Zip for windows等。

任务实施

1．安装WinRAR

打开WinRAR简体中文版的安装文件，进行WinRAR软件的安装，按照提示一步一步进行，所有选项默认即可，如图6-15所示。

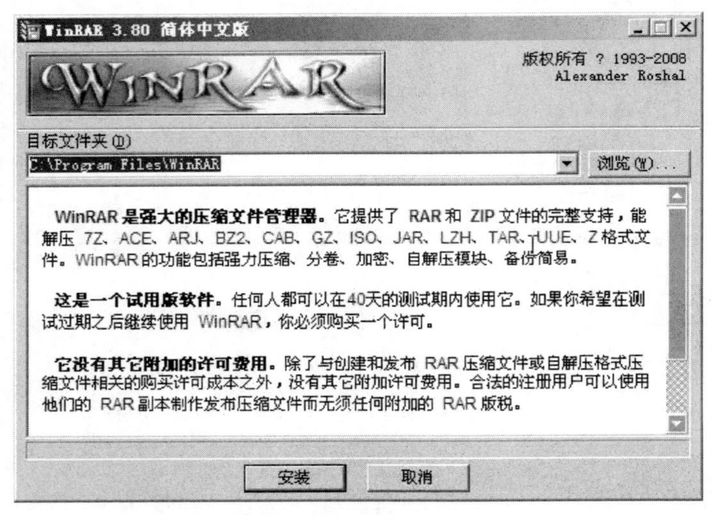

图6-15　安装压缩软件WinRAR

程序安装完毕后，会弹出如图6-16所示对话框，在这里我们可以默认所有选项，单击“确定”按钮即可。

2．将照片解压缩

安装了WinRAR软件后，再来看郑老师发来的文件，图标已经发生了变化（见图6-17）。这时就可以使用WinRAR软件进行解压缩了。

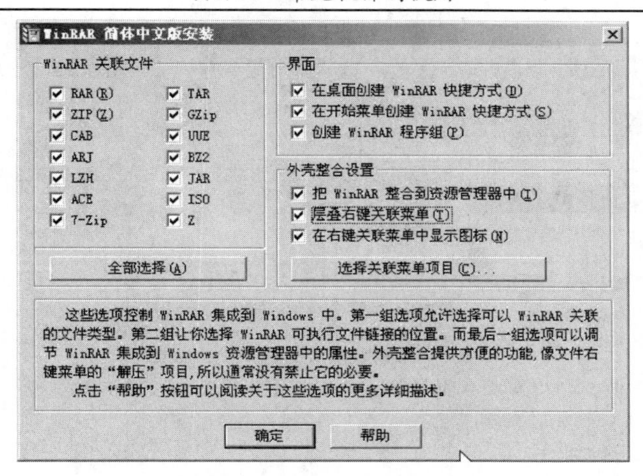

图 6-16　设置 WinRAR 的基本功能

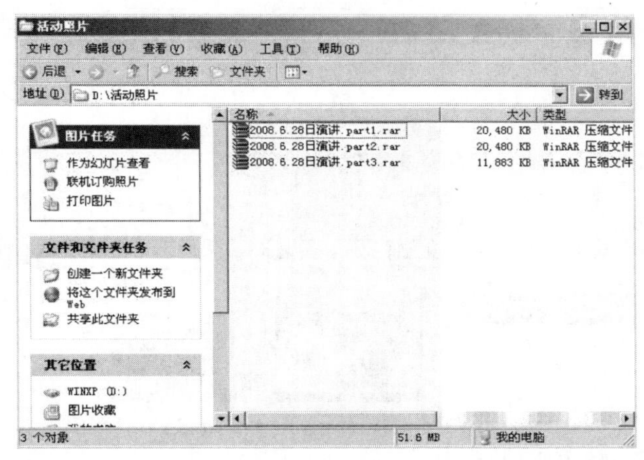

图 6-17　安装 WinRAR 后文件可以识别

在需要解压缩的文件上单击鼠标右键，在出现的菜单中选择“WinRAR”→“解压到2008.6.2 日演讲\”（见图 6-18），这时压缩文件会把原来压缩的照片文件自动解压到该目录下的“2008.6.2 日演讲”文件夹内。图 6-19、图 6-20 分别为解压缩过程和解压缩后的效果。

图 6-18　右键单击解压缩

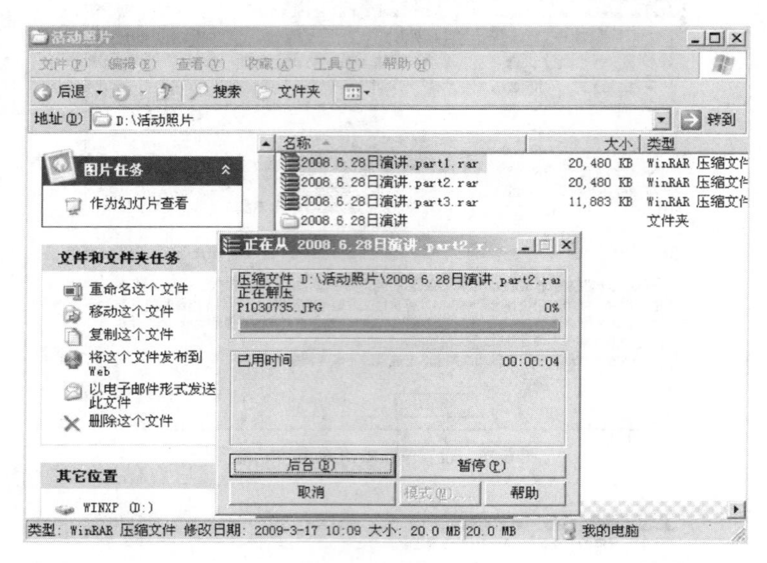

图 6-19　解压缩中

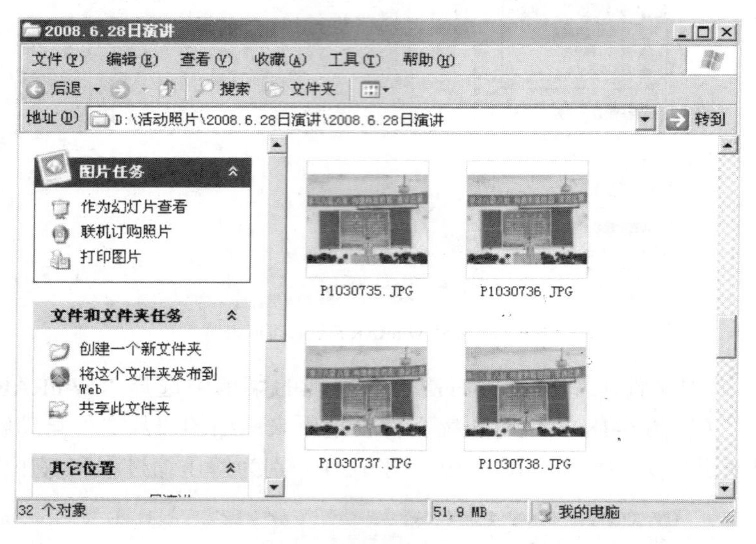

图 6-20　解压缩后

3．压缩挑选好的照片

小明使用看图软件将郑老师发过来的照片逐一查看，最后挑选了一些需要冲洗的。现在，他要把这些照片重新压缩后再发回去。选择要压缩的所有的文件后单击鼠标右键，在出现的菜单中选择“WinRAR”→“添加到‘选好的照片’”（见图 6-21），这样就生成了一个文件名为“选好的照片”的压缩文件了。图 6-22、图 6-23 所示分别为压缩中和压缩后的文件。

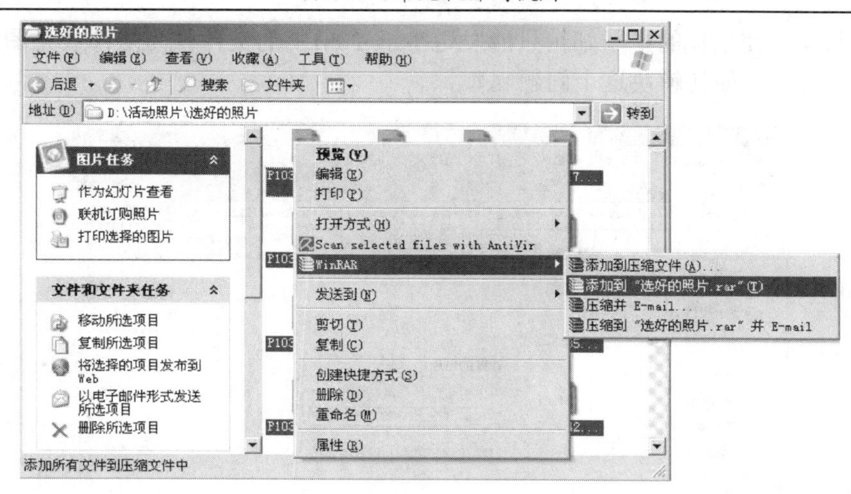

图 6-21　右键单击压缩

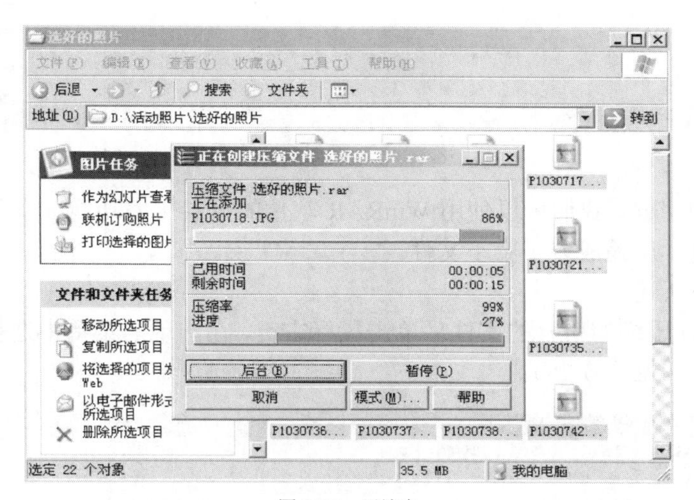

图 6-22　压缩中

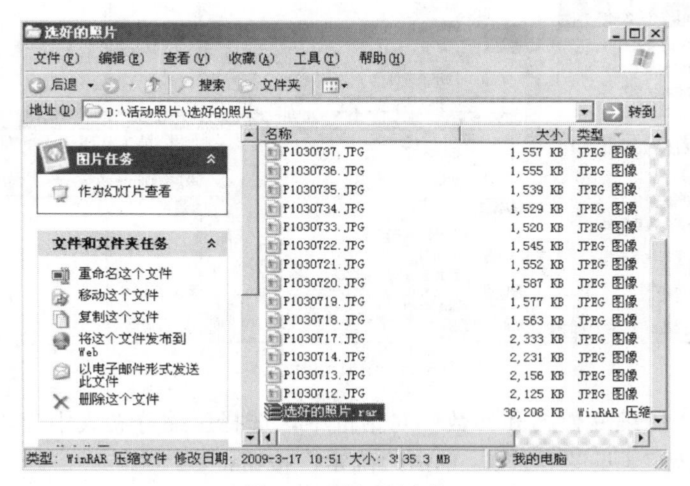

图 6-23　压缩后的文件

但是小明发现使用他的电子邮箱只能发送小于 20MB 的文件作为附件（见图 6-24），压缩好的文件太大了，如何解决这个问题呢？

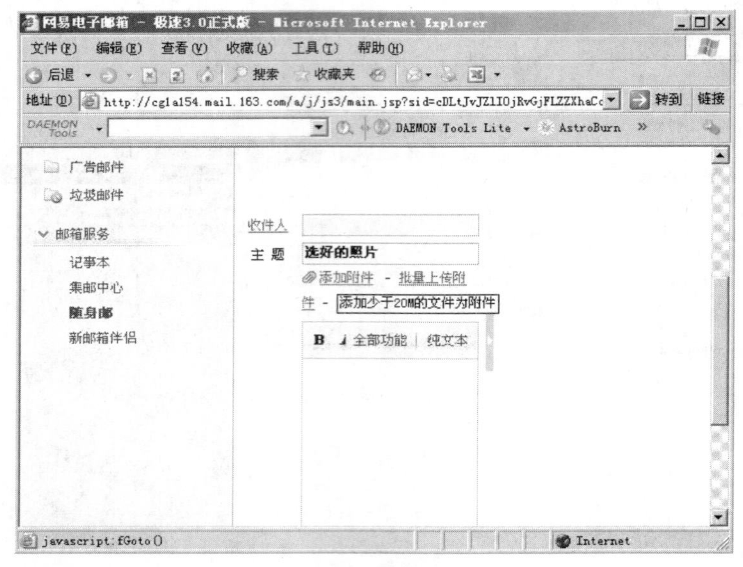

图 6-24 邮箱限制附件大小

要解决这样的问题，我们可以使用 WinRAR 软件的分卷压缩功能。分卷压缩就是把比较大的文件根据需要，压缩成若干个小文件。

操作步骤如下所述：

① 选择要进行压缩的所有的文件后单击鼠标右键，在出现的菜单中选择“WinRAR”→“添加到压缩文件”（见图 6-25）；

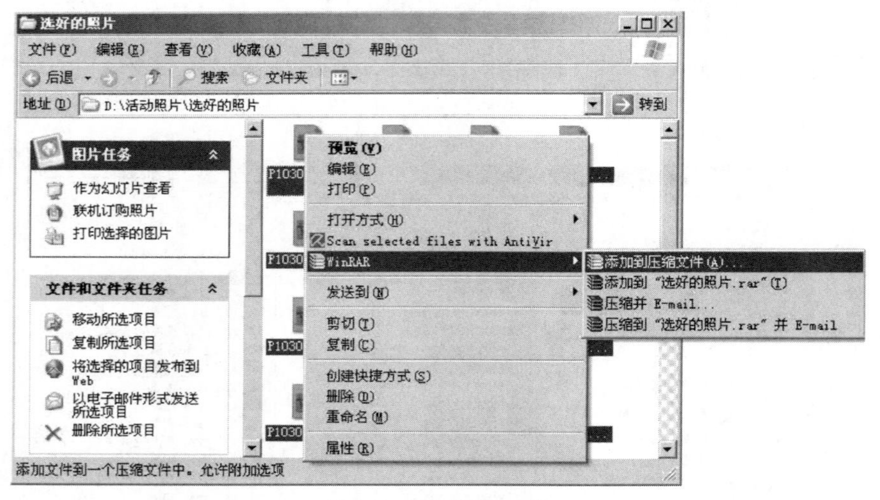

图 6-25 添加到压缩文件

② 在出现的“压缩文件名和参数”对话框中，选择压缩分卷大小为“15MB”，并把压缩方式调整为“最好”（见图 6-26），单击“确定”按钮；

③ 如有需要，可以在“高级”选项卡里设置压缩文件的密码（见图 6-27）。

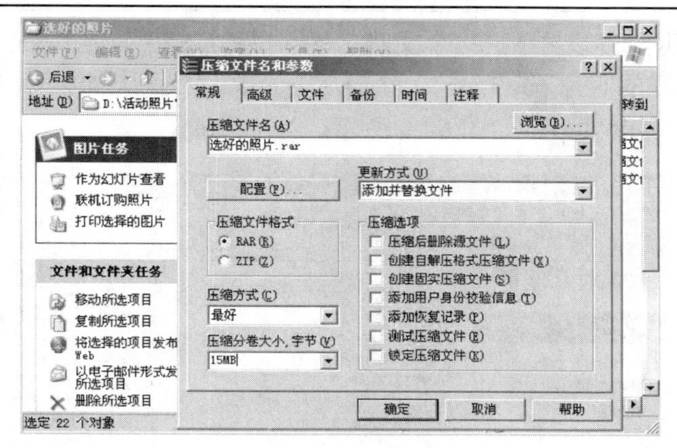

图 6-26　选择压缩分卷大小

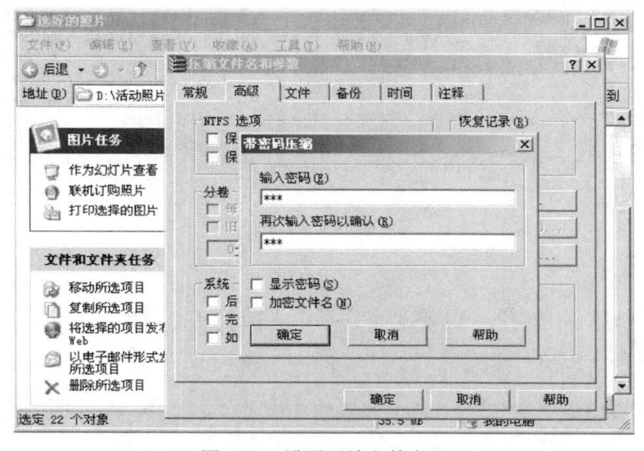

图 6-27　设置压缩文件密码

【知识拓展】

注释：为了附加一些压缩文件的有关说明，我们可以给压缩文件添加注释，具体方法为：在“压缩文件名和参数”的最后一项“注释”中，手动输入注释内容，如图 6-28 所示。

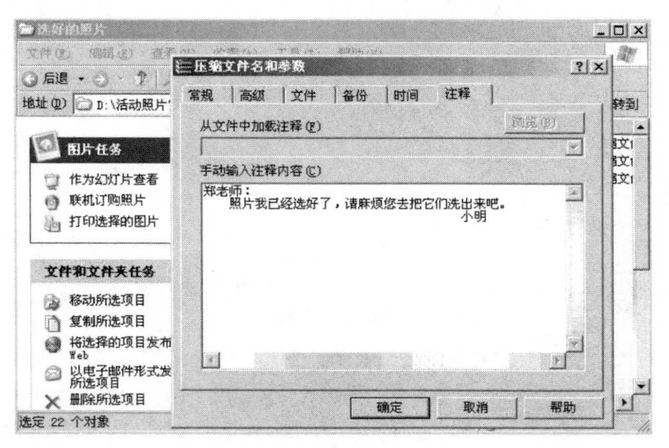

图 6-28　添加注释

压缩完成后，我们可以看到 3 个文件，分别是“选好的照片.part1.rar”、“选好的照片.part2.rar”和“选好的照片.part3.rar”，除最后一个文件外，其余两个大小均为 15MB，最后一个文件的大小是剩余大小，如图 6-29 所示。

图 6-29　分卷压缩完成

4．发送压缩文件

照片文件已经分卷压缩完毕，只需要把电子邮箱打开，把压缩后的文件一个一个添加到附件即可，如图 6-30 所示。

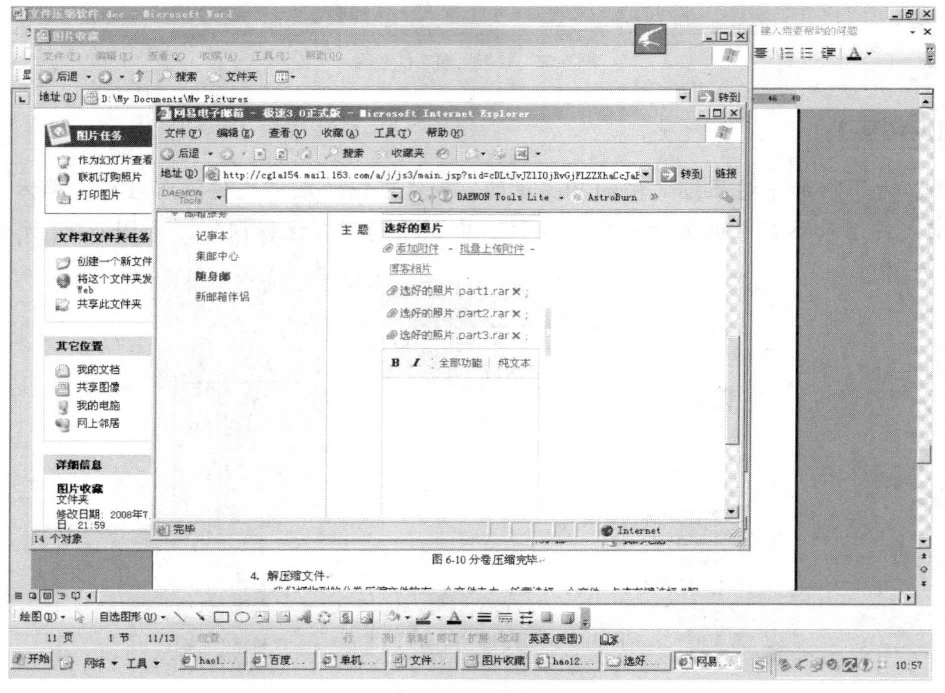

图 6-30　发送压缩文件